车工工艺与技能训练

（第二版）

CHEGONG GONGYI YU JINENG XUNLIAN

主　编　魏世煜

主　审　吕　勇　李　培

参　编　邓云辉　钱　飞　杨雯俐

　　　　李世修　张　华

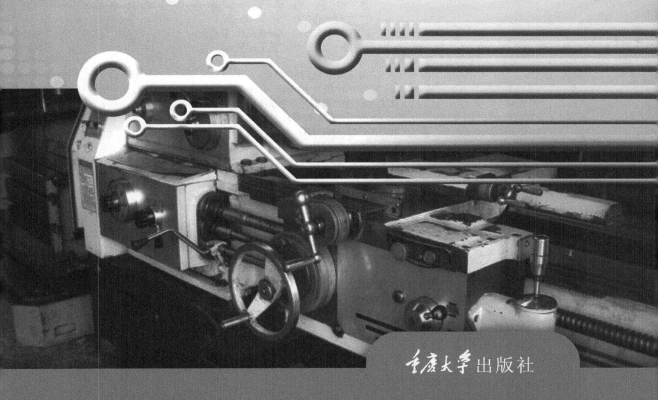

重庆大学出版社

内容提要

本书以国家职业标准为依据,从车工职业(岗位)分析入手,确定课程的课程培养目标和课程标准,其编写内容涵盖岗前安全培训、车削的基本知识、车削台阶轴、车削内圆柱面、车削加工圆锥、车削成形面及滚花加工、螺纹加工、车削特殊结构零件、零件的工艺分析、车削螺杆轴配合套等教学内容。

本书以项目引领,任务驱动,突出车工技能训练为主线,相关知识为支撑,可作为中等职业学校机械制造类专业的学生用书,也可作为机械制造企业车工技能培训用书。

图书在版编目(CIP)数据

车工工艺与技能训练/魏世煜主编.--2 版.--重庆:重庆大学出版社,2019.2(2021.12 重印)
国家中等职业教育改革发展示范学校建设系列成果
ISBN 978-7-5624-8331-1

Ⅰ.①车… Ⅱ.①魏… Ⅲ.①车削—中等专业学校—教材 Ⅳ.①TG510.6

中国版本图书馆 CIP 数据核字(2019)第 023186 号

车工工艺与技能训练
(第二版)
主 编 魏世煜
主 审 吕 勇 李 培
策划编辑:曾显跃

责任编辑:李定群 高鸿宽　　版式设计:曾显跃
责任校对:贾 梅　　　　　　责任印制:张 策

*

重庆大学出版社出版发行
出版人:饶帮华
社址:重庆市沙坪坝区大学城西路 21 号
邮编:401331
电话:(023) 88617190　88617185(中小学)
传真:(023) 88617186　88617166
网址:http://www.cqup.com.cn
邮箱:fxk@ cqup.com.cn(营销中心)
全国新华书店经销
POD:重庆市圣立印刷有限公司

*

开本:787mm×1092mm　1/16　印张:18.5　字数:313 千
2019 年 2 月第 2 版　　2021 年 12 月第 5 次印刷
ISBN 978-7-5624-8331-1　定价:46.00 元

编审委员会

前　言

本书是根据职业院校机械类、机加工类、数控类专业理论教学与实训教学的要求，以国家职业标准为依据，吸取相关院校同类教材经验、一线实训教师及部分企业专家的意见，从职业（岗位）分析入手，确定课程的课程培养目标和课程标准，内容涵盖岗前安全培训、车削的基本知识、车削台阶轴、车削内圆柱面、车削加工圆锥、车削成形面及滚花加工、螺纹加工、车削特殊结构零件、零件的工艺分析、车削螺杆轴配合套等教学内容。

在习近平新时代中国特色社会主义思想指导下，落实"新工科"建设要求，在教材的编写过程中，我们贯彻了以下编写原则：

一是以国家职业标准为依据，内容延伸到车工、铣工、工具钳工、制图员等相关职业标准。

二是以项目引领，任务驱动，突出车工技能训练为主线，相关知识为支撑，较好地处理理论教学与技能训练的关系，切实落实"管用、够用、适用"的教学指导思想。

三是充分汲取相关职业院校在探索高技能应用型技术人才方面的成功经验和教学成果。

四是以实际实训案例为切入点，尽量采用以图代文的方式编写，以降低学习难度，提高学生的学习兴趣。

在教材的编写过程中，得到了学院上级有关劳动和社会保障部门、工信委、学院领导在大力支持，教材的诸位参编、主审等做了大量工作，在此表示衷心的感谢！

由于编者的水平所限和时间较为仓促，书中难免存在一些不妥之处和错误，恳请读者

编　者
2018 年 12 月

目　录

项目1　岗前培训 ………………………………………………………………… (1)

　任务1.1　机械的相关知识 …………………………………………………… (2)

　任务1.2　车床安全文明操作规程 …………………………………………… (8)

　任务1.3　"7S"环境管理 …………………………………………………… (10)

项目2　车削基本知识 …………………………………………………………… (16)

　任务2.1　车削的基本概念及车床加工工作内容 ………………………… (17)

　任务2.2　车床简介 …………………………………………………………… (19)

　任务2.3　车床基本操作 ……………………………………………………… (23)

　任务2.4　车床的日常维护 …………………………………………………… (28)

　任务2.5　切削用量的概念 …………………………………………………… (31)

　任务2.6　车刀简介 …………………………………………………………… (35)

　任务2.7　切削液 ……………………………………………………………… (48)

项目3　车削台阶轴 ……………………………………………………………… (52)

　任务3.1　识读轴类零件图并选用车台阶轴的刀具 ……………………… (53)

　任务3.2　轴类工件的装夹 …………………………………………………… (66)

　任务3.3　车削加工台阶轴 …………………………………………………… (74)

　任务3.4　轴类工件的测量 …………………………………………………… (80)

项目4　车削内圆柱面 …………………………………………………………… (88)

　任务4.1　钻孔及扩孔 ………………………………………………………… (91)

　任务4.2　扩孔、铰孔及车孔 ………………………………………………… (100)

　任务4.3　保证套类零件技术要求的方法 ………………………………… (112)

　任务4.4　孔类工件的检测 …………………………………………………… (116)

项目5　车削加工圆锥 …………………………………………………………… (124)

　任务5.1　车削加工外圆锥 …………………………………………………… (126)

　任务5.2　内圆锥加工 ………………………………………………………… (140)

任务 5.3　圆锥的检验及质量分析 ································ (143)

项目 6　车削成形面及滚花加工 ································ (150)

任务 6.1　双手控制法车削成形面 ································ (151)

任务 6.2　成形刀法、仿形法车削成形面 ···················· (155)

任务 6.3　表面修饰加工 ·· (160)

任务 6.4　滚花加工 ··· (166)

项目 7　螺纹加工 ·· (170)

任务 7.1　车削加工三角形外螺纹 ······························ (173)

任务 7.2　高速车削加工三角形外螺纹 ························ (180)

任务 7.3　车削加工三角形内螺纹 ······························ (183)

任务 7.4　车削圆锥管螺纹 ······································· (187)

任务 7.5　套丝和攻丝加工螺纹 ·································· (190)

任务 7.6　车削加工矩形螺纹 ···································· (197)

任务 7.7　车削加工梯形螺纹 ···································· (204)

任务 7.8　车削梯形内螺纹 ······································· (212)

任务 7.9　蜗杆车削 ··· (215)

项目 8　车削特殊结构零件 ···································· (225)

任务 8.1　车削加工偏心工件 ···································· (226)

任务 8.2　车削三拐曲轴 ·· (235)

任务 8.3　双孔连杆零件车削 ···································· (239)

任务 8.4　车削细长轴 ·· (246)

项目 9　零件的工艺分析 ······································ (253)

任务 9.1　工艺过程及基准 ······································· (254)

任务 9.2　工艺路线的拟订 ······································· (259)

任务 9.3　典型零件车削工艺分析 ······························ (265)

项目 10　综合练习——车削螺杆轴配合套 ················ (271)

任务 10.1　识读图纸,准备工量刃具 ························· (272)

任务 10.2　评分标准 ··· (279)

任务 10.3　车削工艺 ··· (283)

项目 1

岗前培训

●**教学目标**

终极目标:树立安全生产意识,培养良好的车工职业品质、素养和工作习惯。

促成目标:1.培养学生对学好本专业课程的兴趣。

2.学习车床等安全文明操作规程。

3.学习"7S"环境管理。

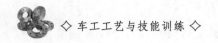

任务 1.1　机械的相关知识

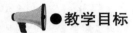

●教学目标

终极目标：培养学生对学好本课程的兴趣。

促成目标：1.介绍工具、机器、机械的相关知识、地位、作用及发展历程。

　　　　　2.培养学生对学好本课程的兴趣。

　　　　　3.本课程的性质、特点、任务、教学目标、内容及要求。

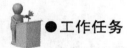

●工作任务

1.学习机械的地位和作用。

2.了解机械工业的发展历程。

3.了解机械工业的发展前途。

4.培养学生对学好本课程的兴趣。

5.本课程的性质、特点、任务、教学目标及要求。

●任务分析

学生初次接触本专业课程，它与原来小学、初中、高中的教学内容发生了很大的变化，由原来的素质教育变成为专业知识和技能教育，有必要让学生了解机械方面的一定知识，培养学生对学好本课程的兴趣，树立投身机械的志向，为课程的学习开一个好头。

●相关知识

1.1.1　工具、机器是人手的延伸

恩格斯曾经说"古代文明直立和劳动创造了人类，而劳动是从制造工具开始的"。人之所以能成为人，能区别于其他动物而处于生物链的顶端，最大的特点是人能使用和制造工具，工具的再发展，又出现了机器，机器的深度发展，出现了自动化的数控机器甚至是智能机

器。下面以洗衣服为例,如图 1.1 所示。

图 1.1　洗衣服的演变过程

由此可见,工具、机器乃至自动化机器都是人手的延伸,是人的各种功能器官如眼、耳、鼻、嘴、手、足的延伸。操作使用工具、机器及自动化机器可减轻人类的体力劳动,节省劳动时间,实现较高的工作质量和极大地提高工作效率。

机器是人们根据使用要求而设计制造的一种执行机械运动的装置,是人为实体(构件)的组合,其各部分之间具有确定的相对运动,用来变换或传递能量、物料与信息,从而代替或减轻人类的体力和脑力劳动。

机器按其功能可分为以下 3 类:

①变换或传递能量的机器。如电动机、内燃机、空压机、自行车等。

②变换或传递物料(改变材料的形状或位置)的机器。如各种金属切削机床。

③变换或传递信息的机器。如计数器、计算机、通信设备等。

机器所具有的共同特征如下:

①是人为实体的组合,由多构件组合而成。

②运动实体之间有确定的相对运动。

③能实现能量的变换或传递、变换或传递物料实现物体在空间位置的变化。

 提示

①没有"工具"和"机器"就没有劳动,也就没有人类。

②没有"机器"就没有人类文明。

③"机器"的发展水平代表着人类文明的发展水平。

④操作和使用机器是劳动的具体体现,是谋生的手段,其操作的技能水平可反映一个人能力水平的高低。

1.1.2　生产产业划分(3 个产业)

第一产业:直接利用自然资源的种植业、养殖业和采矿业。它包括农业、林业、渔业、畜牧业、矿业、采石业、石油业(向自然索取,提供食粮和原料)。

第二产业:将第一产业生产的原料转化为产品的行业。它包括冶金、钢铁、装备制造、重型机械、航空、航天、汽车、金属制品、塑料制品、化工石油精炼、电器、建材、玻璃、陶瓷、造纸、纺织服装、食品、饮料、家具、日用消费品、计算机、半导体、制药、出版、橡胶、能源、电力、建筑。制造业属于第二产业的范畴,并通常将第二产业中除了建筑业和能源工业以外的其他

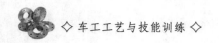

行业均视为制造业。

第三产业：金融、法律和服务行业。它包括银行、金融、保险、通信、政府、教育、商业、餐饮、旅游、交通、运输、娱乐、医疗、保健、旅馆、资信、法律机构、房地产、修理与维护（提供服务和享受发达国家就业人口占 65% 以上，反映生活质量）。

1.1.3 机械业的地位和作用

发达国家水平：

占国民经济总收入的 60%。

占就业人口的 25%。

中国目前水平：

占国民生产总值的 35%。

占整个工业生产的 80%。

占国家财政收入的 35% 以上。

占出口总额的 90%。

就业人员 1.5 亿左右，占 7.7%。

机械制造业 5 大门类：

一　般　机　械。动力、农业、工程、矿山、金加工、通用、办公、服务。

电力电子机械。发电、输配、工用、线缆、照明、电器、电信、电子、电视、电脑。

运　输　机　械。汽车、火车、轮船、飞机、航天。

精　密　机　械。科仪、计量、光学、医疗、钟表。

金　属　制　品。金属结构、各种容器、铸锻件、冲压件、紧固件。

机械工业地位：

国民经济——主导地位。

工业体系——核心部门。

物质文明——强大支柱。

机械制造业作用：

①为各部门提供生产手段和技术装备。

②为国家积累大量建设资金，我国四分之一的建设资金来源于机械工业。

③满足人民消费，大量的轻工设备提高了人民的生活质量水平。

④出口创外汇，改善进出口结构。

⑤不断派生出新兴工业部门，如核工业、电子、航天等工业。

 提示

机械制造业的水平决定"4 个水平"：

制造业的水平；人民生活水平；国民经济水平；综合国力水平。

1.1.4　现代制造业发展历程

四次产业革命——工业发展历程。

第一次产业革命:蒸汽革命(18 世纪后半叶,1782 年)。

标志:瓦特发明蒸汽机,蒸汽机→工业中一系列应用,如火车、纺织机等。

第二次产业革命:电气革命(19 世纪—20 世纪初)。

标志:电机、电灯、电话的发明。

　　　　电机→机床、自动机床和流水生产线的应用。

第三次产业革命:电子革命(20 世纪中叶)。

标志:原子弹、电子计算机、晶体管、集成电路的发明。

　　　　计算机→CAD、CAPP、CAM、FMS、CIMS 等。

第四次产业革命:高新技术革命(20 世纪 90 年代至今)。

标志:众多高新技术产品的发明。

　　　　高新技术→微电脑、磁悬浮列车、航天飞机、纳米材料。

　　　　机器人、生物产品、绿色食品、转基因产品等。

1.1.5　中国机械工业的发展

(1)中华人民共和国成立前历程艰难

1)中华人民共和国成立前的机械制造业

1845 年:英国人在广州建立柯拜船舶厂(中国第一家外资机械厂)。

1861 年:曾国藩创办安庆机械所(中国第一家国办机械厂)。

1866 年:建立上海发昌钢铁机器厂(中国第一家民办机械厂),1869 年第一个使用车床。

1949 年:机械工业企业 3 119 家,从业职工 10 万人。

2)中华人民共和国成立前的钢铁生产

1890 年:建立汉阳铁厂(张之洞创办)、湖北枪炮厂(汉阳造)。

1893 年:建立江南制造局(内有钢铁厂),曾国藩在任两江总督时所建,主要从事造船业。

1893—1949 年:共生产钢 760 万 t。

1943 年生产量最高为 92.3 万 t。

1949 年仅为 15.8 万 t(人均只有一个鸡蛋大小)。

(2)中华人民共和国成立后蓬勃发展

机械工业发展共经历以下 3 个阶段:

1)第一阶段:1949—1957 年,机械工业艰苦创业,奠定初步基础

①改造老厂,建立正常生产秩序。

②接受外援,在苏联、捷克斯洛伐克、民主德国等国援建下,建立了一大批国营骨干企业,如一汽、一机床、哈量、洛拖、洛轴、大连造船厂等企业,现仍发挥重要作用。

③引进技术,发展新产品(4 000 项)(1957 年产值比 1952 年增长 2.6 倍)。

2)第二阶段:1958—1978 年,建立初步完整的工业体系,机械工业年增长率 8.5%

1961—1965 年：机械工业年增长率 13.9%，生产关键产品和大型成套设备，如采炼油、水压机、原子弹等。

1966—1978 年：重点"三线建设"，东部沿海向中西部发展，机械工业格局更为合理。

3）第三阶段：1979 年至今，改革开放，进入新的发展时期

30 多年来机械工业年增长率平均为 14.0%（而同期 GDP 平均年增长 9.8%，工业总产值平均年增长 12%）。

目前，我国钢、煤、水泥、汽车、电视机和棉布的产量继续保持世界第一，发电量继续位居世界第二，糖产量居世界第三，原油产量居世界第五。工业经济总体规模不断扩大，各项经济指标快速发展，出口稳定快速增长，产品产量增长迅猛，机械工业在国民经济中的主导地位进一步巩固，机械工业已经成为推动我国经济不断向前发展的重要因素。我国总体上正处于工业化的中期阶段，离完成工业化还有相当长的一段路要走。机械工业的快速增长在今后一段时期也将发挥非常重要的作用。

（3）中国制造业的现状

1）讲成绩——中国是制造大国

例如，原材料钢的生产连续 18 年位居世界第一，是钢年产量唯一突破 2 亿 t 的国家。

例如，机床行业全球机床消费和进口第一大国。

例如，汽车行业与欧美、日本汽车市场持续低迷形成鲜明对比，2013 年，我国汽车产销达 2 211.68 万辆和 2 198.41 万辆，成为世界第一大汽车产销市场。

例如，家庭日用品，电视机、洗衣机、空调、冰箱及家用小五金用品居世界第一，"Made in China"遍及全世界。

2）讲问题——中国不是制造强国

目前我国在制造业方面存在"一高四低"的问题。

①成本代价高。我们的制造大国是以人财力的巨大浪费、资源的巨大消耗、环境的严重污染为代价换来的。

目前我国人口、资源、环境方面的 3 大压力：

人口：2030 年将过 15 亿~16 亿人，每年新增劳动力 1 000 万人。

环境：耕地减少，水土流失，荒漠化，酸雨、雾霾严重，城市污水成患。

资源：水：资源少，我国水的人均拥有量是世界平均水平的 1/4，水资源利用率低，其利用率是日本的 1/11，美国的 1/4。

矿：资源有，但远低于世界人均水平，最富矿产也只占世界人均的 55% 左右。

地：耕地面积低于世界人均的 42%，估计 2030 年人均不到 1 亩。

②产品层次低。

鞋业：出口企业 5 000 家，70 亿双/年，占世界总出口量 60% 以上；但均为低档鞋（10~30 美元/双），没有一个自己的品牌，全为外国商标和品牌。

机床：主要出口中低档普通机床，以数控机床为例，中日对比，中、日 1958 年同年起步，50 年后，日本为数控世界强国，中国仍处于比较落后的状态，低于韩国及中国台湾地区。

在技术创新方面中日对比：

中国：引进技术→一再模仿→低级重复→无独立知识产权的产品。

日本：引进技术→吸收消化→再次创新→获独立知识产权的产品。

例如，日本2013年电子产品占全球23%；

　　　日本2013年数码相机占全球86%。

关键问题：目前中国在许多高科技产品中不掌握核心技术，产品利润的大部分被外国人拿走。

2013年统计，中国出口产品，只有10%的自主产品，90%为外国贴牌商品。

2013年统计，中国现每年新增产品2 000余个，但平均寿命不到2年，而发达国家为4年左右。

2013年初统计，目前中国发明专利的数量，只相当于韩国的1/4，美国的1/40。

③工艺水平低。我国在工艺水平方面在传统、经典上浩如烟海，但在科技创新却屈指可数。

④管理水平低。

⑤职工素质低。全国产业职工3亿多，其中农民工占2亿，大部分职工工资、文化程度较低，没有受过专业培训，技师、高级技师占技工的比例上看，美国达34%左右，中国却不到5%。

从专业技术人员方面来看：

在　校　生：缺乏实践和创新教育。

中年以上：知识老化。

中　青　年：缺乏实践能力。

高层次人才：奇缺。

创新型人才：更奇缺。

1.1.6 本课程的性质、特点、任务、教学目标、内容及要求

• 性质："车工工艺与技能训练"是车工专业一门理论与实践相结合的专业课程。

• 特点：课程内容多、难度大、时间紧、实践动手能力要求高。

• 任务：学习车工专业理论基础知识，培养实际动手能力，为今后的车工工作提供必要的技术支持。

• 教学目标：

①能熟练地操作车床，加工生产各类机械零件。

②能识读机械零件图和技术要求，掌握正确的加工方法和加工出合格的产品。

③能分析加工工艺，严格遵守加工工艺流程。

④会查阅有关技术资料和能进行简单的有关计算。

• 要求：学有所获、学有所思、学有所用。

• 方法：理论联系实际，综合应用各科知识。

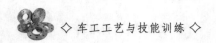

任务1.2 车床安全文明操作规程

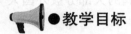

●教学目标

终极目标:安全、文明、规范地操作车床。

促成目标:1. 系统学习车床安全文明操作规程。

2. 运用案例教育提高学生的安全意识。

3. 初步形成安全、文明、规范地操作车床的职业习惯。

●工作任务

1. 系统学习车床安全文明操作规程。

2. 运用案例教育提高学生的安全意识。

3. 进行安全考试,考试合格方能进入下一步的学习和上机操作。

●任务分析

"安全"是企业生产过程中首位的和重要的内容,为使学生能养成企业安全生产良好的职业习惯,人人都必须树立"安全第一、安全为天"的思想和理念。要做到"安全",靠的是"遵法守规"、靠的是"养成良好习惯"。因此要强化安全的学习,将安全的思想和理念深入到脑、深入到行,才能做到安全和生产的和谐统一,达到预防事故发生的目的。

●相关知识

车工安全文明操作规程

①上班前必须穿戴好劳保防护用品,女同志一定要戴工作帽,头发或辫子应塞入帽内。高速切削、加工铸件、磨刀时,要戴好防护镜。在车床上工作时不准戴手套。

②开车前必须按车床巡回检查点逐项进行严格的检查。

③开车前,先把各手柄、闸把打到空挡位置,双手搬动车头。查看是否有妨碍之处。然

后进行低速运转试车 1~2 min,并清洁各润滑位,加入润滑油。

④开车后应立即观看油窗是否上油,发现油不流动应立即停车,加以排除。

⑤车床导轨面、刀架上不准摆放工件及工量器具等物。

⑥变换转速与进刀量时必须停车,以防齿轮打坏。

⑦工件和车刀必须装夹牢固,夹紧时可用接长套筒,禁止使用榔头敲打。装卸工件后,应立即取下扳手。

⑧使用卡盘、花盘时,必须上保险卡,以免因吃刀过大将卡盘、花盘背得过紧,不好拆卸及反转时脱落发生事故。

⑨装卸卡盘(花盘)和较大工件时,必须在床面垫上木板,同时还应有防滚动措施,以防卡盘和工件掉落而损坏床面。螺纹卡盘上到位后必须把保险卡锁紧,锥度专用卡盘要用拉杆拉紧。无保险卡装置的卡盘和滑丝的卡爪不准使用,并且不准开车装卸卡盘。

⑩自动走刀时,必须将刀架推至与底座一样齐,以防刀刃未到而刀架底座碰到卡盘上。

⑪高速切削时,一定要使用活顶针,顶针伸出不可过长,最多不得超出尾座芯子的 1/3,严禁使用死顶针。

⑫加工重、大工件时,不应开快车,吃刀不宜过猛,刹车不能过急。

⑬加工细长棒料时,车头前面伸出部分超过 100 mm 时应使用顶锥,超过工件直径 20~25 倍时应使用中心架或跟刀架。后端伸出不得大于工件直径的 15 倍,并用木头塞牢车尾。伸出部分超过规定且大于 300 mm 时,必须设托架和显著标志。必要时应设防护栏。车速不宜过高,以免开车后将棒料甩弯伤人。

⑭使用顶锥加工时,顶锥孔应与顶锥相符,顶锥不能顶得过紧或过松。防止切削时顶得过紧工件膨胀弯曲,顶得过松工件窜动甩出伤人。使用死顶锥时,要防止顶尖烧坏造成事故。

⑮开车调整中心架时,应注意衣服与工件的距离不得小于 100 mm。站在操作位置调整有困难时,应绕过机床到对面调整。严禁从旋转工件上方跨越或从工件下面伸出头部调整对面的调节螺杆。

⑯加工偏心工件时,必须加平衡块,开、刹、车不能过猛。

⑰攻丝或套丝必须用专用工具,不准一手扶攻丝架或扳牙架,一手开车。

⑱机床运转时,欲打反车,必须停止后方能打反车。严禁用反向制动停车。更不准用手扶卡盘帮助刹车。

⑲在机床运转加工过程中,不准用棉纱擦拭工件,不准使用卡尺测量工件。

⑳切大料时,应留有足够余量,卸下砸断,以免切断时料掉下伤人,小料切断时,不准用手接。

㉑车内孔时不准用锉倒角,用砂布光内孔时,不准将手臂伸进去打磨。

㉒测量工件尺寸或打磨工件光洁度时,应把刀具移开有足够距离后才准进行。

㉓经常注意避免切屑掉在丝杠、光杠上,并随时注意清除床面切屑,长的切屑要及时清理,以免伤人。应该用专用的钩子清除切屑,绝对不允许用手直接清除。

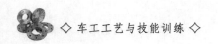

㉔不准使用无柄锉刀,使用锉刀时,右手在前,左手在后,严禁隔机床传递工具、工件等其他物品。

㉕车床地面上放置的脚踏板,必须坚实、平稳,并随时清理其上的切屑,以防滑倒发生事故。

㉖严禁超负荷使用机床,以免损坏机床及部件。

㉗严禁触摸高压行灯,以免发生触电事故。

㉘电器发生故障要及时请电工排除,不得私自处理和接通电源,以免处理不当烧坏电机、电器和触电。

㉙修理、保养机床时,必须切断电源。

㉚工作完毕后,将各操纵手柄打到空挡位置,尾座、中拖板移到后位再拉下电闸。

㉛将机床的切屑、灰尘等脏物清除干净,并加油于滑动面上。

㉜工作结束时,应将工作场地清扫干净。并将本班工作情况告知下一班。

任务1.3 "7S"环境管理

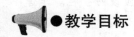●教学目标

终极目标:培育企业文化+校园文化新模式,提升学生的品质及职业素养。

促成目标:1.系统学习了解"7S"含义。

2.塑造整洁优美的学习实习环境。

3.培育规范文明的职业素养。

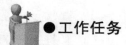●工作任务

1.系统学习了解"7S"含义。

2.运用案例教育提高学生的品质及职业素养。

3.适应目前企业的需要,养成良好的工作学习习惯。

●任务分析

众所周知中,三流企业抓"产品",二流企业抓"市场",一流企业抓"文化","7S"是企业

文化建设的重要内容之一,为使学生能够更加适应目前企业的需要,提升学生的品质,养成良好的工作学习习惯,形成规范文明的职业素养是"7S"教育的目的之一。

●相关知识

1.3.1 "7S"管理的意义

①实施 7S 实训管理是企业文化进入学校深度发展的必然,是校企合作深度推进的必然,是学校实施战略管理和品牌建设的必然,是"面向市场办学、贴近市场育人、服务市场为本、创造市场发展"核心理念在学校实训管理中创新实践的必然。

②实施 7S 实训管理有利于建立实训教学管理的统一标准,极大地提高工作效能,建立良好的教育教学环境,有利于教育教学与生产实践、产教结合的全面融通,从而全面提高教学质量。

1.3.2 "7S"管理的目标

为教师和学生创造一个干净、整洁、舒适、合理规范的工作学习场所和空间环境,将全一体化教学的各场所和管理及文化建设提升到一个新层次,使学校培养出的学生能够更加适应目前企业的需要,其最终目的是提升教师和学生的品质,养成良好的工作学习习惯。具体目标如下:

塑造整洁优美的学习环境。

提升规范文明的职业素养。

1.3.3 "7S"的含义

"7S"管理模式源于日本的"5S"管理模式。因拉丁文中的整理(Seiri)、整顿(Seiton)、清扫(Seiso)、清洁(Seiketsu)、素养(Shitsuke)首个字母都是 S,并称"5S",再加上安全(Safety)和节约(Save),合称"7S"。"7S"作为科学的管理体系,为现代服务业提供了一套全面的管理规范,将管理理论转化为具有可操作性的过程描述,原理简单,内容通俗,操作简便,易学可行,从实践层面指导生产管理者和普通员工寻找问题,解决问题,总结经验,提高水平。

（1）整理（Seiri）

整理（Seiri）的目的是增加作业面积;物流畅通、防止误用等。

（2）整顿（Seiso）

整顿（Seiso）的目的是工作场所整洁明了,一目了然,减少取放物品的时间,提高工作效率,保持井井有条的工作秩序区。

（3）清扫（Seiketsu）

清扫（Seiketsu）的目的是使员工保持一个良好的工作情绪,并保证稳定的产品品质,最终达到企业生产零故障和零损耗。

（4）清洁（Shitsuke）

清洁（Shitsuke）的目的是使整理、整顿和清扫工作成为一种惯例和制度,是标准化的基

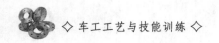

础,也是一个企业形成企业文化的开始。

（5）素养（Shitsuke）

素养（Shitsuke）的目的是通过素养让员工成为一个遵守规章制度,并具有一个良好工作素养习惯的人

（6）安全（Safety）

安全（Safety）的目的是保障员工的人身安全,保证生产连续安全正常的进行,同时减少因安全事故而带来的经济损失。

（7）节约（Save）

节约（Save）的目的是对时间、空间、能源等方面合理利用,以发挥它们的最大效能,从而创造一个高效率的、物尽其用的工作场所。

1.3.4 "7S"的实施流程

★1S——整顿

定义:

◇将工作场所任何东西区分为有必要的与不必要的。

◇把必要的东西与不必要的东西明确、严格地区分开。

◇不必要的东西要尽快处理掉。

正确的价值意识——使用价值,而不是原购买价值。

目的:

● 腾出空间,空间活用。

● 防止误用、误送。

● 塑造清爽的工作场所。

生产过程中经常有一些残余物料、返修品、报废品等滞留在现场,既占据了地方又阻碍生产,包括一些已无法使用的工具、机器设备等,如果不及时清除,会使现场变得凌乱。

生产现场摆放不要的物品是一种浪费:

①即使宽敞的工作场所,将会变得窄小。

②台面、橱柜等被杂物占据而减少使用价值。

③增加寻找工具、零件等物品的困难,浪费时间。

④物品杂乱无章地摆放,增加清点回收困难。

注意点:要有决心,不必要的物品应断然地加以处置。

实施要领:

①全面检查自己的工作范围（看得到和看不到的）。

②制订"要"和"不要"的判别标准。

③将不要物品清除出工作场所。

④对需要的物品调查使用频度,决定日常用品及放置位置。

⑤制订废弃物的处理方法。

⑥每日自我检查。

★2S——整顿

定义：

◇对整理之后留在现场的必要的物品分门别类放置，排列整齐。

◇明确数量，有效标识。

目的：

● 工作场所一目了然。

● 整整齐齐的工作环境。

● 消除找寻物品的时间。

● 消除过多的积压物品。

实施要领：

①前一步骤整理的工作要落实。

②需要的物品明确放置场所。

③摆放整齐、有条不紊。

④地板画线定位。

⑤场所、物品标识。

⑥制订废弃物的处理办法。

整顿的三要素：场所、方法、标识。

①放置场所——物品的放置场所原则上要100%设定。

物品的保管要定点、定容、定量，生产线附近只能放真正需要的物品。

②放置方法——易取（不超出所规定的范围）。

③标识方法——放置场所和物品原则上一对一标识。

重点：● 整顿的结果要成为任何人都能立即取出所需要的东西的状态。

　　　● 要站在新人和其他职场的人的立场来看，什么东西该放在什么地方更为明确。

　　　● 要想办法使物品能立即取出使用。

　　　● 另外使用后要能容易恢复到原位，没有恢复或误放时能马上知道。

★3S——清扫

定义：

◇将工作场所清扫干净。

◇保持工作场所干净、亮丽。

目的：

● 消除脏污，保持干净、明亮。

● 稳定品质。

注意点：责任化、制度化。

实施要领：

①建立清扫责任区（室内外）。

②执行例行扫除，清除脏污。

③调查污染源,予以杜绝或隔离。

④建立清扫标准,作为规范。

⑤开展一次全公司的大清扫,每个地方清洗干净。

清扫就是使工作环境没有垃圾、没有污脏的状态,虽然已经整理、整顿过,要的东西马上就能取得,但是被取出的东西还要达到能被正常使用的状态,而达到这种状态就是清扫的第一目的。尤其目前品牌服装的生产,更不允许有垃圾或灰尘的污染,而造成品质不良。

★4S——清洁

定义:

◇将前面的3S实施的做法制度化、规范化。

目的:

• 维持前面3S的成果。

注意点:制度化,定期检查。

实施要领:

①落实前3S的工作。

②制订目视管理的标准。

③高层主管经常巡查,带动全员重视清洁活动。

★5S——素养

定义:

◇提高员工思想水准,增强团队意识,养成按规定行事的良好工作习惯。

目的:

• 提升工人的品质,使员工对任何工作都讲究认真。

注意点:长期坚持,养成良好的习惯。

实施要领:

①制订公司有关规则、规定。

②制订礼仪守则。

③教育训练(新进人员强化5S教育、实践)。

④推动各种激励活动,遵守规章制度。

★6S——安全

定义:

◇清除安全隐患,保证工作现场工人人身安全及产品质量安全,预防意外事故的发生。

目的:

• 杜绝安全事故、规范操作、确保产品质量,保障员工的人身安全,保证生产连续安全正常的进行。

• 减少因安全事故而带来的经济损失。

★7S——节约

定义:

◇就是对时间、空间、质量、资源等方面合理利用,以发挥它们的最大效能,从而创造一个高效率的、物尽其用的工作场所。

目的:

- 以自己就是主人的心态对待企业的资源;能用的东西尽可能利用。
- 切勿随意丢弃,丢弃前要思考其剩余之使用价值。
- 秉承勤俭节约的原则,建立资源节约型企业。

项目 2

车削基本知识

●**教学目标**

终极目标:掌握普通车床的结构和使用。

促成目标:1. 了解车床的主要部件与机构。

2. 掌握车床型号的含义。

3. 初步掌握普通车床的操作方法。

任务 2.1　车削的基本概念及车床加工工作内容

●教学目标

终极目标:了解车削的概念,对车床的加工工作内容进行感观上的认识。

促成目标:1. 车削的概念。

2. 车床的加工工作内容。

3. 参观工厂车间,对工厂产品、零件、机床类型有一个初步的认识。

●工作任务

1. 了解车床,了解作为车工技术工人的作用和自豪感。

2. 参观工厂车间现场,对工厂产品、零件、机床类型有一个初步的认识。

●任务分析

机器是由一个个零件组合而成,而零件是由一些机床加工出来的,在众多的金属切削加工机床中,由于加工的类型不同,机床也分不同的种类。车床是使用最多、最广泛的金属切削机床之一,往往被称为工作母机。它适合于轴类、盘类工件的加工。

●相关知识

2.1.1　车削的概念

所谓"车削",是指操作工人在车床上根据图样的要求,利用工件的旋转运动和刀具的相对切削运动来改变毛坯的尺寸和形状,使之成为合格产品的一种金属切削方法。"车工"有两层含义:一是指在车床上所进行的工作内容,二是指在车床工作的那些人们的职业属性。如图 2.1 所示为车工实训车间图。

车削加工是在车床上靠工件的旋转运动(主运动)和刀具的直线运动(进给运动)相组合,形成加工表面轨迹来加工工件的。车削加工的范围很广,归纳起来,其加工的各类零件

图 2.1　车工实训车间

具有一个共同的特点——带有旋转表面,如图 2.2 所示。它可以车外圆、车端面、切槽或切断、钻中心孔、钻孔、扩孔、铰孔、车内孔、车螺纹、车圆锥面、车特形面、滚花、车台阶及盘绕弹簧等。

　　如果在车床上装上其他附件和夹具,还可进行镗削、磨削、珩磨、抛光以及加工各种复杂形状零件的外圆、内孔等。

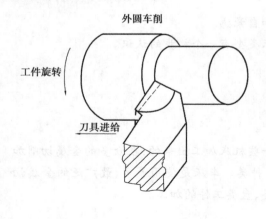

车削概念　　　　　　　　　　　　　　　　　车工工件

图 2.2　车削加工的特点及车工工件

2.1.2　车削加工的工作内容

　　在机械制造工业中,车床是应用得最为广泛的金属切削机床之一,它的基本工作内容如图 2.3 所示。

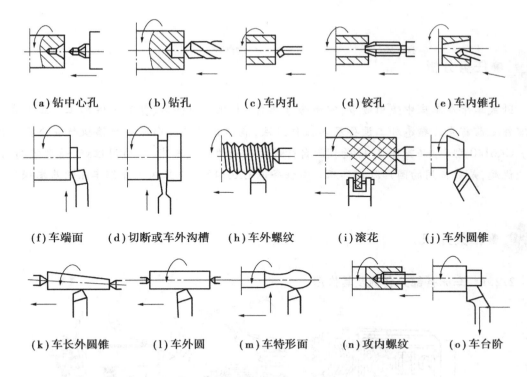

(a)钻中心孔　　　(b)钻孔　　　(c)车内孔　　　(d)铰孔　　　(e)车内锥孔

(f)车端面　　(d)切断或车外沟槽　　(h)车外螺纹　　　(i)滚花　　　(j)车外圆锥

(k)车长外圆锥　　(l)车外圆　　(m)车特形面　　(n)攻内螺纹　　(o)车台阶

图 2.3　车削加工的基本工作内容

任务 2.2　车床简介

 ●**教学目标**

终极目标:根据车床的传动机构分析车床的运动。

促成目标:1.系统了解车床型号。

2.了解车床的主要部件。

3.初步掌握车床的操作方法。

●**工作任务**

1.了解车床,分析车床各部件的作用。

2.操作车床,在不通电的情况下操作机床。

3.清洗打扫车间,清洁车床,进行车床二级维护。

●任务分析

　　卧式车床在车床中使用最多,它适合于单件、小批量的轴类、盘类工件加工。工人在加工零件之前首先应熟悉加工设备及其操作方法,能够正确操作车床并严格执行安全操作规程。CA6140 型车床(见图2.4)是我国自行设计制造的卧式车床,其通用性好,精度较高,性能较优越,是最常用的国产卧式车床。本任务以 CA6140 型车床为例介绍车床的基本操作。

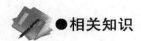

●相关知识

2.2.1　车床各部分名称及其作用

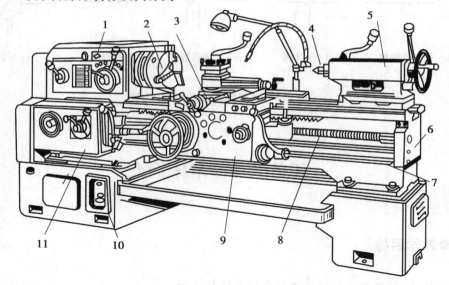

图2.4　普通车床

1—主轴箱;2—卡盘;3—刀架;4—后顶尖;5—尾座;6—床身;

7—光杠;8—丝杠;9—床鞍;10—底座;11—进给箱

(1)主轴部分

①主轴箱内有多组齿轮变速机构,变换箱外手柄位置,可以使主轴得到各种不同的转速。

②卡盘用来夹持工件,带动工件一起旋转。

(2)挂轮箱部分

　　挂轮箱的作用是把主轴的旋转运动传送给进给箱。变换箱内齿轮,并与进给箱及长丝杠配合,可以车削各种不同螺距的螺纹。

（3）进给部分

①进给箱。利用它内部的齿轮传动机构，可以把主轴传递的动力传给光杠或丝杠得到各种不同的转速。

②丝杠。用来车削螺纹。

③光杠。用来传动动力，带动床鞍、中滑板，使车刀作纵向或横向的进给运动。

（4）溜板部分

①溜板箱。变换箱外手柄位置，在光杠或丝杠的传动下，可使车刀按要求方向作进给运动。

②滑板。分床鞍、中滑板、小滑板 3 种。床鞍作纵向移动、中滑板作横向移动，小滑板通常作纵向移动。

③刀架。用来装夹车刀。

（5）尾座

尾座用来安装顶尖、支顶较长工件，它还可以安装其他切削刀具，如钻头、绞刀等。

（6）床身

床身用来支持和安装车床的各个部件。床身上面有两条精确的导轨，床鞍和尾座可沿着导轨移动。

（7）附件

附件包括中心架和跟刀架，车削较长工件时，起支承作用。

车床的通用性好，可完成各种回转表面、回转体端面及螺纹面等表面加工，是一种应用最广泛的金属切削机床。

2.2.2 机床的传动系统

CA6140 型卧式车床的传动系统原理框图（见图 2.5），概要地表示了由电动机带动主轴和刀架运动所经过的传动机构和重要元件。

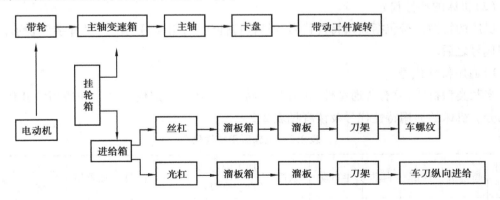

图 2.5 机床传动系统

电动机经主换向机构、主变速机构带动主轴转动；进给传动从主轴开始，经进给换向机构、交换齿轮和进给箱内的变速机构和转换机构、溜板箱中的传动机构和转换机构传至刀架。溜板箱中的转换机构起改变进给方向的作用，使刀架作纵向或横向、正向或反向进给运动。

2.2.3 机床的型号

机床型号是机床产品的代号,用以简明地表示机床的类别、主要技术参数、结构特性等。我国目前实行的机床型号,按《金属切削机床型号编制办法》(GB/T 15375—1994)实行,它由汉语拼音字母及阿拉伯数字组成。型号中字母及数字的含义如下:

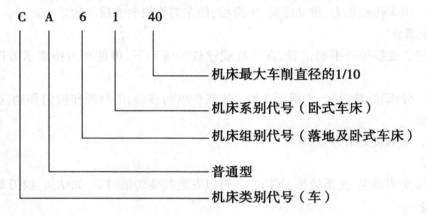

```
C  A  6  1  40

                    机床最大车削直径的1/10

                 机床系别代号(卧式车床)

              机床组别代号(落地及卧式车床)

           普通型

        机床类别代号(车)
```

(1)机床的类别代号

机床的类别代号是用大写的汉语拼音字母表示,如车床用"C"表示,钻床用"Z"表示。具体的常见类别代号及读音见表2.1。

表 2.1　机床的类代号

类别	车床	钻床	磨床			铣床	刨插床	拉床	锯床	镗床	其他机床
代号	C	Z	M	2M	3M	X	B	L	G	T	Q
读音	车	钻	磨	二磨	三磨	铣	刨	拉	割	镗	其

(2)机床的特性代号

机床的特性代号包括通用特性代号和结构特性代号,用大写的汉语拼音字母表示,位于类别代号之后。

1)通用特性代号

当某类型机床,除有普通型外,还有某种特性时,则在类别代号之后加通用特性代号予以区分。机床的通用特性代号及读音见表2.2。

表 2.2　机床通用特性代号

通用特性	高精密	精密	自动	半自动	数控	加工中心(自动换刀)	仿形	轻型	加重型	简式或经济型	高速
代号	G	M	Z	B	K	H	F	Q	C	J	S
读音	高	密	自	半	控	换	仿	轻	重	简	速

2）结构特性代号

对主参数值相同而结构、性能不同的机床,在型号中加结构特性代号予以区别。但结构特性代号与通用特性代号不同,它在型号中没有统一的含义,只在同类机床中起区分机床结构、性能不同的作用。当型号中有通用特性代号时,结构特性代号应排在通用特性代号之后。通用特性代号已用的字母和"I、O"两个字母均不能用作结构特性代号。当字母不够用时,可将两个字母组合起来使用,如 AD、AE 等。

（3）机床的组、系代号

每类机床划分为 10 个组,每个组又划分为 10 个系,用阿拉伯数字表示,位于类别代号或通用特性代号之后。CA6140 普通车床属于落地及卧式车床组,系代号 6 表示机床名称为卧式车床。

（4）机床的主参数和第二主参数

机床的主参数用折算值（主参数乘以折算系数）表示,位于组、系代号之后。它反映机床的主要技术规格,主参数的尺寸单位是 mm。如 CA6140 车床,主参数的折算值为 40,折算系数为 1/10,即主参数（床身上最大工件回转直径）为 400 mm。

最大工件长度:表示主轴顶尖到尾架顶尖之间的最大距离,它是车床的第二主参数。它有 750、1 000、1 500、2 000 等 4 种。

（5）机床重大改进序号

当对机床的结构性能有更高的要求,并需按新产品重新设计、试制和鉴定时,可按改进的先后顺序选用 A,B,C,…,加在型号基本部分的尾部,以区别原机床型号。如 CA6140A 表示的是最大车削直径为 400 mm,经过第一次重大改进后的机床。

提示

①机床是人手的延伸,要想更好地使用它,必须深入地了解它,熟悉它。

②机床对人们来说,就像作家手中的笔、战士手中的枪一样,是实现理想和抱负的根基。

任务2.3 车床基本操作

●教学目标

终极目标:操作车床,对简单零件进行加工。

促成目标:1.车床的启动与停止操作。

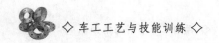
2. 车床主轴箱的变速操作。

3. 车床进给箱的变速操作。

4. 手动控制纵向进给、横向进给操作。

5. 手动控制加工锉刀柄。

6. 学习使用游标尺,掌握正确的使用方法和读数方法。

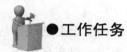

●工作任务

1. 操作车床,进行空运行。

2. 操作车床加工木质锉刀柄(见图 2.6)。

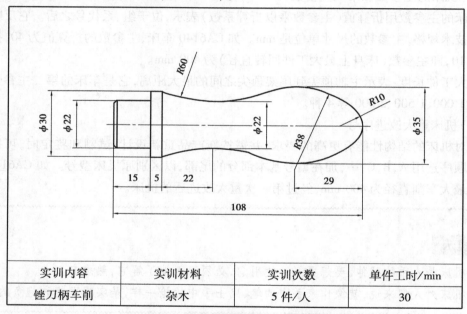

实训内容	实训材料	实训次数	单件工时/min
锉刀柄车削	杂木	5 件/人	30

图2.6 木质锉刀柄加工图及要求

●任务分析

任何一台机床设备,在新接触时,要首先了解其结构和工作原理,然后逐步深入地进行操作,操作是一系列的人的肢体动作,只有当这些动作经反复练习成为一种不需头脑思考就能作出的职业反应,就上升成为"技能"。

● 相关知识

2.3.1　操纵步骤

①检查车床变速手柄是否停在空挡,操纵手柄是否停在停止位置,开合螺母手柄抬开。

②阅读车床进给箱铭牌表,练习走刀量手柄的选取。

③在不通电的情况下,分别操纵大、中、小滑板手柄,移动大、中、小滑板。

④送电、启动电机,重复练习上述②—③步骤。

⑤安装车刀,力度适当。

⑥练习变换车刀。

⑦练习车床操纵杆手柄抬起、放中和落下,实现主轴的正转,停止和反转。

⑧在三爪卡盘上夹持工件,姿势正确规范,力度适当。

⑨装卸工件时,卡盘扳手随手而行,切不可忘记还插在方榫孔内就抬动操纵杆手柄。

⑩启动电机,抬动操纵杆手柄,让工件正转。

⑪双手操纵大、中滑板手柄,移动大、中滑板,车削加工工件,此时,不准使用自动走刀。

⑫熟悉刀具运动规律,大滑板移动——加工外圆,中滑板移动——加工端面,大、中滑板同时移动——组合运动,加工圆弧。

⑬按图纸要求,加工零件。

⑭练习结束时,将各手柄打到空挡位置,停机断电。

⑮打扫卫生。

2.3.2　重点练习

①床鞍、中滑板和小滑板摇动练习:

a. 中滑板和小滑板慢速均匀移动,要求双手交替动作自如。

b. 分清中滑板的进退刀方向,要求反应灵活,动作准确。

②车床的启动和停止练习。

③练习主轴箱和进给箱的变速,变换溜板箱的手柄位置,进行纵横机动进给练习。

④工件装夹,姿势正确规范,力度适当,装夹完毕时,要注意把卡盘扳手取下。

2.3.3　注意事项

①要求每台机床都具有防护设施。

②学生着装统一为工装,不敞开衣襟,女同学必须戴工作帽子,长发要塞入帽内。

③摇动滑板时要集中注意力。

④必要时,脱离挂轮箱齿轮联接,确保安全。

⑤变换车速时,应停车进行。

⑥车床运转操作时,转速要慢,注意防止左右前后碰撞,以免发生事故。

【知识链接】

游标卡尺的使用

游标卡尺是车工常用的中等精度的通用测量工具，其结构简单，使用方便，因此得以广泛的使用。游标卡尺按测量范围可分为 0 ~ 125 mm、0 ~ 150 mm、0 ~ 200 mm、0 ~ 300 mm 等多种。按式样的不同，常有三用游标卡尺和双面游标卡尺之分。按测量精度上分又有 0.1 mm(1/10) 精度游标卡尺，0.05(1/20) mm 精度游标卡尺和 0.02(1/50) mm 精度游标卡尺。

（1）游标卡尺的结构

如图 2.7 所示为三用游标卡尺的结构。它主要由主尺 3、副尺 5 及深度尺 6 组成，旋松固定副尺的螺钉 4 便可测量。下量爪 1 是用来测量工件的外径或长度，上量爪 2 用来测量内孔孔径或槽宽，深度尺 6 用来测量工件的深度。测量时，移动副尺使量爪与工件接触，便可读数，注意：应旋紧后再读数。

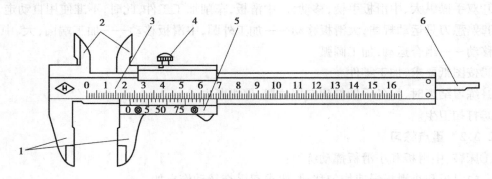

图 2.7 游标卡尺结构

1—下量爪;2—上量爪;3—主尺;4—螺钉;5—副尺;6—深度尺

（2）游标卡尺读数方法

游标卡尺的游标读数值有 0.02 mm、0.05 mm、0.1 mm 等 3 种。0.02 mm 精度游标卡尺刻线原理：主尺身每小格为 1 mm，副尺游标刻线总长为 49 mm，并等分为 50 格，故每格长度为 49/50 = 0.98 mm，则尺身与游标相对之差为 1 mm − 0.98 mm = 0.02 mm，因此它的测量精度为 0.02 mm。

首先读出游标零线，在尺身上多少毫米的后面;其次看游标上哪一条刻线与尺身上的刻线相对齐，把尺身上的整毫米数和游标上的小数加起来，即为测量的尺寸读数。具体可分为以下 3 步：

①先读整数。先读出副尺 0 刻线左侧主尺身上的整毫米数。

②后读小数。然后判断出副尺与主尺刻线能对齐的大概位置，在那个位置找出对齐的刻线，读出小数毫米数。

③两数相加。再将以上所读出的整数值与小数值相加,即为测量的实际尺寸数值。

如图2.8所示为0.05 mm、0.02 mm精度两种游标卡尺读数实例。

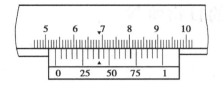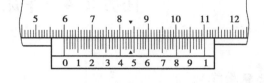

读数为53 mm+0.40 mm=53.40 mm　　读数为60 mm+0.48 mm=60.48 mm

（a）0.05 mm精度游标卡尺的读数方法　　（b）0.02 mm精度游标卡尺的读数方法

图2.8　游标卡尺的读数方法

图2.8（a）中,游标卡尺读数为53 mm + 0.4 mm = 53.4 mm。

图2.8（b）中,游标卡尺读数为60 mm + 0.48 mm = 60.48 mm。

（3）游标卡尺的使用方法和测量范围

游标卡尺的测量范围很广,可测量工件的外径、孔径、长度、深度以及沟槽宽度等。测量工件的姿势和方法如图2.9所示。

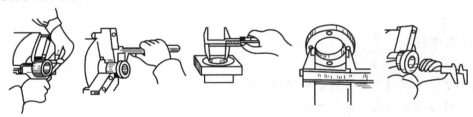

（a）测外径　　（b）测宽度或长度　　（c）测孔径　　（d）间接测孔径　　（e）测深度

图2.9　游标卡尺的使用方法

提示

①正确理解车床各部分名称及作用,正确理解车床传动系统。

②掌握开车前设备检查项目,检查学生着装是否符合要求。

③掌握开车过程中的操作规程,注意力集中。

④加工锉刀柄的尺寸是否符合要求,圆弧连接是否光滑。

⑤工作结束时,应将各手柄打到空挡位置,停机断电。

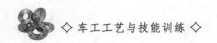

任务2.4　车床的日常维护

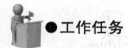

●教学目标

终极目标:能进行车床的日常维护和润滑保养。
促成目标:1.车床的润滑方式。
　　　　　2.车床的润滑部位。
　　　　　3.车床的润滑方法和要求。
　　　　　4.车床的日常维护和润滑保养的内容。
　　　　　5.普通车床一级维护保养的内容。

●工作任务

1.对普通车床进行日常维护和润滑保养。
2.对普通车床进行一级维护保养。

●任务分析

机械设备从某一方面来说,它也是有生命的,要让它干活做事出力,它一是要消耗电力,二是对润滑油吃饱喝足,才能保证正常运转,减少磨损,延长使用寿命。操作者应对车床的所有摩擦部位进行润滑,注意日常的维护保养;并定期进行一级维护,才能保证车床的正常使用。

●相关知识

2.4.1　车床的润滑方式

要使普通车床保持正常运转和减少磨损,延长机床的使用寿命,必须经常对车床的所有摩擦部分进行润滑。车床上常用的润滑方式有以下6种(见图2.10):

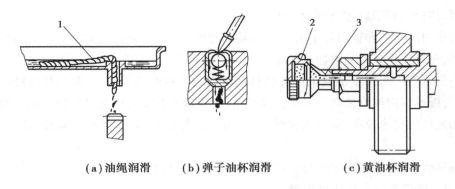

（a）油绳润滑　　　（b）弹子油杯润滑　　　　　（c）黄油杯润滑

图 2.10　车床上常用的润滑方式

（1）浇油润滑

车床外露的滑动表面,如床身导轨面,中、小滑板导轨面等,擦干净后用油壶浇油润滑。

（2）溅油润滑

车床齿轮箱内的零件一般是利用齿轮的转动把润滑油飞溅到各处进行润滑。

（3）油绳润滑

将毛线浸在油槽内,利用毛细管作用把油引到所需要润滑的部位,普通车床进给箱就是利用油绳润滑的。

（4）弹子油杯润滑

尾座和中、小滑板摇动手柄转动轴承处,一般用弹子油杯润滑。润滑时,用油枪嘴把弹子压下,滴入润滑油。

（5）黄油（油脂）杯润滑

润滑时,先在黄油杯中装满工业润滑脂。旋入油杯盖时,润滑脂就会挤入轴承套内。

（6）油泵循环润滑

这种方式是依靠车床内的油泵供应充足的油量来润滑的。换油时,先将废油放净后用干净煤油将箱体内部和油绳彻底洗净。注入的油应该用滤网过滤,油面不得低于油标中心线。

2.4.2　普通车床的润滑要求

普通车床润滑系统润滑点的位置及润滑要求可参照机床润滑铭牌表进行,润滑部位用数字标出。标注 2 处的润滑部位用 2 号钙基润滑脂进行润滑外,其余各部位都用 30 号润滑油润滑。换油时,应先将废油放尽,然后用煤油把箱体内冲洗干净后再注入新机油。注油时应用滤网过滤,并且油面不得低于油标中心线。

30 表示 30 号润滑油,$\frac{30}{7}$的分子式中,分子数字表示润滑油类别,其分母数字表示两班制工作时换（添）油间隔的天数。例如,$\frac{30}{7}$表示油类号为 30 号润滑油,两班制换（添）油间隔天数为 7 天。

主轴箱内的零件用油泵循环润滑或飞溅润滑。箱内润滑油一般 3 个月更换一次。主轴箱体上有一个油标,若发现油标内无油输出,说明油泵输油系统有故障,应立即停车检查断油的原因,待检修完毕后才能开动车床。

进给箱内的齿轮和轴承除了用齿轮飞溅润滑外,在进给箱上部还有用于油绳导油润滑的储油槽,每班应给该储油槽加一次油。

交换齿轮箱中间齿轮轴轴承是黄油杯润滑,每班一次。7天加一次钙基润滑脂。刀架和中、小滑板丝杠用油枪加油。尾座套筒和丝杠、螺母的润滑可用油枪每班加油一次。由于长丝杠和光杠的转速较高,润滑条件较差,必须注意每班加油,润滑油可从轴承座上面的方腔中加入。

床身导轨、滑板导轨在工作前后都要擦净并用油壶加油。

2.4.3 普通车床一级保养内容

普通车床当运行500 h以后,需进行一级保养。保养工作以操作者为主,维修工人配合进行。其内容和要求见表2.3。

表2.3 普通车床一级保养内容和要求

序号	保养部位	保养内容及要求
1	外保养	①清洗车床表面及各罩盖,要求内外清洁,无锈蚀、无油污 ②清洗丝杠、光杆、操纵杆等外露精密表面,无锈蚀、无油污 ③检查并补齐螺钉、手柄等。清洗机床附件
2	主轴箱保养	①检查主轴有无松动,紧固螺钉是否锁紧 ②调整摩擦片及制动器间隙 ③检查传动带,必要时调整松紧 ④清洗滤油器和油池,更换润滑油
3	滑板及刀架保养	①清洗刀架,调整中、小滑板的塞铁间隙 ②清洗调整中、小滑板丝杠螺母的间隙
4	交换齿轮箱保养	①清洗齿轮、轴套,并注入新油脂 ②调整齿轮啮合间隙 ③检查轴套有无晃动现象
5	尾座保养	①清洗尾座,保持内、外清洁 ②调整顶尖同轴度
6	冷却润滑系保养	①清洗冷却泵、滤油器、盛液盘 ②清洗油绳、油毡,保证油孔、油路清洁畅通 ③检查油质、油量是否符合要求 ④油杯齐全,油窗明亮
7	附件保养	清洁、摆放整齐、防锈
8	电气部分保养	①清扫电动机与电气箱 ②电气装置固定牢固,动作可靠,触点良好
9	机床周围环境保养	物品摆放整齐、顺手,环境清洁卫生

任务 2.5　切削用量的概念

●教学目标

终极目标:掌握切削加工的特点。

促成目标:掌握切削用量的基本概念。

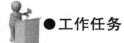

●工作任务

1.观看车削加工过程,讨论、总结其加工特点。

2.通过教师讲解,让学生掌握切削用量的基本概念并能合理选择切削用量。

●任务分析

车削是在车床上利用工件的旋转运动和刀具的直线运动(或曲线运动)的相对运动来改变毛坯的形状和尺寸,将毛坯加工成符合图样要求的工件。在实际操作过程中,要根据不同工件材料、不同形状和精度要求,在充分发挥机床、刀具效能的前提下合理地选择切削用量,方能加工出合格的工件,提高劳动生产效率。

●相关知识

2.5.1　车削的基本概念

(1)工作运动

在切削过程中,为了切除多余的金属,必须使工件和刀具作相对的工作运动。按其作用,工作运动可分为主运动和进给运动两种,如图 2.11 所示。

①主运动。机床的主要运动它消耗机床的主要动力。车削时工件的旋转运动是主运动。通常主运动的速度较高。

②进给运动。使工件的多余材料不断被去除的工作运动。如车外圆时的纵向进给运

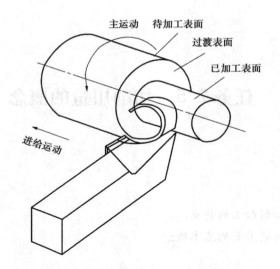

图 2.11 切削运动及形成的表面

动,车端面时的横向进给运动等。

（2）工件上形成的表面

车刀切削工件时,使工件上形成已加工表面、过渡表面和待加工表面(见图 2.11)。

①已加工表面。工件上经刀具切削后产生的表面。

②过渡表面。工件上由切削刃形成的那部分表面。

③待加工表面。工件上有待切除之表面。

2.5.2 切削用量的基本概念

切削用量是切削深度 a_p、进给量 f、切削速度 v_c 的总称。也称切削用量三要素,如图 2.12 所示。

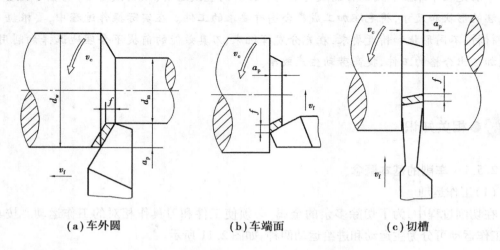

| （a）车外圆 | （b）车端面 | （c）切槽 |

图 2.12 切削用量

（1）切削深度 a_p

切削深度是工件上已加工表面和待加工表面间的垂直距离,也就是每次进给时车刀切

入工件的深度(单位:mm)。车削外圆时的切削深度 a_p 可计算为

$$a_p = \frac{d_w - d_m}{2}$$

式中　a_p——切削深度,mm;

　　　d_w——工件待加工表面直径,mm;

　　　d_m——工件已加工表面直径,mm。

(2)进给量 f

进给量是工件每转一周,车刀沿进给方向移动的距离(单位:mm/r),它是衡量进给运动大小的参数。

根据进给方向的不同,进给量又分为纵向进给量和横向进给量两种:

①纵进给量。沿车床床身导轨方向的进给量。

②横进给量。垂直于车床床身导轨方向的进给量。

(3)切削速度 v_c

切削速度是在进行切削时,刀具切削刃上的某一点相对于待加工表面在主运动方向上的瞬时速度(见图2.13),也可理解为车刀在一分钟内车削工件表面的理论展开直线长度(单位:m/min)。

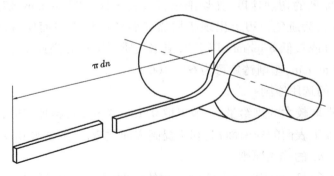

图 2.13　切削速度示意图

切削速度 v_c 的计算公式为

$$v_c = \frac{\pi d n}{1\,000}$$

或

$$v_c \approx \frac{d n}{318}$$

式中　v_c——切削速度,m/min;

　　　d　——工件直径,mm;

　　　n　——车床主轴转速,r/min。

例2.1　在车床上车削工件的外圆,如将工件一次从 $\phi 45$ mm 车至 $\phi 40$ mm,问:

(1)车削的切削深度为多少?

（2）如此时工件转速为 600 r/min，求车刀刀尖处的切削速度为多少？

已知　$d_w = 45$ mm，$d_m = 40$ mm，$n = 600$ r/min。

求 a_p、v_c。

解　根据公式 $a_p = \dfrac{d_w - d_m}{2}$，得

$$a_p = \frac{d_w - d_m}{2} = \frac{45\ mm - 40\ mm}{2} = 2.5\ mm$$

$$v_c = \frac{\pi dn}{1\ 000} = \pi \times 40 \times 600/1\ 000\ m/min = 75.36\ m/min$$

故车削的切削深度为 2.5 mm，切削速度为 75.36 m/min。

2.5.3　切削用量的选择原则

切削用量是表示车削主运动和进给运动最基本的物理量，是切削加工前调整机床运动的依据，对加工质量、生产效率及生产成本都有很大的影响。切削用量的选择可查阅有关的金属切削手册，更多是生产工人根据经验来选取。其基本原则如下：

（1）切削速度 v_c 的选用原则

车削加工中粗车时，为了提高生产率，要在保证取大切削深度和进给量的情况下，一般选用中等或中等偏低的切削速度，如切削钢料选 $v_c = 50 \sim 70$ m/min；切削铸铁选 $v_c = 40 \sim 60$ m/min。精车时，为避免刀刃上出现积屑瘤而破坏已加工表面质量，切削速度应取较高（100 m/min 以上）或较低 6 m/min 以下），使用硬质合金车刀高速精车时，切削速度车削钢料可为 100 ~ 200 m/min，车削铸铁可为 60 ~ 100 m/min。

（2）进给量 f 的选用原则

粗加工时可选取较大的进给量，一般可取 0.15 ~ 4 mm/r；精加工时，应选择较小的进给量以减小工件已加工表面的残留面积，利于提高表面质量，一般选择 0.05 ~ 0.2 mm/r。

（3）切削深度 a_p 的选用原则

粗加工时，为了提高生产率应先选用较大的切削深度，一般可取 2 ~ 4 mm。精加工时，选择较小的切削深度对提高工件表面质量有利，但过小又使工件表面未能完全切除而达不到满意的效果，一般选取 0.3 ~ 0.5 mm（高速精车）或 0.05 ~ 0.1 mm（低速精车）。

提示

①要提高生产效率，干活快一些，不是把车床转速提得越高越好，需是优先考虑大的切削深度，尽量减少走刀次数。

②进给量的选择要根据工件的刚性、机床的动力来选择。

③精车时，要根据工件表面质量和刀具的耐用度要求来选择合适的切削速度。

任务2.6 车刀简介

●教学目标

终极目标:能合理地选用和刃磨车刀。

促成目标:1.熟悉常用车刀的种类和用途。

        2.掌握车刀切削部分的几何要素。

        3.掌握测量车刀角度的3个基准坐标平面及车刀的几何角度。

        4.熟悉车刀材料的种类及用途。

        5.正确选择砂轮及掌握刃磨方法。

●工作任务

1.根据车刀实物,认识常用车刀的种类和用途。

2.掌握车刀切削部分的几何要素。

3.初步认识车刀的几何角度。

4.熟悉车刀材料的种类及用途。

5.正确选择砂轮及掌握刃磨方法。

●任务分析

    工欲善其事,必先利其器,任何工件在加工之前,先要根据其形状和精度要求来选用合适的车刀,选择合理的车刀角度。这就要求首先必须要认识车刀,了解常用车刀的种类和用途、常用车刀材料的种类和用途,掌握车刀切削部分的几何角度及其主要作用,才能根据工件的加工要求来进行合理选择。

●相关知识

2.6.1 车刀的种类

车刀按用途可分为外圆车刀、端面车刀、切断刀、成形车刀、螺纹车刀及车孔刀等,如

图 2.14 所示。由于车刀是由刀头和刀体组成的,故按其结构车刀又可分为整体车刀、焊接车刀、机夹车刀、可转位车刀及成形车刀等,如图 2.15 所示。

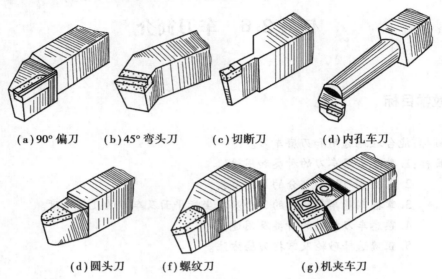

(a)90°偏刀　　(b)45°弯头刀　　(c)切断刀　　(d)内孔车刀

(d)圆头刀　　　(f)螺纹刀　　　(g)机夹车刀

图 2.14　车刀按用途分类

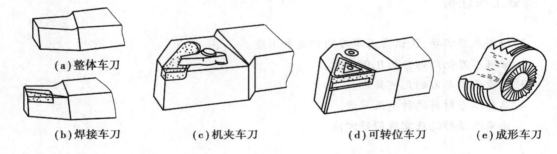

(a)整体车刀

(b)焊接车刀　　　(c)机夹车刀　　　(d)可转位车刀　　　(e)成形车刀

图 2.15　常用车刀种类

2.6.2　车刀的用途

各种车刀的基本用途如图 2.16 所示。

①90°外圆车刀(偏刀)。用来车削工件的外圆、台阶和端面,分为左偏刀和右偏刀两种。

②45°弯头刀。用来车削工件的外圆、端面和倒角。

③切断刀。用来切断工件或在工件表面切出沟槽。

④车孔刀。用来车削工件的内孔,有通孔车刀和盲孔车刀。

⑤成形车刀。用来车削台阶处的圆角、圆槽或车削特殊形面工件。

⑥螺纹车刀。用来车削螺纹。

2.6.3　车刀的几何结构

(1)车刀的组成部分

车刀由刀头(或刀片)和刀柄两部分组成。刀头担负切削工作,故又称切削部分;刀柄用来把车刀装夹在刀架上。刀头通过螺钉、压板夹持或通过焊接的方法固定在刀柄上。车刀

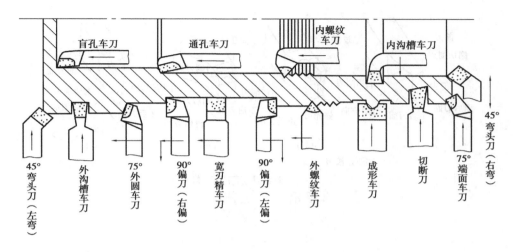

图 2.16　车刀的用途

的组成如图 2.17 所示。

（2）车刀切削部分的几何要素

如图 2.18 所示为最典型的切削刀具，其切削部分（又称刀头）由前刀面、主后刀面、副后刀面、主切削刃、副切削刃和刀尖所组成。

其定义分别如下：

①前刀面。刀具上与切屑接触并相互作用的表面（即切屑流过的表面）。

②主后刀面。刀具上与工件过渡表面相对并相互作用的表面。

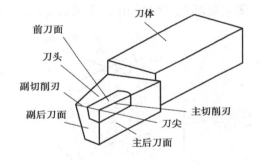

图 2.17　车刀的组成

③副后刀面。刀具上与已加工表面相对并相互作用的表面。

④主切削刃。前刀面与主后刀面的交线。它完成主要的切削工作。

⑤副切削刃。前刀面与副后刀面的交线。它配合主切削刃完成切削工作，并最终形成已加工表面。

⑥刀尖。主切削刃和副切削刃连接处的一段刀刃。为了提高刀尖的强度和延长车刀寿命，多将刀尖磨成圆弧或直线形过渡刃，如图 2.18（e）、（f）所示。

⑦修光刃。副切削刃靠近刀尖处一小段平直的切削刃。它的作用是在切削时，起到修光已加工表面的作用。安装车刀时，必须使修光刃与进给方向平行，并且修光刃长度必须大于进给量，才能起到修光作用。

其他各类刀具，如刨刀、钻头、铣刀等，都可以看作是车刀的演变和组合。

（3）确定车刀角度的辅助平面（见图 2.19）

①切削平面 P_s：通过切削刃上某选定点，切于工件过渡表面的平面。

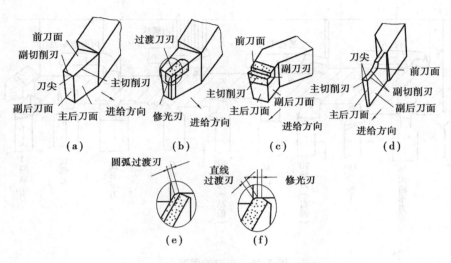

图 2.18　常用车刀的几何要素

②基面 P_r:通过切削刃上某选定点,垂直于该点切削速度方向的平面。

③主截面 P_o:通过切削刃上某选定点,同时垂直于切削平面与基面的平面。

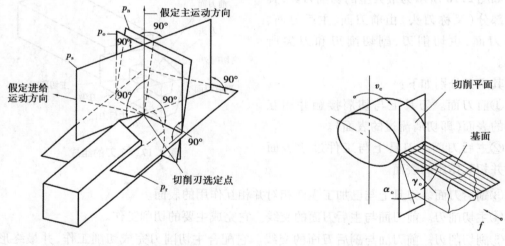

图 2.19　车刀角度的辅助平面

图 2.20　前角、后角的度量

(4)车刀的角度(见图 2.20)

①前角 γ_o:前刀面与基面间的夹角。前角影响刃口的锋利程度和强度,影响切削变形和切削力。前角增大能使车刀刃口锋利,减少切削变形,可使切削省力,并使切屑顺利排出,负前角能增加切削刃强度并抗冲击。

②后角 α_o:后刀面与切削平面间的夹角。后角的主要作用是减少车刀后刀面与工件的摩擦。

③主偏角 k_r:主切削刃在基面上的投影与进给运动方向之间的夹角。主偏角的主要作用是改变主切削刃和刀头的受力及散热情况。

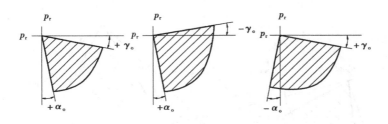

图 2.21 前角、后角的正负辨别

④副偏角 k_r'：副切削刃在基面上的投影与背离进给运动方向之间的夹角。副偏角的主要作用是减少副切削刃与工件已加工表面的摩擦。

⑤刃倾角 λ_s：主切削刃与基面间的夹角。刃倾角的主要作用是控制排屑方向，正负刃倾角的切屑排屑方向如图 2.23 所示。当刃倾角为负值时，可增加刀头的强度和车刀受冲击时保护车刀，如图 2.24 所示。

⑥楔角 β_o：在主截面内前刀面与后刀面间的夹角。它影响刀头的强度。

⑦刀尖角 ε_r：主切削刃与副切削刃在基面上的投影间的夹角。它影响刀尖强度和散热性能。

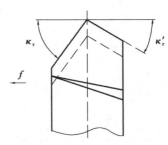

图 2.22 主偏角、副偏角的度量

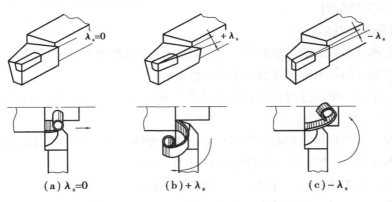

图 2.23 正负刃倾角的切屑排屑方向

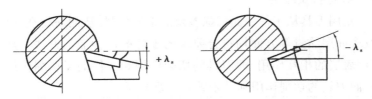

图 2.24 正负刃倾角对刀尖的保护作用

各种种类的车刀在上述组成部分和角度度量上并不完全相同，各有其不同的地方。如图 2.25 所示为一把典型车刀在正交平面所标注的角度。

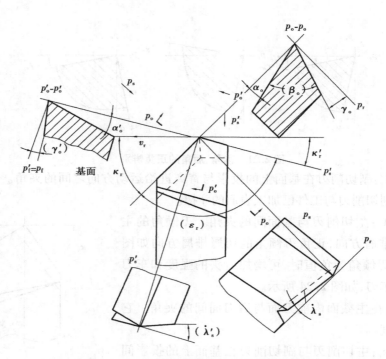

图 2.25　典型车刀在正交平面标注的角度

2.6.4　车刀的材料

（1）车刀的基本性能

车刀切削部分在很高的切削温度下工作,连续经受强烈摩擦,并承受很大的切削力和冲击,因此,切削部分的材料必须具备以下基本性能:

①硬度。车刀切削部分材料的硬度必须高于被加工材料的硬度。常温下,刀具硬度应在 60 HRC 以上。

②耐磨性。刀具材料在切削过程中承受剧烈的摩擦,因此必须具有较好的耐磨性。

③强度和韧性。切削时车刀要能承受切削力与冲击力。

④耐热性。耐热性越好,材料允许的切削速度越高。

⑤工艺性。刀具材料应尽可能具有良好的工艺性和经济性。

（2）车刀的结构、材料及涂层

金属切削加工是用刀具从工件表面切除多余的金属材料,从而获得在几何形状、尺寸精度、表面粗糙度及表面层质量等方面均符合要求的零件的一种加工方法。其核心问题是刀具切削部分与工件表层的相互作用,即刀具的切削作用和工件的反切削作用。这是切削加工中的主要矛盾,而刀具的切削作用则是矛盾的主要方面。

为实现高效、优质、低成本生产是现代企业提高经济效益的重要途径。刀具材料的改进是刀具技术发展的主线。在现有刀具材料的基础上,通过刀具几何设计改善切削状态也是生产实践中行之有效的方法。CIRP 公布的一项研究报告指出:"由于刀具材料的改进,刀具许用切削速度每隔 10 年提高 1 倍;而由于刀具结构和几何参数的改进,刀具寿命每隔 10 年几乎提高2倍。"采用新型刀具材料可提高刀具的切削性能,而优化刀具切削部分的几何形状则能充分发挥新型材料的威力。

现代刀具不仅应能满足高速切削、干式切削、硬切削、复合切削加工等先进切削技术的需要,而且对产品功能的多样化、结构的合理化、外观选型的美观等方面也提出了更高要求。但令人遗憾的是,长期以来刀具的设计主要依靠经验,依靠尝试法(try-and-error),这种方法效率低、开发周期长,显然已经阻碍了新型刀具的开发和使用,满足不了先进切削加工技术的需求,迫切需要先进的刀具设计技术。

1)刀具结构设计技术

刀具结构设计的特点是空间角度计算难,形状复杂绘图难,形状相同尺寸繁。随着粉末冶金技术、模具制造技术、五轴联动数控刃磨技术的高度发展,现代金属切削刀具的切削部分已可加工成十分复杂的形状。因此,刀具厂家不断创新,采用先进的设计技术和专业应用软件进行刀具设计。

在生产实际中大量遇到的是各种复杂形状的刀具。为了断屑,可转位刀片的切削部分也设计出具有复杂形状的刃形和断屑槽。为建立复杂形状刀具的三维模型,研究者们采取了两种建模方法:一是综合法,即等效刀刃法;二是分解法,即微分刀刃法。并将计算机辅助设计(CAD)技术应用于刀具的设计。目前,应用较多的CAD软件主要有UG、Pro/E、I-DEAS等几种,有的CAD软件经过企业的二次开发,其适用性进一步提高。这些软件集三维实体造型、平面绘图、工程分析、数控加工、零件组装等模块于一体,形成较完整的刀具设计软件系统,具有较强的实体造型与编程功能。计算机辅助设计使得刀具的设计、计算简便,免去刀具复杂图形的绘制,并能参数化快速设计刀具,有利于提高刀具的设计水平。

应用工程分析技术(如有限元)对刀具强度进行数值模拟分析,可较精确地掌握刀具上各点的受力情况,了解刀具内部应力、应变及温度的分布规律,获得应力、应变及温度分布图,并方便地找出危险点。该方法可为改进刀具受力情况、合理设计刀具结构以及对刀具进行失效分析提供理论依据,为刀具强度和寿命的分析计算提供一种新方法。

随着制造业的高速发展,汽车工业、航空航天工业、模具工业等高技术产业部门对切削加工不断提出更高的要求,推动着刀具结构的持续创新。为汽车工业流水线开发的专用成套刀具成为革新加工工艺、提高加工效率、降低加工成本的重要工艺因素,发挥着重要的作用。模具工业的发展促进了多功能面铣刀、各种球头铣刀、模块式立铣刀系统、插铣刀、大进给铣刀等高效加工刀具的不断涌现。为满足航空航天工业高效加工大型铝合金构件的需要,开发出了结构新颖的铝合金高速加工面铣刀和立铣刀等先进刀具。与此同时,出现了各种新型可转位刀片结构,如多功能、多盘、多工位可变角、快换微调的机夹梅花刀,用于车削的高效刮光刀片,形状复杂的带前角铣刀刀片,球头立铣刀刀片,防甩飞的高速铣刀刀片等。

五轴联动数控工具磨床功能的实现使立铣刀、钻头等通用刀具的几何参数进一步多样化,改变了标准刀具参数千篇一律的传统格局,可适应不同的被加工材料和加工条件,切削性能也相应提高。一些创新的刀具结构还可产生新的切削效果,如不等螺旋角立铣刀与标准立铣刀相比,可有效遏制刀具的振动,降低加工表面粗糙度值,增大刀具的切削深度和进给速度。硬质合金丝锥及硬质合金螺纹铣刀的开发将螺纹加工效率提高到高速切削的水平,尤其是硬质合金螺纹铣刀,不仅加工效率高,而且通用性好,可显著降低刀具费用。另外,专业刀具厂家不断开发复合的或专用的刀具,创新加工工艺,充分发挥机床的功能。微电子、传感技术的应用和智能刀具的开发实现了加工过程的主动控制和优化。可见,只有通过先进的刀具结构才能充分发挥刀具材料和涂层的优势,创新的刀具结构代表了当前刀具结构发展的方向。

2)刀具材料

目前使用的刀具材料种类繁多,主要有金刚石、立方氮化硼、陶瓷、金属陶瓷、硬质合金和高速钢等。不同刀具材料具有不同的性能,并有其特定的应用范围。各种新材料刀具如图2.26所示。

图2.26　各种新材料刀具

①金刚石

能用作刀具材料的金刚石有4类:天然金刚石、人工合成单晶金刚石、聚晶金刚石及金刚石涂层。天然金刚石是最昂贵的刀具材料,由于天然金刚石可刃磨成最锋利的切削刃,主要应用在超精密加工领域,如加工微机械零件、光学镜面、导弹和火箭中的导航陀螺、计算机硬盘芯片等。人工合成单晶金刚石刀具有很好的尺寸、形状和化学稳定性,主要用来加工木材,如加工高耐磨 Al_2O_3 涂层的木地板。聚晶金刚石是以钴作为黏结剂,在高温高压下(约507 MPa,几千摄氏度)由金刚石微粉压制而成的。聚晶金刚石刀具具有优异的耐磨性,可用来切削有色金属和非金属材料,精加工难加工材料,如硅铝合金和硬质合金等。

②立方氮化硼

立方氮化硼(CBN)与聚晶金刚石一样,也是在高温高压下人工合成的,其多晶结构和性能也与金刚石类似,具有很高的硬度和杨氏模量,很好的导热性,很小的热膨胀,较小的密度,较低的断裂韧性。此外,立方氮化硼具有卓越的化学和热稳定性,同铁族元素几乎不发生反应,这一点要优于金刚石。因此,加工黑色金属时多选用立方氮化硼而不用金刚石。聚晶立方氮化硼(PCBN)特别适合于加工铸铁、耐热合金和硬度超过45 HRC的黑色金属(如发动机箱体、齿轮、轴、轴承等汽车零部件）。PCBN 刀具适合于高速干切削,可以用 2 000 m/min 以上的速度高速加工灰铸铁。PCBN 刀具在高速硬切削方面的应用也比较广泛,尤其是精加工汽车发动机上的合金钢零件,如硬度为 60 ~ 65 HRC 的齿轮、轴、轴承,而这些零部件过去是靠磨削来保证尺寸精度和表面质量的。

CBN 的力学和热学性能受黏结相的种类及其含量的影响。黏结相有钴、镍或碳化钛、氮化钛、氧化铝等,CBN 的颗粒大小和黏结相种类影响到其切削性能。低 CBN 含量（质量分数,下同,50% ~ 65%）的 PCBN 刀具主要用来精加工钢（45 ~ 65 HRC）,而高 CBN 含量（80% ~ 90%）的 PCBN 刀具用来高速粗加工、半精加工镍铬铸铁,断续加工淬硬钢、烧结金属、硬质合金、重合金等。

不含黏结相的 CBN 正在研制当中,通过控制合成条件使 CBN 颗粒更微细,微细颗粒的 CBN 即使在高温下也具有高热导率、极高热稳定性、高硬度和高强度。无黏结相的 CBN 可望成为下一代刀具材料。

③陶瓷

按化学成分,陶瓷刀具材料可分为氧化铝基陶瓷、氮化硅基陶瓷、赛阿龙（复合氮化硅-氧化铝）陶瓷 3 大类。

氧化铝基陶瓷具有良好的化学稳定性,与铁系金属亲和力很小,因此不易发生黏结磨损。氧化铝在铁中的溶解度只有 WC 在铁中溶解度的 1/5,因此,氧化铝基陶瓷扩散磨损小,同时它的抗氧化能力强。然而氧化铝基陶瓷的强度、断裂韧度、导热系数和抗热振性较低。氧化铝基陶瓷刀具在高速切削钢时具有比氮化硅陶瓷刀具更优越的切削性能。

与氧化铝陶瓷相比,氮化硅基陶瓷具有较高的强度、断裂韧度和抗热振性能,较低的热胀系数、杨氏模量和化学稳定性,与铸铁不易发生黏结,因此,氮化硅基陶瓷刀具主要用于高速加工铸铁。

赛阿龙陶瓷刀具具有较高的强度、断裂韧度、抗氧化性能、导热率、抗热振性能和抗高温蠕变性能。但是热膨胀系数较低,不适合加工钢,主要用来粗加工铸铁和镍基合金。

为了进一步改进陶瓷刀具加工新材料时的切削性能和抗磨损性能,研究人员开发了碳化硅晶须增韧陶瓷材料（包括氮化硅基陶瓷和氧化铝基陶瓷材料）,增韧后的陶瓷刀具高速切削复合材料和航空耐热合金（镍基合金等）时的效果非常好,但不适合加工铸铁和钢。

陶瓷刀具的制造方法有热压法和冷压法两大类。热压法是将粉末状原料在高温高压下压制成饼状,然后切割成刀片;冷压法是将原材料粉末在常温下压制成坯,再经烧结成为刀片。热压法陶瓷刀具质量好,是目前陶瓷刀具的主要制造方法,冷压法可制造表面形状较复杂或带孔的陶瓷刀具。

④TiC(N)基硬质合金

TiC(N)基硬质合金（即金属陶瓷）密度小,硬度高,化学稳定性好,对钢的摩擦系数较小,切削时抗黏结磨损与抗扩散磨损的能力较强,具有较好的耐磨性。金属陶瓷刀具适于高速精加工碳钢、不锈钢、可锻铸铁,可以获得较好的表面粗糙度。

常用的金属陶瓷:一是碳化钛基高耐磨性的 TiC + Ni 或 Mo,高断裂韧度的 TiC + WC +

TaC + Co；二是增韧氮化钛基金属陶瓷；三是碳氮化钛基高耐磨和抗热振性的 TiCN + NbC。

⑤硬质合金

硬质合金是高硬度、难熔的金属化合物粉末（WC、TiC 等），用钴或镍等金属作黏结剂压坯、烧结而成的粉末冶金制品。硬质合金刀具材料的问世，使切削加工水平出现了一个飞跃。硬质合金刀具能实现高速切削和硬切削。为满足各种难加工材料的切削要求，开发了许多硬质合金加工技术，研制出多种新型硬质合金，其方法是：采用高纯度的原材料，如采用杂质含量低的钨精矿及高纯度的三氧化钨等；采用先进工艺，如以真空烧结代替氢气烧结，以石蜡工艺代替橡胶工艺，以喷雾或真空干燥工艺代替蒸汽干燥工艺；改变合金的化学组分，调整合金的结构；采用表面涂层技术。研制出的新型硬质合金有添加钽、铌的硬质合金、细晶粒与超细晶粒硬质合金，添加稀土元素的硬质合金等。

在晶粒尺寸为 0.2 ~ 1 μm 的碳化钨硬质合金晶粒中加入更高硬度（HRA90 ~ 93）和强度（2 000 ~ 3 500 MPa，最高 5 000 MPa）的 TaC、NbC 等颗粒，可制成整体超细晶粒硬质合金刀具或可转位刀片。晶粒细化后，硬质相尺寸变小，黏结相更均匀地分布在硬质相周围，可提高硬质合金的硬度与耐磨性，能显著提高刀具寿命。如适当增加钴含量，还可提高抗弯强度。这种刀具可高速切削铁族元素材料、镍基和钴基高温合金、钛基合金、耐热不锈钢、焊接材料及超硬材料等。

⑥高速钢

普通高速钢是用熔融法制造的，在加工效率和加工质量要求日益提高的先进切削加工中，普通高速钢的性能明显不足。20 世纪后期，逐步出现了许多高性能高速钢，新型高速钢在普通高速钢的基础上，通过调整基本化学成分，并添加其他合金元素，使其常温和高温机械性能得到显著提高。用作刀具材料的高性能高速钢有高碳高速钢、高钴高速钢、高钒高速钢和含铝高速钢等。粉末冶金高速钢是将高频感应炉熔炼出的钢液，用高压氖气或纯氮喷射雾化，再急冷得到细小均匀结晶粉末，或用高压水喷雾化形成粉末，所得到的粉末在高温高压下热等静压制成粉末冶金高速钢刀具。与传统高速钢相比，粉末冶金高速钢没有碳化物偏析的缺陷，且晶粒尺寸小，因此抗弯强度和韧性高，硬度高，适用的切削速度较高，刀具寿命较长，并可加工较硬的工件材料。

3）刀具涂层技术与涂层材料

切削加工对刀具材料的性能要求非常高，刀具切削刃承受高温（300 ~ 1 200 ℃）、高压（100 ~ 10 000 N/mm^2）、高速（1 ~ 30 m/s）和大应变率（103 ~ 107/s），因此要求刀具既要有高的硬度和抗磨损性能，又要有高的强度和韧性，而涂层刀具是解决这一矛盾的最佳方案之一。涂层刀具是在具有高强度和韧性的基体材料上涂上一层耐高温、耐磨损的材料。涂层材料及基体材料之间要求黏结牢固，不易脱落。涂层技术以其效果显著、适应性好、反应快等特点，将对今后刀具性能的提高和切削技术的进步发挥十分重要的推动作用。

目前，常用的刀具涂层方法有化学气相沉积（CVD）、物理气相沉积（PVD）、等离子体化学气相沉积（PCVD）、盐浴浸镀法、等离子喷涂、热解沉积涂层及化学涂敷法等，其中以 CVD 和 PVD 应用最为广泛。化学气相沉积法是在 1 000 ℃ 高温的真空炉中，通过真空镀膜或电弧蒸镀将涂层材料沉积在刀具基体表面,沉积一层 15 μm 厚的涂层约需 4 h。在目前的切削加工刀具中,采用化学气相沉积涂层并经钴强化的刀片占 40% ~ 50%。

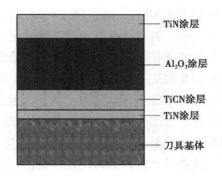

TiN涂层
Al₂O₃涂层
TiCN涂层
TiN涂层
刀具基体

图 2.27

物理气相沉积法与化学气相沉积法类似,只不过物理气相沉积是在 500 ℃ 左右完成的。物理气相沉积法起先应用在高速钢上,后来也应用在硬质合金刀具上。化学气相沉积法大多是多层涂层,而物理气相沉积法则可以是单涂层与多层涂层。PVD 法有电弧发生等离子体气相沉积法、等离子枪发射电子束离子镀法、中空阴极枪发射电子束离子镀法、e 形枪发射电子束离子镀法等,各有特色和优缺点。近来 PVD 的进展尤为引人注目,多种工艺竞相推出各种不同功能的多元、多层、复合涂层,大大扩展了涂层的应用范围,涂层新品种开发的速度明显加快,随着梯度结构、纳米结构涂层的开发,涂层的性能取得了新的突破。

涂层硬质合金刀具具有以下优点:

①表层的涂层材料具有极高的硬度和耐磨性,若与无涂层的硬质合金相比,涂层硬质合金允许采用较高的切削速度,从而提高了加工效率,或能在同样的切削速度下大幅度地提高刀具寿命。

②涂层材料与被加工材料之间的摩擦系数较小,若与无涂层的硬质合金相比,涂层硬质合金的切削力有一定降低,已加工表面质量较好。

③由于综合性能好,涂层硬质合金刀具有较好的通用性和较宽的适用范围。硬质合金涂层最常用的方法是高温化学气相沉积法(HTCVD),用等离子体化学气相沉积法(PCVD)在硬质合金表面涂敷涂层的工艺也得到了应用。

由于 CVD 法的涂敷温度在 1 000 ℃ 以上,因此不适宜于高速钢刀具的涂敷涂层,高速钢刀具基体用 PVD 方法涂层,一般涂层材料用 TiC、TiN 等,但多采用 TiN。涂敷涂层后的高速钢刀具表面有硬层,耐磨性好,与被加工材料之间的摩擦系数小,基体材料的韧性不降低。与无涂层的高速钢刀具相比,有涂层的高速钢刀具在同样切削条件下的切削力可降低 5% ~ 10%。由于涂层材料有热屏障作用,刀具基体切削部分的切削温度有所降低,工件已加工表面粗糙度值下降,刀具使用寿命显著提高。

最常见的 3 种涂层材料是氮化钛(TiN)、碳氮化钛(TiCN)和氮铝化钛(TiAlN)。其中,20 世纪 80 年代出现的氮化钛涂层应用最广泛,其涂层颜色为金黄色,容易辨认。氮化钛涂层可增加刀具表面的硬度和耐磨性,降低摩擦系数,减少积屑瘤的产生,延长刀具寿命。氮化钛涂层刀具适合于加工低合金钢和不锈钢。碳氮化钛涂层表面为灰色,硬度比氮化钛涂层要高,耐磨性更好。与氮化钛涂层相比,碳氮化钛涂层刀具能在更大的进给速度及切削速度下加工(分别比氮化钛涂层高出 40% 和 60%),工件材料去除率更高。碳氮化钛涂层刀具可加工各种工件材料。氮铝化钛涂层呈现灰色或黑色,主要涂在硬质合金刀具基体表面上,切削温度达 800 ℃ 时仍能进行加工,适合于高速干切削。干切削时切削区的切屑可用压缩空气清除。氮铝化钛适合加工淬硬钢、钛合金、镍基合金、铸铁和高硅铝合金等脆性材料。

化学气相沉积金刚石涂层刀具适合于高速加工铝及其他有色金属,如紫铜、黄铜、青铜;还可用来加工石墨制品和复合材料(如碳-碳增强塑料、玻璃纤维增强塑料、酚醛树脂等)。CVD 金刚石薄膜涂层刀具常应用于复杂形状的刀具,如带断屑槽的刀片、整体立铣刀、刨刀、钻头等。金刚石厚膜涂层刀具常用来高速切削过共晶铝合金。金刚石涂层立铣刀采用超细颗粒硬质合金基体和 CVD 金刚石涂层,适用于高速加工铝合金和石墨等非金属材料。

陶瓷具有良好的物理化学特性:高耐磨性、耐高温、耐腐蚀性能。因此,将基体材料的优点和陶瓷材料优异的性能相结合制成的涂层刀具性能更好,与普通涂层刀具相比,降低了摩擦系数,从而更加耐磨,刀具寿命延长。

新研制的硬涂层有氮化碳涂层(CN_x)、类金刚石涂层(DLC)、AlCrN 涂层等;适用于硬切削的 TiSiN 涂层,有润滑性的 CrSiN 涂层,有超强耐氧化能力的 AlCrSiN 涂层等;还有其他氮化物涂层(TiN/NbN、TiN/VN、TiBoN),硼化物涂层(TiB2、CBN)等,这些涂层刀具具有良好的高温稳定性,适合高速切削使用。

物理气相沉积法与化学气相沉积法相结合可开发出新的涂层刀具,内层应用化学气相沉积法涂层可以形成与基体间的高黏结能力,外层应用物理气相沉积法涂层可降低切削力,使刀具适用于高速切削。

刀具涂层技术的进展还体现在纳米涂层的实用化方面。将上百层每层几纳米厚的材料涂在刀具基体材料上称为纳米涂层,纳米涂层材料的每一个颗粒尺寸都非常小,因此晶粒边界非常长,从而具有很高的高温硬度、强度和断裂韧性。纳米涂层的维氏硬度可达 HV2800 ~ 3000,耐磨性能比亚微米材料提高 5% ~ 50%。据报道,目前已开发出碳化钛和碳氮化钛交替涂层达到 62 层的涂层刀具和 400 层的 $TiAlN-TiAlN/Al_2O_3$ 纳米涂层刀具。

与以上硬涂层相比,在高速钢上涂硫化物(MoS_2、WS_2)称为软涂层,主要应用于高强度铝合金、钛合金和一些稀有金属的切削。

2.6.5　砂轮的选择原则

车刀(指整体车刀与焊接车刀)用钝后重新刃磨是在砂轮机上刃磨的。磨高速钢车刀或硬质合金车刀的刀柄要用氧化铝砂轮(白色),磨硬质合金刀头用碳化硅砂轮(绿色)。

应根据刀具材料正确选用砂轮。刃磨高速钢车刀时,应选用粒度为 46 号到 60 号的软或中软的氧化铝砂轮。刃磨硬质合金车刀时,应选用粒度为 60 号到 80 号的软或中软的碳化硅砂轮,两者不能搞错。

【拓展知识】

(1)刃磨方法

车刀刃磨的步骤如下:

如图 2.28 所示为外圆车刀刃磨的步骤:

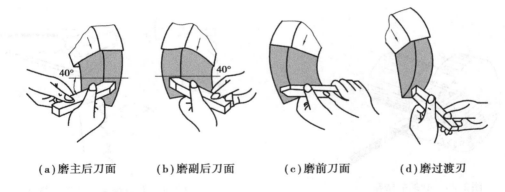

| (a)磨主后刀面 | (b)磨副后刀面 | (c)磨前刀面 | (d)磨过渡刃 |

图 2.28 外圆车刀刃磨步骤

1)粗磨

①磨主后刀面,同时磨出主偏角及主后角。

②磨副后刀面,同时磨出副偏角及副后角。

③磨前刀面,同时磨出前角。

④磨刀尖及过渡刃。

2)精磨

①修磨前刀面。

②修磨主后刀面和副后刀面。

③修磨刀尖圆弧。

3)刃磨车刀的姿势及方法

①人站立在砂轮侧面,以防砂轮碎裂时,碎片飞出伤人。

②两手握刀的距离放开,两肘夹紧腰部,这样可减小磨刀时的抖动。

③磨刀时,车刀应放在砂轮的水平中心,刀尖略微上翘 $3° \sim 8°$。

④车刀接触砂轮后应作左右方向水平线移动,以免砂轮表面出现凹坑。

⑤当车刀离开砂轮时,刀尖需向上抬起,以防磨好的刀刃被砂轮碰伤。

⑥磨主后刀面时,刀杆尾部向左偏过一个主偏角的角度;磨副后刀面时,刀杆尾部向右偏过一个副偏角的角度。

⑦修磨刀尖圆弧时,通常以左手握车刀前端为支点,用右手转动车刀尾部。

⑧在平形砂轮上磨刀时,尽可能避免磨砂轮侧面。

⑨砂轮磨削表面须经常修整,使砂轮没有明显的跳动。对平形砂轮一般可用砂轮刀在砂轮上来回修整,如图 2.29 所示。

⑩刃磨车刀时要求戴防护镜,以防砂粒飞入眼中。

(2)检查车刀角度的方法

①目测法。观察车刀角度是否合乎切削要求,刀刃是否锋利,表面是否有裂痕和其他不符合切削要求的缺陷。

②量角器和样板测量法。对于角度要求高的车刀,可用此法检查,如图 2.30 所示。

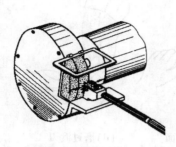

图 2.29 砂轮的修整

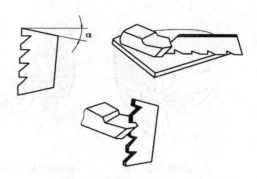

图 2-30 用样板来检测车刀角度

 提示

①在磨刀前,要对砂轮机的防护设施进行检查。如防护罩壳是否齐全;有托架的砂轮,其托架与砂轮之间的间隙是否恰当等。

②砂轮启动时,身体要避开砂轮的正前方向。使用不熟悉的砂轮机时,需先点动一下,再正常启动。

③车刀刃磨时,不能用力过大过猛,以防打滑伤手。

④车刀高低必须控制在砂轮水平中心,刀头略向上翘,否则会出现后角过大或负后角等弊端。

⑤刃磨硬质合金车刀时,不可把刀头部分放入水中冷却,以防刀片突然冷却而碎裂。刃磨高速钢车刀时,应随时用水冷却,以防车刀过热退火,降低硬度。

⑥刃磨车刀时要求戴防护镜,以防砂粒飞入眼中。

⑦重新安装砂轮后,要进行检查,经试转后方可使用。

⑧结束后,应随手关闭砂轮机电源。

任务 2.7 切削液

 ●教学目标

终极目标:能合理使用切削液。

促成目标:1.了解切削液的作用。

2. 掌握切削液的种类。

3. 能合理选用切削液。

 ●**工作任务**

认清切削液的作用和种类,搞清什么时候该用、什么时候不该用。

 ●**任务分析**

车削过程中,由于金属的变形和刀具与工件间剧烈的摩擦会产生大量的热量,这些热量往往使车刀发热,加快磨损,缩短使用寿命;使工件受热影响尺寸精度,降低工件表面质量等,限制了生产效率的提高。为了减少热量,往往要根据车削加工情况加注切削液。

●**相关知识**

2.7.1 切削液的作用

(1)冷却作用

它能吸收并带走切削区大量的热量,改善散热条件,降低刀具和工件的温度,从而延长刀具的使用寿命,并能防止工件因热变形而产生的尺寸误差。

(2)润滑作用

切削液能渗到工件与刀具之间、切屑与刀具之间并形成一层很薄的吸附膜,它能减少刀具、切屑、工件之间的摩擦,使切削力和切削热降低,减少刀具的磨损,使排屑顺利,并提高工件的表面质量。对于精加工,润滑作用就显得更重要了。

(3)清洗作用

它可将切屑带走,使切削顺利进行。

2.7.2 切削液的分类

车削时常用的切削液有水溶性切削液和油溶性切削液两大类。切削液的种类、成分、性能、作用和用途,见表2.4。

表2.4 切削液的种类、成分、性能和作用及用途表

种类		成分	性能和作用	用途
水溶性切削液	水溶液	以软水为主,加入防锈剂、防霉剂,有的还加入油性添加剂、表面活性剂	主要起冷却作用,但润滑和防锈性能较差	常用于粗加工
	乳化液	配制成3%～5%的低浓度乳化液	主要起冷却作用,但润滑和防锈性能差	用于粗加工、难加工材料和细长轴的加工
		配制成高浓度乳化液	提高其防锈和润滑性能	可用于半精加工和防锈性要求较高的工序
		加入一定量的极压添加剂和防锈添加剂,配制成极压乳化液	具有良好的防锈和润滑性能	用于高速钢刀具粗加工、一般钢料精加工
	合成切削液	由水、各种表面活性剂和化学添加剂组成,常用牌号DX148	具有冷却、润滑和清洗作用,防锈性能良好	为国外推广使用的高性能切削液
油溶性切削液	切削油 矿物油	L-AN15、L-AN22、L-AN32 机械油	润滑效果较好	广泛应用于普通精车及螺纹精加工中
	动、植物油	轻柴油、煤油	具有渗透作用,清洗作用较为突出	精加工铝合金、铸铁和高速钢铰刀铰孔中使用
	混合油	食用油	豆油、菜籽油、棉籽油等	润滑性能好,冷却性能差
	极压切削油	在矿物油中添加氯、硫、磷等极压添加剂和防锈添加剂配制而成,常用的有氯化切削油、硫化切削油	具有在高温下不被破坏的润滑膜,具有良好的润滑效果,防锈性能突出	使用高速钢刀具对钢料进行精加工及钻削、铰削和半封闭状加工时使用

2.7.3 切削液的选择

切削液应根据加工性质、工件材料、刀具材料、工艺要求等具体情况合理选用。按不同的具体情况,对切削液的冷却、润滑、清洗等作用,有所侧重地考虑。

（1）按加工性质选用

1）粗加工

粗加工时,加工余量和切削用量较大,产生大量的切削热,因而将导致刀具迅速磨损,这时选用原则应该以冷却降温为主并具有一定清洗、润滑和防锈性能的切削液,以便把大量的切削热及时带走,降低切削温度,从而提高刀具的耐用度。

2）精加工

精加工时,主要保证工件的精度和表面质量,以及延长刀具的使用寿命,应考虑减少摩

擦,限制切屑瘤的生长,因此,要根据切削速度的变化选用切削油或浓度较大的乳化液。

3)半封闭式加工

在钻削、拉削、攻丝及铰孔时,刀具处于半封闭状态下工作,排屑困难,切削热不能及时传散,容易造成刀刃烧伤并严重破坏工件表面质量,尤其是在加工某些硬度高、强度好、韧性大、冷硬现象较严重的特殊材料时更是如此。此时除合理选择刀具几何参数,保证顺利分屑、断屑和排屑外,还要选用高浓度乳化液、极压乳化液或极压切削油,进行强制冷却、润滑,并把切屑冲出来。

(2)按刀具材料选用

1)高速钢刀具

粗加工时,用乳化液或水溶液,慎防加工温度提高。精加工时,用极压乳化液或切削油,以减小摩擦,提高表面质量和精度,提高刀具耐用度。

2)硬质合金刀具

使用硬质合金刀具加工工件时,一般不需加注切削液,因为如供应的切削液时断时续时,会造成硬质合金刀片因冷热不均而产生碎裂。但在加工某些硬度高、强度好、导热性差的特殊材料时,可充分浇注以冷却为主的低浓度乳化液。

(3)按工件材料选用

钢料零件粗加工一般用乳化液,精加工用极压切削油。铸铁、铜及铝合金等脆性材料,由于切屑碎末容易堵塞冷却系统,容易使机床磨损,一般不加注切削液,但在精加工时,为提高表面质量,延长刀具使用寿命,可选用极压乳化液、煤油或煤油与矿物油的混合液。

铜或铜合金加工时,不能使用含硫的切削液,以免腐蚀工件。

 提示

①不是所有的切削加工都要用切削液,硬质合金刀具加工工件时就不需加注切削液。

②切削液要因工件材料、刀具材料而异,不同的情况有不同的选择。

③使用切削液后的机床,要清擦干净余留在机床表面的切削液,以免机床锈蚀。

项目 3

车削台阶轴

●**教学目标**

终极目标:掌握轴类零件的车削加工方法。

促成目标:1. 识读零件图,了解对零件的加工要求。

2. 掌握加工轴类零件车刀的种类和要求。

3. 掌握车削加工中常用的工件装夹方式。

4. 能够按照图纸完成轴类工件的车削加工。

5. 能对零件进行检查,判断是否是合格产品。

【项目导读】

轴是"车"与"由"组合而成的,表示"车轮上的转动部件"。轴的含义是:轴是圆柱体零件,轮子或其他转动件的机件绕着它转动或随它转动;它是支承传动、传递运动和转矩、承受载荷的重要零件之一。按轴的形状不同,它可分为直轴、曲轴两类。按所承受的载荷不同,又可分为心轴、转轴和传动轴 3 类。

任务 3.1　识读轴类零件图并选用车台阶轴的刀具

●教学目标

终极目标:识读零件图,了解对零件加工的要求,能够正确选择轴类零件加工时需用的车刀。

促成目标:1.掌握车轴类零件常用的车刀。

　　　　　2.掌握车轴类零件在不同工况下车刀的选用原则。

●工作任务

1.识读零件(见图3.1),了解轴类零件的结构及加工的技术要求。

2.选择轴类工件车削用的各类车刀。

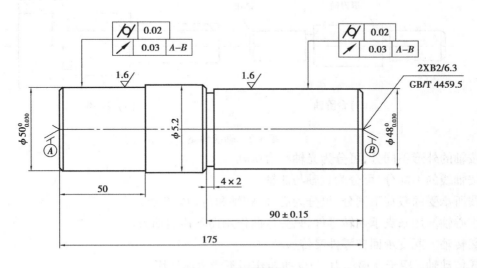

图 3.1　台阶轴零件

●任务分析

　　轴类零件是车工加工的主要零件之一,从外表上看,它似乎很简单,主要由一些圆柱体表面和台阶组成,实际上,要加工好它,能满足使用的要求,确实有一定难度,必须对它有深刻地了解才能做到。

●相关知识

3.1.1　轴类零件的种类及结构

　　通常把横截面形状为圆形、长度大于直径3倍以下的杆件称为轴类零件。轴类零件一般带有轴颈、台阶、沟槽、螺纹、圆锥、圆弧及倒角等结构组成,如图3.2所示。

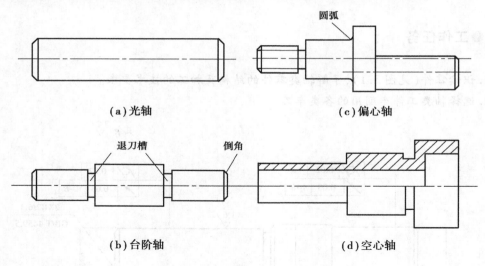

(a)光轴　　　　　　　　(c)偏心轴

(b)台阶轴　　　　　　　(d)空心轴

图3.2　轴的种类

　　按轴的外形不同分,可分为光轴与台阶轴。

　　按轴线的不同分,可分为直轴与曲轴。

　　按所承受的载荷不同分,可分为心轴、转轴和传动轴3类。

　　①心轴。用来支承回转零件,只受弯曲作用而不传递动力。

　　②转轴。既支承回转零件又传递动力。

　　③传动轴。用于传递动力、只受扭矩作用不受弯曲作用。

　　按支承作用不同分,可分为支承轴颈、配合轴颈和过渡轴颈3种。

　　①支承轴颈。被轴承支承的部位,往往要求较高的配合精度,须满足轴承内孔直径系列要求。

　　②配合轴颈。支承配合回转零件(如齿轮、连杆)和部位。

③过渡轴颈。不与任何零件配合，只起过渡作用。

轴类零件上的台阶、沟槽、螺纹往往是起固定轴上其他零件的作用。

3.1.2　轴类零件的加工技术要求

从图 3.1 所示零件图上标注的尺寸和技术要求可以看出，对这个零件的要求有以下 4 个方面：

（1）尺寸精度

在图样上凡是标注出尺寸公差的尺寸为支承轴颈或配合轴颈，必须按公差范围进行加工，如 $\phi50_{-0.039}^{0}$、$\phi48_{-0.039}^{0}$。如未标注尺寸公差的尺寸如 $\phi52$，可按自由公差要求加工，自由公差如有要求说明的按要求加工，无要求说明的，可按 IT14 级自己控制加工。

（2）几何形状精度

图 3.1 零件图上的 $\phi50_{-0.039}^{0}$、$\phi48_{-0.039}^{0}$ 两个轴颈尺寸都有圆柱度要求，这就说明这两个尺寸要在全长范围内控制尺寸精度和圆柱度要求。

（3）位置精度

一个零件由多个几何表面组成，各表面间还有一些位置精度要求，图 3.1 零件图上的 $\phi50_{-0.039}^{0}$、$\phi48_{-0.039}^{0}$ 两个轴颈尺寸都有对两端中心轴线的跳动度要求，这也说明了零件的加工要考虑工件的装夹方法和加工方法。上述的这两个轴颈尺寸必须要两顶尖进行精加工才能保证其位置精度要求。

（4）表面粗糙度

零件上任何一个表面一般都需要去除工件外表皮加工，都有表面粗糙度要求。表面粗糙度值 $Ra1.6$ 一般需磨削方能达到，如要在车床上加工，须进行宽刃刀低速精车或研磨方能达到；表面粗糙度值 $Ra3.2$ 须进行专门的精车，表面粗糙度值 $Ra6.3$ 一般用普通的车刀车削就能达到要求。表面粗糙度值的标注，实际上也说明了加工方法的要求。

对于一个生产加工技术工人来说，必须使自己加工出来的零件达到零件的各项技术要求，才能保证加工质量，否则就会造成废品。

3.1.3　轴类零件车刀的种类及用途

（1）轴类零件常用车刀的种类

轴类零件上的结构一般是外圆、端面、台阶、沟槽等，因此，常用的刀一般是 90°、75° 偏刀，45° 弯头刀及切断刀等，如图 3.3 所示。

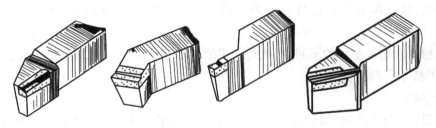

图 3.3　轴类零件车刀

（2）90°车刀的使用

车刀又称偏刀，按进给方向分右偏刀和左偏刀，如图3.4所示。下面主要介绍常用的右偏刀。右偏刀一般用来车削工件的外圆、端面和右向台阶，如图3.5所示，因为它的主偏角较大，车外圆时，用于工件的半径方向上的径向切削力较小，不易将工件顶弯。

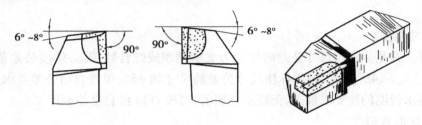

图3.4　90°右偏刀、左偏刀

车刀安装时，应使刀尖对准工件中心，主切削刃与工件中心线垂直。如果主切削刃与工件中心线不垂直，将会导致车刀的工作角度发生变化，主要影响车刀主偏角和副偏角。

右偏刀也可用来车削平面，如图3.6所示，但因车削使用副切削刃切削，如果由工件外缘向工件中心进给。当切削深度较大时，切削力会使车刀扎入工件，而形成凹面，为了防止产生凹面，可改由中心向外进给，用主切削刃切削，但切削深度较小。

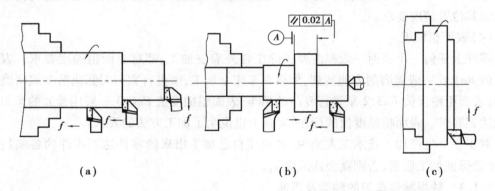

（a）　　　　　　　　　　（b）　　　　　　　　　（c）

图3.5　90°偏刀的使用

车轴类工件时，一般可分为粗车和精车两个阶段。粗车时除留一定的精车余量外，不要求工件达到图样要求的尺寸精度和表面粗糙度，为提高劳动生产率，应尽快地将毛坯上的粗车余量车去，精车时必须使工件达到图样或工艺上规定的尺寸精度、形位精度和表面粗糙度。

由于粗车和精车的目的不同，因此对所用的车刀要求也不一样，90°偏刀往往分为90°粗车刀和90°精车刀两种。

1）90°粗车刀

粗车刀（见图3.7）必须适应粗车时切削深、进给快的特点，主要要求车刀有足够的强度，能一次进给车去较多的余量。

选择粗车刀几何参数的一般原则如下：

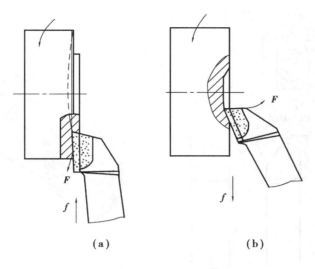

（a）   （b）

图 3.6 90°偏刀车端面

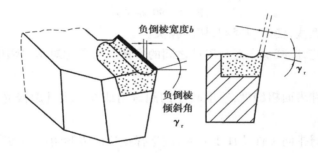

图 3.7 90°粗车刀

①为了增加刀头强度,前角和后角应小一些。但必须注意,前角过小会使切削力增大。

②主偏角不宜太小,否则容易引起车削时振动。当工件外圆形状许可时,最好选用 75°左右,因为这样刀尖角较大,能承受较大的切削力,而且有利于切削刃散热。

③一般粗车时采用 0°～3°的刃倾角以增加刀头强度。

④为了增加切削刃强度,主切削刃上应磨有倒棱,其宽度 $b_{r1} = (0.5～0.8)f$,倒棱前角 $\gamma_{o1} = -(5°～10°)$。

⑤为了增加刀尖强度,改善散热条件,使车刀耐用,刀尖处应磨有过渡刃。

⑥粗车塑性金属(如钢类)时,为了保证切削顺利进行,切屑能自行折断,应在前刀面上磨有断屑槽。断屑槽常用的有直线形和圆弧形两种。断屑槽的尺寸主要取决于进给量和切削深度。

2)90°精车刀

精车时要求达到工件的尺寸精度和较小的表面粗糙度,并且切去的金属较少,因此要求车刀锋利,切削刃平直光洁,刀尖处必要时还可磨修光刃。切削时必须使切屑排向工件待加工表面。

选择精车刀(见图 3.8)几何参数的一般原则如下:

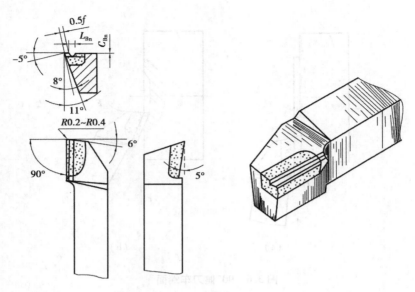

图 3.8　90°精车刀

①前角一般应大些,使车刀锋利,切削轻快。

②后角也应大些,以减少车刀与工件之间的摩擦。精车时对车刀强度要求并不高,也允许取较大的后角。

③为了减小工件表面粗糙度,应取较小的副偏角或在刀尖处磨修光刃。修光刃长度一般为(1.2~1.5)f。

④为了控制切屑排向工件待加工表面,应选择正确的刃倾角(3°~8°)。

⑤精车塑性金属时,前刀面应磨相应宽度的断屑槽。

(3)75°车刀的使用

75°车刀(见图3.9)的刀头强度好,耐用性强,一般适用于铸件、锻件的粗加工,如图3.10所示)。

(4)45°弯头车刀的使用:

45°车刀(见图3.11)有两个刀尖,前端一个刀尖通常用于车削工件的外圆。左侧另一个刀尖通常用来车削平面。主、副切削刃在需要的时候可用来左右倒角,如图3.12所示。

车刀安装时,左侧的刀尖必须严格对准工件的旋转中心。否则在车削平面至中心时会留有凸头或造成车刀刀尖碎裂,如图3.13所示,刀头伸出的长度约为刀杆厚度的1~1.5倍,伸出过长、刚性变差,车削时容易引起振动。

安装车刀对准工件旋转中心的方法一般有以下几种:

①根据尾座顶尖高低位置来对刀,如图3.14所示。

②在中滑板内侧上刻一道与中心高相一致的等高线来对刀,如图3.15所示,如此对刀方便、快捷,避免使用其他辅助工具,但高度一般不是很准。

③用钢板尺来对刀,如图3.16所示。

精车时,车刀刀尖要对准工件旋转中心,还需通过试车削来核对对高效果。有时需调整

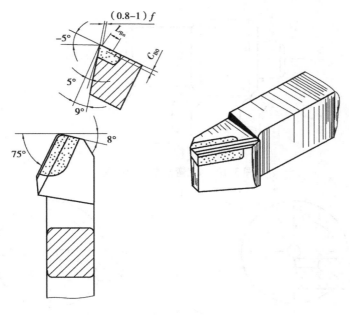

图 3.9 75°粗车刀

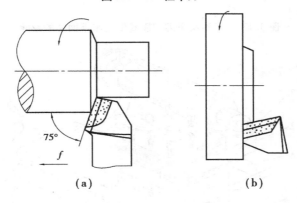

（a）   （b）

图 3.10 75°粗车刀的使用

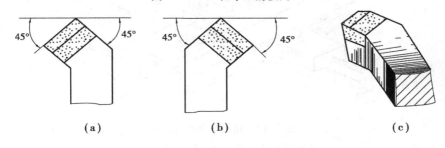

（a）   （b）   （c）

图 3.11 45°弯头车刀

刀垫厚度来调整,有时只需把压紧刀具的前后螺钉进行适当的松紧,就可达到严格对准工件旋转中心的目的。

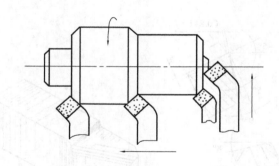

图 3.12　45°弯头车刀的使用

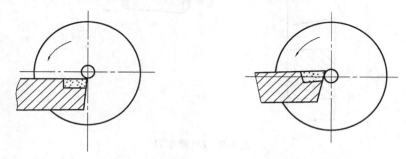

图 3.13　45°弯头车刀安装高低在车端面时的影响

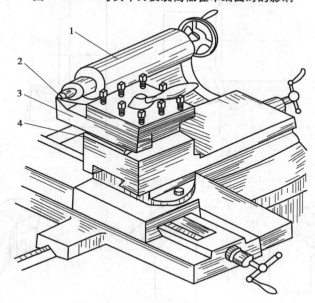

图 3.14　用尾座顶尖来对刀

1—尾座;2—顶尖;3—车刀;4—垫片

（5）切断刀和车槽刀的种类及使用

切断刀是将车床上把较长的工件切断成短料或将车削完成的工件从原材料上切下来，这种加工方法称为切断。一般外槽的车槽刀的角度和形状与切断刀基本相同。车狭窄的外

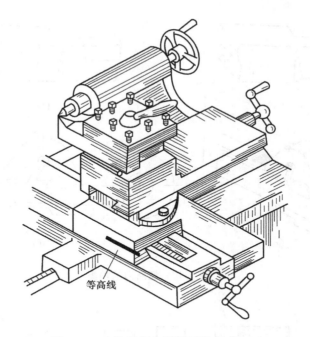

等高线

图 3.15 在中滑板内侧画刻线来对刀

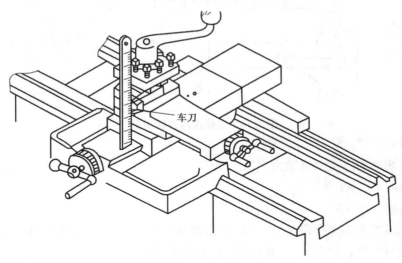

车刀

图 3.16 用钢板尺来对刀

槽时,车槽刀的主切削刃宽度应和槽宽相等,但刀头长度只要稍大于槽深即可。

常用的切断刀有高速钢切断刀、硬质合金切断刀和弹性切断刀 3 种,如图 3.17 所示。

1)切断刀与车槽刀的种类

①高速钢切断刀

整体式高速钢切断刀,如图 3.18 所示。刀头和刀杆是同一种材料锻造而成,每到切断刀损坏以后,可通过锻打后再使用,因此比较经济,目前应用较为广泛。

前角:切断中碳钢,$\gamma_\circ = 20° \sim 30°$;切断铸铁 $\gamma_\circ = 0° \sim 10°$。

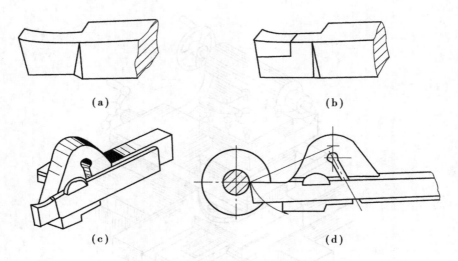

(a)　　　　　　　　　　　　　(b)

(c)　　　　　　　　　　　　　(d)

图 3.17　切断刀的种类

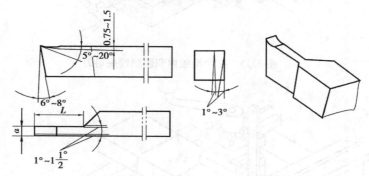

图 3.18　整体式高速钢切断刀

主后角:$\alpha_o = 6° \sim 8°$。

主偏角:切断刀以横向进给为主,$\kappa_r = 90°$。

副偏角:$\kappa_r' = 1° \sim 1.3°$。

副后角:$\alpha_0' = 1° \sim 3°$。

刀头宽度:刀头不能磨得太宽,否则不但浪费工件材料而且会使刀具强度降低引起振动,刀头宽度与工件直径有关,一般按经验公式计算,即

$$a = (0.5 \sim 0.6)\sqrt{d}$$

式中　a——刀头宽度,mm;

　　　d——工件直径,mm。

刀头长度:刀头长度 L 不宜过长,否则易引起振动和刀头折断,刀头长度 L 可计算为

$$L = H + (2 \sim 3)$$

式中　L——刀头长度,mm;

　　　H——切入深度,mm。切断实心工件时,切入深度等于工件的半径;切断空心工件时,切入深度等于工件的壁厚。

②硬质合金切断刀

硬质合金切断刀,如图3.19所示。刀头用硬质合金焊接而成,因此,它适宜高速切削。

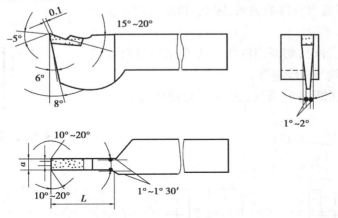

图3.19　硬质合金切断刀

③弹性切断刀

弹性切断刀,如图3.20所示。它是为节省高速钢材料,切刀作成片状,再夹在弹簧刀杆内,这种切断刀既节省刀具材料,又富有弹性,当进给过快时刀头在弹性刀杆的作用下会自动产生让刀,这样就不容易产生扎刀而折断车刀。

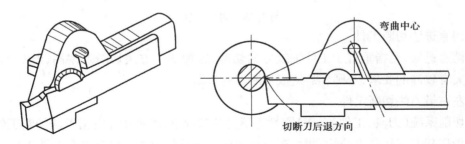

图3.20　弹性切断刀

④机夹式切断刀

机械夹固式切断刀具有节省刀柄原材料,换刀片方便,并可解决刀片脱焊等优点,现已得于广泛使用,机械夹固的形式很多。如图3.21所示为用螺钉、杠杆的原理来夹紧硬质合金刀片的杠杆式机夹切断刀。

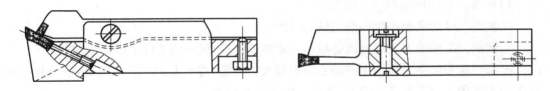

图3.21　杠杆式机夹切断刀

2）切断刀的安装

切断刀装夹是否正确对切断工件能否顺利进行、切断的工件平面是否平直有直接的关系，因此，切断刀的安装要求严格，如图 3.22 所示。

①切断实心工件时，切断刀的主刀刃必须严格对准工件中心，刀头中心线与轴线垂直。

②为了增加切断刀的强度，刀杆不易伸出过长以防振动。

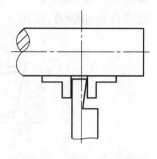

图 3.22　切断刀的安装

3）切断方法（见图 3.23）

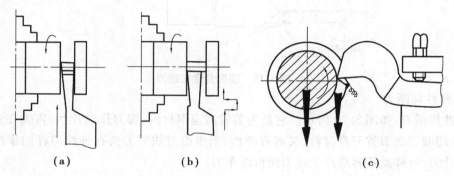

（a）　　　　　　　　（b）　　　　　　　　（c）

图 3.23　切断方法

①用直进法切断工件

所谓直进法，是指垂直于工件轴线方向切断，这种切断方法切断效率高，但对车床刀具刃磨装夹有较高的要求，否则容易造成切断刀的折断。

②左右借刀法切断工件

在切削系统（刀具、工件、车床）刚性等不足的情况下，可采用左右借刀法切断工件，这种方法是指切断刀在径向进给的同时，车刀在轴线方向反复地往返移动直至工件切断。

③反切法切断工件

反切法是指工件反转车刀反装，这种切断方法易用于较大直径工件。其优点如下：

a. 反转切断时作用在工件上的切削力于主轴重力方向一直向下，因此，主轴不容易产生上下跳动，切断工件比较平稳。

b. 切屑从下面流出不会堵塞在切削槽中，因此能比较顺利地切削。但必须指出，在采用反切法时卡盘与主轴的联接部分必须有保险装置，否则卡盘会因倒车而脱离主轴产生事故。

4）容易产生的问题和注意事项

①被切工件的平面产生凹凸，其原因如下：

a. 切断刀两侧的刀尖刃磨或磨损不一致造成让刀，因而使工件平面产生凹凸。

b. 窄切断刀的主刀刃与工件轴心线有较大的夹角，左侧刀尖有磨损现象，进给时在侧向切削力的作用下刀头易产生偏斜，势必产生工件平面内凹。

c. 主轴轴向窜动。

d. 车刀安装歪斜或副刀刃没磨直。

②切断时产生振动,其原因如下:

a. 主轴与轴承之间间隙过大。

b. 切断的棒料过大,在离心力的作用下产生振动。

c. 切断刀远离支承点。

d. 工件细长,切断刀刃口太宽。

e. 切断时转速过高进给量过小。

f. 切断刀伸出过长。

③切断刀折断的原因(见图 3.24)如下:

a. 工件装夹不牢靠,切割点远离卡盘,在切削力作用下工件抬起造成刀头折断。

b. 切断时排屑不良,铁屑堵塞造成刀头载荷过大时刀头折断。

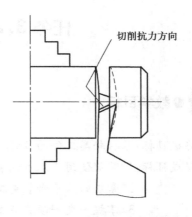

图 3.24 切断刀折断的原因

c. 切断刀的副偏角、副后角磨得太大,削弱了刀头强度使刀头折断。

d. 切断刀装夹跟工件轴心线不垂直,主刀刃与轴线不等高。

e. 进给量过大,切断刀前角过大。

f. 床鞍中小滑板松动,切削时产生扎刀致使切断刀折断。

④切割前应调整中小滑板的松紧,一般以紧为好。

⑤用高速钢刀切断工件时应浇注切削液,这样可以延长切断刀的使用寿命;用硬质合金刀切断工件时,中途不准停车,否则刀刃易碎裂。

⑥一夹一顶或两顶尖安装工件是不能把工件直接切断的,以防切断时工件飞出伤人。

⑦用左右借刀法切断工件时,借刀速度应均匀,借刀距离要一致。

提示

①轴类零件是车工加工的主要零件,要能读图、识图,读懂加工的技术要求。

②零件图和技术要求不仅仅表达了零件,还表达了加工的要求和装夹的要求。

③零件加工必须所有尺寸和精度都达到要求,有一项不合格都是废品。

④精度高的零件必须区分粗精加工。

⑤必须根据零件的形状和加工要求来选择刀具。

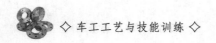

任务 3.2　轴类工件的装夹

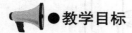 ●教学目标

终极目标:掌握轴类工件的各种装夹方法。

促成目标:1. 掌握使用三爪卡盘装夹工件的方法。

　　　　　2. 掌握四爪卡盘装夹工件的方法。

　　　　　3. 掌握一夹一顶装夹工件的方法。

　　　　　4. 掌握用中心钻钻中心孔的方法。

　　　　　5. 掌握两顶尖间装夹工件的方法。

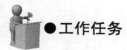 ●工作任务

通过对轴类工件采取各种装夹方法装夹工件的练习,掌握其方法。

 ●任务分析

在车床上加工零件,首先是要让工件转起来,不同形状的零件有不同的装夹方式,加工精度不同,装夹方式也有所不同。本任务集中对轴类工件装夹方式进行讲解,旨在让学生对工件的装夹方式有一个整体的了解。

 ●相关知识

3.2.1　三爪卡盘的操作

三爪自定心卡盘的 3 个卡爪是同步运动的,能自动定心,工件装夹后一般不需找正。但较长的工件离卡盘远端的旋转中心不一定与车床主轴的旋转中心重合,这时必须找正,如卡盘使用时间较长而精度下降后,工件加工部位的精度要求较高时,也必须找正。自定心卡盘装夹工件方便、省时,但夹紧力没有单动卡盘大,因此适用于装夹外形规则的中、小型工件。

三爪自定心卡盘是车床上的常用工具,它的结构和形状如图 3.25 所示。当卡盘扳手插

入小锥齿轮 2 的方孔中转动时,就带动大锥齿轮 3 旋转。大锥齿轮 3 背面是平面螺纹,平面螺纹又与卡爪 4 的端面螺纹啮合,因此就能带动 3 个卡爪同时作向心或离心移动。

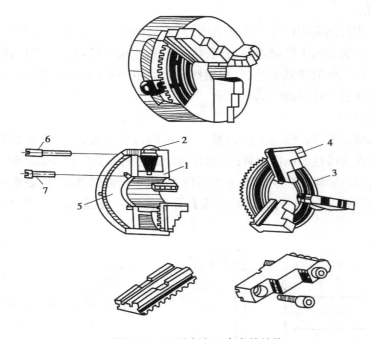

图 3.25　三爪自定心卡盘的结构

(1)定心卡盘的规格

常用的公制自定心卡盘规格有 150 mm、200 mm、250 mm。

(2)自定心卡盘的拆装步骤

1)拆自定心卡盘零部件的步骤和方法

①松去 3 个定位螺钉 6,取出 3 个小锥齿轮 2。

②松去 3 个紧固螺钉 7,取出防尘盖板 5 和带有平面螺纹的大锥齿轮 3。

2)装 3 个卡爪的方法

装卡盘时,用卡盘扳手的方榫插入小锥齿轮的方孔中旋转、带动大锥齿轮的平面螺纹转动。当平面螺纹的螺口转到将要接近壳体槽时,将 1 号卡爪装入壳体槽内。其余两个卡爪按 2 号 3 号顺序装入,装的方法与前相同。

(3)卡盘在主轴上装卸练习

①装卡盘时,首先将联接部分擦净、加油,确保卡盘安装的准确性。

②卡盘旋上主轴后,应使卡盘法兰的平面与主轴平面贴紧。

③卸卡盘时,在操作者对面的卡爪与导轨面之间放置一定高度的硬木块或软金属,然后将卡爪转至近水平位置,慢速倒车冲撞。当卡盘松动后,必须立即停车,然后用双手把卡盘旋下。

(4)在三爪自定心卡盘装夹工件的找正

三爪自定心卡盘的 3 个卡爪是同步运动的,能自动定心,工件装夹后一般不需找正。但较长的工件离卡盘远端的旋转中心不一定与车床主轴的旋转中心重合,这时必须找正,如卡盘使用时间较长而精度下降后,工件加工部位的精度要求较高时,也必须找正。

1)用划针找正

粗加工时,常用目测或划针找正毛坯表面,其方法是先用卡盘轻轻夹住工件,将划针放到适当的位置,划针尖靠近工件的圆柱表面,将主轴箱变速手柄置于空挡位置,用手缓慢转动卡盘,观察针尖与工件的接触情况,并用铜棒轻击间距小的部位,直至划针与工件表面间间隙一致,最后再夹紧工件,如图 3.26 所示。

2)用百分表找正

精加工时,为保证工件轴线与主轴轴线重合,可用百分表找正,其方法是先用卡盘轻轻夹住工件,将百分表的磁性表座固定到适当的位置(如导轨面上),百分表的触头接触工件的已加工圆柱表面,将主轴箱变速手柄置于空挡位置,用手缓慢转动卡盘,观察触头与工件的接触情况,并用铜棒轻击间距小的部位,直至百分表读数一致,最后再夹紧工件,如图 3.26 所示。

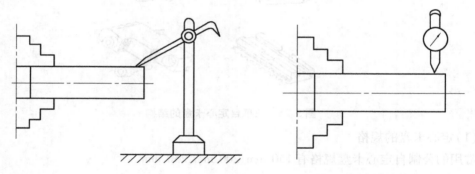

图 3.26　划针和百分表找正工件

当找正直径较大、长度较短的盘类工件时,如图 3.27 所示,粗加工用铜棒找正,精加工仍用百分表找正。

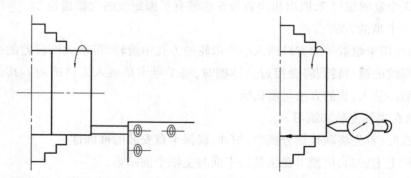

图 3.27　直径较大、长度较短的盘类工件的找正

3.2.2　用四爪卡盘装夹

四爪单动卡盘有 4 个各自独立运动的卡爪,如图 3.28 所示,卡爪背面的半圆弧螺纹与

螺杆啮合,将卡盘扳手的方榫插入螺杆的方孔中转动,就可带动卡爪各自运动以适应装夹工件大小的需要。

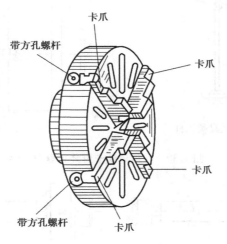

图 3.28　四爪单动卡盘

四爪单动卡盘装夹工件时,必须将加工部分的旋转中心找正到与车床主轴旋转中心重合才可以车削。单动卡盘找正比较费时(见图 3.29),但夹紧力较大,因此适合用于装夹大型或形状不规则的工件。单动卡盘可装成正爪或反爪两种形式,反爪用来装夹直径比较大的工件。

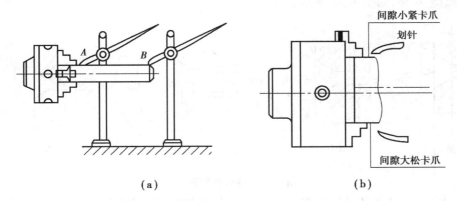

（a）　　　　　　　　　　　　　（b）

图 3.29　四爪单动卡盘装夹工件

四爪单动卡盘装夹盘类工件时,不但要找正外圆面,而且还要找正端面,如图 3.30所示。

3.2.3　用一夹一顶装夹

车削一般轴类工件,尤其是较重的工件,宜用一夹一顶装夹用顶尖装夹工件,一夹一顶装夹工件是指工件的一端用三爪自定心卡盘夹紧,另一端用顶尖支顶的装夹工件的方式,如图 3.31 所示。一夹一顶装夹由于工件刚性好,装夹牢固,因此得于广泛应用。

（1）中心孔与中心钻的类型

一夹一顶装夹用顶尖装夹工件必须先在工件的端面钻出中心孔。中心孔的形状国家有

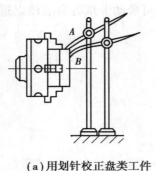

（a）用划针校正盘类工件

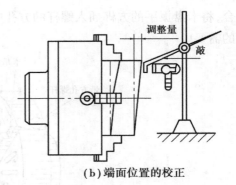

（b）端面位置的校正

图3.30　四爪单动卡盘装夹盘类工件

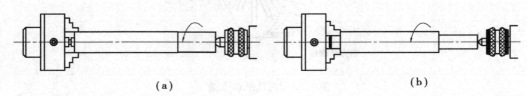

（a）　　　　　　　　　　　　　　　　（b）

图3.31　一夹一顶装夹工件

标准规定。

国家标准 GB 145—85 规定，中心孔有 A 型（不带护锥）、B 型（带护锥）、C 型（带螺孔）及 R 型（弧型）4 种，如图3.32 所示。

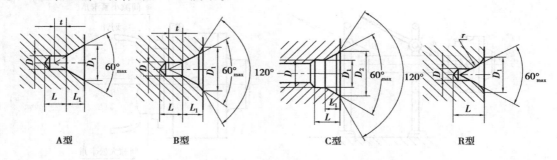

A型　　　　　　　　B型　　　　　　　　C型　　　　　　　　R型

图3.32　中心孔的形状

精度要求一般的工件采用 A 型。A 型中心孔由圆锥孔和圆柱孔两部分组成。圆锥孔的圆锥角一般为 60°（重型工件用 90°），它与顶尖锥面配合，起定心作用并承受工件的质量和切削力；圆柱孔可储存润滑油，并可防止顶尖头触及工件，保证顶尖锥面配合贴切，以达到正确定中心。

中心孔是由中心钻钻出的，常用的中心钻（见图3.33）有两种类型，一种是带护锥的，另一种是不带护锥的。中心钻的尺寸以圆柱孔直径为标准。

（2）中心钻折断的原因及预防

钻中心孔时，由于中心钻切削部分的直径很小，承受不了过大的切削力，稍不注意很容易折断。

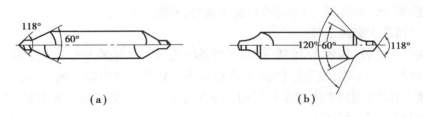

（a）
（b）

图 3.33 中心钻

中心钻折断的原因如下：

①中心钻轴线与工件旋转中心不一致，使中心钻受到一个附加力而折断。这通常是由于车床尾座偏位，或装夹中心钻的钻夹头锥柄弯曲及与尾座套筒锥孔配合不准确而引起偏位等原因造成。因此钻中心孔前必须严格找正中心钻的位置。

②工件的端面没车平，或中心孔处留有凸头，使中心钻不能准确地定心而折断。因此，钻中心孔处的端面必须平整。

③切削用量选用不合适，如工件转速太低而中心钻进给太快，使中心钻折断。

④中心钻磨钝后强行钻入工件也易折断。因此中心钻磨损后应及时修磨或调换。

⑤没有浇注充分的切削液或没有及时清除切屑，以致切屑堵塞而折断中心钻。因此钻中心孔时，必须浇注充分的切削液，并及时清除切屑。

（3）后顶尖

插入车床尾座套筒锥孔内的顶尖称为后顶尖，后顶尖有死顶尖（见图 3.34）和活顶尖（见图 3.35）两种。

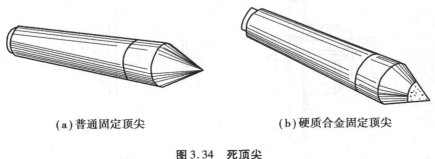

（a）普通固定顶尖　　　　　（b）硬质合金固定顶尖

图 3.34 死顶尖

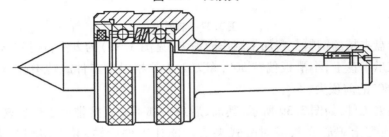

图 3.35 活顶尖

车削过程中，死顶尖定心好，刚度强，切削不易产生振动，但与工件中心孔发生剧烈摩擦，易产生高热，只在超精加工和低速车削中使用。活顶尖克服了死顶尖的缺点，可以承受

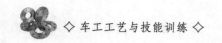

很高的转速,得于广泛使用,但其定心精度不很高,刚性也稍差。

3.2.4　两顶尖装夹工件

两顶尖装夹工件,如图3.36所示,对于较长的或必须经过多次装夹才能加工好的工件,如长轴、长丝杠等的车削,或工序较多,在车削后还要铣削或磨削加工的工件,为了保证每次装夹时的装夹精度(如同轴度要求),可用两顶尖装夹。两顶尖装夹工件方便,不需找正,装夹精度高,仅仅适用于精加工。

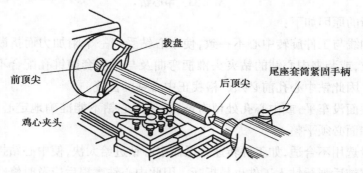

图3.36　两顶尖装夹工件

两顶尖装夹工件时,须先在工件的两端加工出合适的中心孔,在支承工件时分前顶尖和后顶尖。前顶尖的作用是定中心,承受工件的质量与切削力,前顶尖是标准顶尖,安装在主轴锥孔内或在三爪卡盘夹持的钢料上现加工制作而成,如图3.37所示。

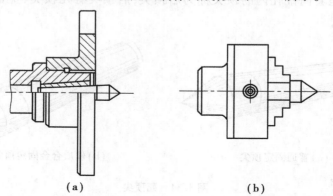

　(a)　　　　　　　　　　　　　　(b)

图3.37　前顶尖

在三爪卡盘夹持的钢料上现加工制作前顶尖(见图3.38)的方法:选择一带台阶的小段轴料装夹在三爪卡盘上,小滑板偏转30°,车刀刀尖严格对准工件旋转中心,转动小滑板手柄,方能车出60°的前顶尖。

两顶尖装夹工件,如图3.39所示,其前、后顶尖都不能直接带动工件旋转,也不能克服切削力,还必须配上鸡心夹头或对分式夹头才能让工件旋转,并克服切削力,如图3.40所示。

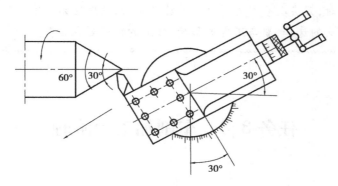

图 3.38　自制前顶尖

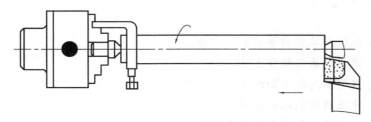

图 3.39　两顶尖与鸡心夹装夹工件

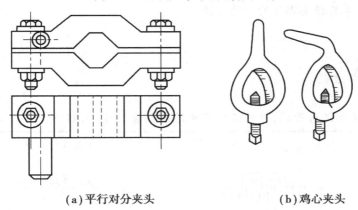

（a）平行对分夹头　　　　　　　　　（b）鸡心夹头

图 3.40　对分夹头与鸡心夹

 提示

①在主轴上安装卡盘时,应在主轴孔内插一铁棒,并垫好床面护板,防止砸坏床面。

②安装 3 个卡爪时,卡盘扳手应按逆时针方向顺序进行,并防止平面螺纹转过头。

③用四爪卡盘装夹工件时,4 个卡爪都必须上紧。

④用一夹一顶和两顶尖安装工件时,尾座套筒中心必须经过找正。

⑤用一夹一顶和两顶尖安装工件时,尾座套筒的伸出长度要尽量短,使用死顶尖要加涂润滑脂。

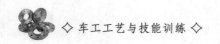
⑥自制前顶尖时,刀尖必须严格对准工件旋转中心,角度必须车准。

⑦工件装夹方式的选择,要与工件的形状、加工的精度要求相符。

任务3.3 车削加工台阶轴

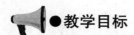

●教学目标

终极目标:掌握轴类工件的车削加工方法。

促成目标:1.掌握车床的操作方法。

2.理解不同加工面的刀具选择原理。

3.能正确控制粗车余量。

4.能正确控制精车的尺寸精度。

5.掌握轴类零件的测量方法。

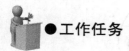

●工作任务

按照图纸要求加工台阶轴,并对工件尺寸进行测量,如图3.41所示。

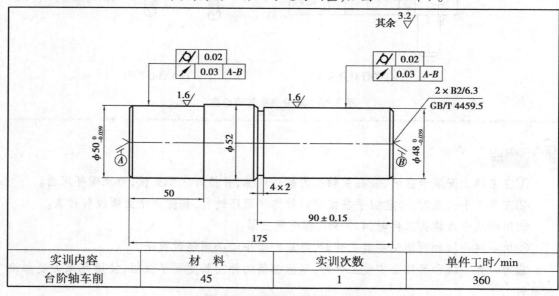

实训内容	材 料	实训次数	单件工时/min
台阶轴车削	45	1	360

图3.41 台阶轴加工图及要求

加工步骤如下:

①下料,毛坯 $\phi55 \times 180$ mm。

②热处理:调质。

③三爪卡盘夹住工件外圆长 100 mm 左右,找正夹紧。

④车平端面,钻中心孔。

⑤一夹一顶夹持,工件伸出长度 150 mm。

⑥粗、精车 $\phi52$ mm 外圆至尺寸,按自由公差控制尺寸。

⑦粗车外圆 $\phi48_{-0.039}^{0}$ mm 至 $\phi49$ mm,长 90 mm(留精车余量)。

⑧切沟槽至尺寸。

⑨倒角两处。

⑩工件调头,三爪卡盘夹持。

⑪车平端面,保证总长,钻中心孔。

⑫一夹一顶夹持。

⑬粗车外圆 $\phi50_{-0.039}^{0}$ mm 至 $\phi51$ mm。

⑭两顶尖间装夹,精车外圆 $\phi48_{-0.039}^{0}$ mm 至尺寸。

⑮工件调头,两顶尖间装夹,精车外圆 $\phi50_{-0.039}^{0}$ mm 至尺寸。

⑯卸车检查。

●任务分析

工件必须按图纸要求的尺寸精度、形状精度、位置精度和表面粗糙度进行加工,就要考虑工件的装夹方式,粗、精车要进行区分,必须用适当的车削方法才能保证加工要求;否则,加工出的零件将是废品。花了时间,出了力,也干不出一件合格产品。

●相关知识

3.3.1 粗车与精车的概念

(1)粗车

在车床动力条件允许的情况下,通常采用进刀深、进给量大、低转速的加工方法,以合理的时间尽快地把工件的余量去掉,因为粗车对切削表面没有严格的要求,只需留出一定的精车余量即可。由于粗车切削力较大,工件必须装夹牢靠。粗车的另一作用是:可以及时地发现毛坯材料内部的缺陷,如夹渣、砂眼、裂纹等;也能消除毛坯工件内部残存的应力和防止热变形。

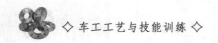

（2）精车

精车是车削的末道工序，为了使工件获得准确的尺寸和规定的表面粗糙度，操作者在精车时，通常把车刀修磨得锋利些，车床的转速高一些，进给量选得小一些。

为了保证加工的尺寸精度，应采用试切法车削。试切法的步骤如图3.42所示。

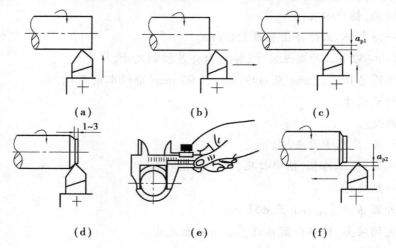

（a）　　　　　　　（b）　　　　　　　（c）

（d）　　　　　　　（e）　　　　　　　（f）

图3.42　试车削的步骤

精车时试车削的步骤如下：

①开车对刀，使车刀和工件表面轻微接触，如图3.42（a）所示。

②向右退出车刀，如图3.42（b）所示。

③按要求横向进刀 a_{p1}，如图3.42（c）所示。

④试切 $1 \sim 3$ mm，如图3.42（d）所示。

⑤向右退出，停车，测量，如图3.42（e）所示。

⑥根据测量的结果，调整吃刀深度至 a_{p2} 后，自动进给车外圆，如图3.42（f）所示。

3.3.2　刻度盘的计算和应用

在车削工件时，为了正确和迅速地掌握进刀深度，通常利用中滑板或小滑板上刻度盘进行操作。

中滑板的刻度盘装在横向进给的丝杠上，当摇动横向进给丝杠转一圈时，刻度盘也转了一周，这时固定在中滑板上的螺母就带动中滑板上的车刀移动一个导程，如果横向进给丝杠导程为 5 mm，刻度盘分 100 格，当摇动进给丝杠转动一周时，中滑板就移动 5 mm，当刻度盘转过一格时，中滑板移动量为 $5 \div 100$ mm $= 0.05$ mm。使用刻度盘时，由于丝杠与螺母之间配合往往存在间隙，会产生空行程（即刻度盘转动而滑板未移动）。因此使用刻度盘进给过深时，必须向相反方向退回全部空行程，然后再转到需要的格数，而不能直接退回到需要的格数。但必须注意，中滑板刻度的进刀量应是工件余量的1/2。刻度盘的具体操作应用如图3.43所示。

3.3.3　车削工件的具体操作

任何机床的操作都有一个熟练的过程，要由简单向复杂，由单一向综合的过程，多学勤

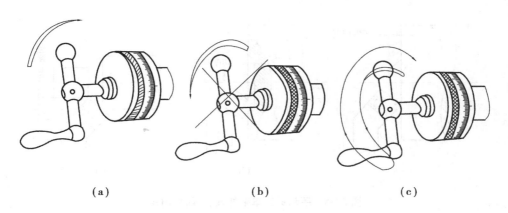

（a）   （b）   （c）

图 3.43 刻度盘的操作

练，不怕吃苦，就一定能练出高超的技能。如图 3.44 所示为一个学生在操作的图片。

图 3.44 学生操作机床

（1）用手动进给车削外圆、平面和倒角

1）车平面的方法（见图 3.45）

开动车床使工件旋转，移动小滑板或床鞍控制进刀深度，然后锁紧床鞍，摇动中滑板丝杠进给，由工件外向中心或由工件中心向外进给车削。

2）车外圆的方法

①移动床鞍至工件的右端，用中滑板控制进刀深度，摇动小滑板丝杠或床鞍纵向移动车削外圆，一次进给完毕，横向退刀，再纵向移动刀架或床鞍至工件右端，进行第二、第三次进给车削，直至符合图样要求为止。

②在车削外圆时，通常要进行试切削和试测量。其具体方法是：根据工件直径余量的二分之一作横向进刀，当车刀在纵向外圆上进给 2 mm 左右时，纵向快速退刀，然后停车测量（注意横向不要退刀），如果已经符合尺寸要求，就可以直接纵向进给进行车削；否则可按上

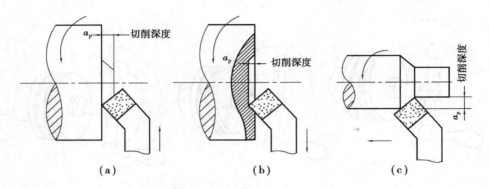

图 3.45　手动进给车削外圆、端面和倒角

述方法继续进行试切削和试测量,直至达到要求为止。

③为了确保外圆的车削长度,通常先采用刻线痕法,后采用测量法进行,即在车削前根据需要的长度,用钢直尺、样板或卡尺及车刀刀尖在工件的表面刻一条线痕。然后根据线痕进行车削,当车削完毕,再用钢直尺或其他工具复测。

3)倒角的方法

当平面、外圆车削完毕,然后移动刀架使车刀的切削刃与工件的外圆成 45°夹角,移动床鞍至工件的外圆和平面的相交处进行倒角,所谓 1×45°,是指倒角在外圆上的轴向距离为 1 mm。

(2)机动进给车削外圆和平面

机动进给比手动进给有很多的优点,如操作省力,进给均匀,加工后工件表面粗糙度小等。但机动进给是机械传动,操作者对车床手柄位置必须相当熟悉,否则在紧急情况下容易损坏工件或机床,使用机动进给的过程如下:

纵向车外圆过程如下:

启动机床工件旋转→试切削→机动进给→纵向车外圆→车至接近需要长度时停止进给→改用手动进给→车至长度尺寸→退刀→停车

横向车平面过程如下:

启动机床工件旋转→试切削→机动进给→横向车平面→车至工件中心时停止进给→改用手动进给→车至工件中心→退刀→停车

工件材料长度余量较少或一次装夹不能完成切削的光轴,通常采用调头装夹,再用接刀法车削。掉头接刀车削的工件,一般表面有接刀痕迹,有损表面质量和美观。但由于找正工件是车工的基本功,因此必须认真学习。

(3)接刀工件的装夹找正和车削方法

装夹接刀工件时,找正必须从严要求,否则会造成表面接刀偏差,直接影响工件质量,为保证接刀质量,通常要求车削工件的第一头时,车得长一些,调头装夹时,两点间的找正距离应大些。工件的第一头精车至最后一刀时,车刀不能直接碰到台阶,应稍离台阶处停刀,以防车刀碰到台阶后突然增加切削量,产生扎刀现象。调头精车时,车刀要锋利,最后一刀精车余量要小,否则工件上容易产生凹痕。

(4)控制两端平行度的方法

以工件先车削的一端外圆和台阶平面为基准,用划线盘找正,找正的正确与否,可在车削过程中用外径千分尺检查,如发现偏差,应从工件最薄处敲击,逐次找正。

3.3.4　车削台阶的方法

在同一工件上有几个直径大小不同的圆柱体连接在一起像台阶一样,就称它为台阶工件,俗称台阶为"肩背"。台阶工件的车削,实际上就是外圆和平面车削的组合,因此在车削时必须注意兼顾外圆的尺寸精度和台阶长度的要求。

(1)台阶工件的技术要求

台阶工件通常和其他零件结合使用,因此它的技术要求一般有以下4点:

①各台阶外圆之间的同轴度。

②外圆和台阶平面的垂直度。

③台阶平面的平面度。

④外圆和台阶平面相交处的清角。

(2)车刀的选择和装夹

车削台阶工件,通常使用90°外圆车刀。

车刀的装夹应根据粗、精车和余量的多少来区别,如粗车时余量多,为了增加切削深度,减少刀尖压力,车刀装夹可取主偏角小于90°为宜。精车时,为了保证台阶平面与轴心线的垂直,应取主偏角大于90°。

(3)车削台阶工件的方法

车削台阶工件时,一般分粗精车进行,粗车时的台阶长度除第一个台阶长度略短些外(留精车余量),其余各台阶可车至长度,精车台阶工件时,通常在机动进给精车至近台阶处时,以手动进给代替机动进给,当车至平面时,然后变纵向进给为横向进给,移动中滑板由里向外慢慢精车台阶平面。以确保台阶平面与轴心线的垂直。

(4)台阶长度的测量和控制方法

台阶长度尺寸的控制方法如下:

①台阶长度尺寸要求较低时,可直接用大拖板刻度盘控制。

②台阶长度可用钢直尺或样板确定位置,如图3.46所示。车削时先用刀尖车出比台阶长度略短的刻痕作为加工界限,台阶的准确长度可用游标卡尺或深度游标卡尺测量。

③台阶长度尺寸要求较高且长度较短时,可用小滑板刻度盘控制其长度。车削前根据台阶的长度先用刀尖在工件表面刻线痕,然后根据线痕进行粗车。当粗车完毕后,台阶长度已经基本符合要求,在精车外圆的同时,一起控制台阶长度,其测量方法通常用钢直尺检查,如精度较高时,可用样板、游标深度尺等测量。

(5)工件的调头找正和车削

根据习惯的找正方法,应先找正近卡爪处工件外圆,后找正台阶处反平面,这样反复多次找正才能进行切削,当粗车完毕时,宜再进行一次复查,以防粗车时发生移位。

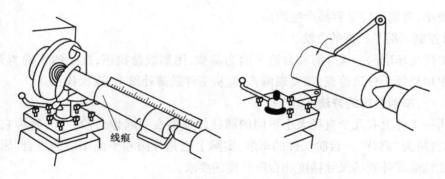

图 3.46　控制台阶长度的方法

提示

①工件平面中心留有凸头,原因是刀尖没有对准工件中心,偏高或偏低。

②平面不平有凹凸,产生原因是进刀量过深、车刀磨损、滑板移动、刀架和车刀紧固力不足,产生扎刀或让刀。

③车床转速过高,在切削过程中车刀会过快磨损。

④摇动中滑板进刀时,没有消除空行程,尺寸将控制不准确。

⑤车削表面痕迹粗细不一,主要是手动进给不均匀。

⑥变换转速时应先停车,否则容易打坏主轴箱内的齿轮。

⑦切削时应先开车,后进刀。切削完毕时先退刀后停车,否则车刀容易损坏。

⑧车削过程中需清除切屑时,须用专门的钩子,不允许用手直接去拿。

⑨使用游标卡尺测量时,测量平面要垂直于工件中心线,不许敲打卡尺或拿游标卡尺勾铁屑。

⑩工件转动中禁止测量。

任务 3.4　轴类工件的测量

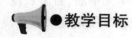●教学目标

终极目标:掌握轴类工件的检测方法。

促成目标:1. 了解测量器具的分类。

　　　　　2. 熟练掌握外径千分尺的读数原理和使用方法。

　　3.了解形位公差的检测方法。

　　4.了解表面粗糙度的检测方法。

●工作任务

　　1.学习掌握外径千分尺的读数原理和使用方法。

　　2.了解测量器具的分类,对测量器具有初步的认识。

　　3.对形状精度、位置精度及表面粗糙度有一定的了解。

●任务分析

　　能干活、肯做事是一件好事,但所干的活合不合格,能不能达到产品要求,这就需要用量具来说话。如果不知道什么是合格产品,也就是不知道目标是什么,再能干活做事,那也是只顾低头拉车,不顾抬头看路,那就是干瞎事。如图 3.47 所示为学生用外径千分尺测量工件。

图 3.47　学生用外径千分尺测量工件

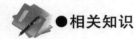

● 相关知识

3.4.1　计量器具的分类

计量器具是量具、量规、量仪和其他用于测量目的的测量装置的总称,计量器具按结构特点分为量具、量规、量仪及测量装置4类。

（1）量具

量具是指以固定形式复现量值的主计量器具,量具的特点是一般没有放大装置。如图3.48所示为车削中常用的一些量具。

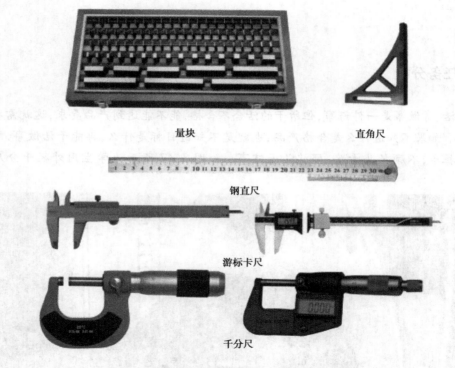

量块　　　　　　　　　　　　直角尺

钢直尺

游标卡尺

千分尺

图3.48　常用量具

（2）量规

量规是指没有刻度的专用计量器具,用来检验工件实际尺寸和形位误差的综合结果。量规只能判断工件是否合格,而不能获得几何量的具体数值,如光滑极限量规、螺纹量规等。如图3.49所示为车削中常用的一些量规。

（3）量仪

量仪是指能将被测量转换成可直接观测的指示值或等效信息的计量器具。其特点是一般都有指示、放大系统。如图3.50所示为车削中常用的一些量仪。

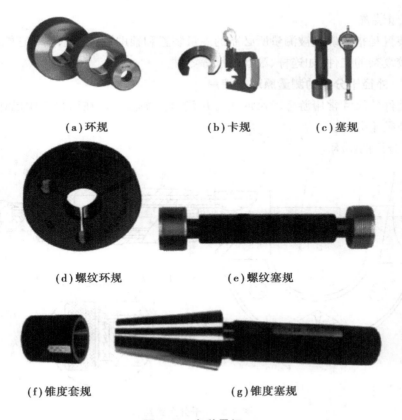

(a)环规　　　　　(b)卡规　　　　　(c)塞规

(d)螺纹环规　　　　　(e)螺纹塞规

(f)锥度套规　　　　　(g)锥度塞规

图3.49　各种量规

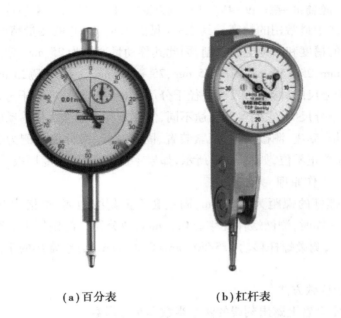

(a)百分表　　　　　(b)杠杆表

图3.50　量表

（4）测量装置

测量装置是指为确定被测量所必需的测量装置和辅助设备的总体。它能测量较多的几何参数和较复杂的工件,如连杆、滚动轴承等零件。

3.4.2 外径千分尺的测量原理与使用

轴类工件的尺寸常用游标卡尺或千分尺测量。游标卡尺在项目 2 中已作过介绍,这里主要介绍外径千分尺。

（1）千分尺的结构

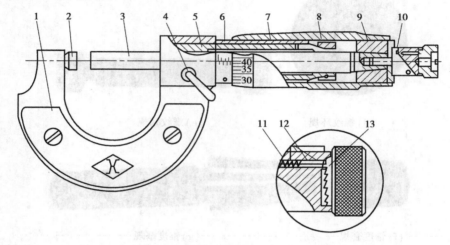

图 3.51 千分尺的结构

1—尺架;2—砧座;3—测微螺杆;4—锁紧装置;5—螺纹套筒;6—固定套筒;
7—活动套筒;8—螺母;9—接头;10—测力装置;11—弹簧;12—棘轮爪;13—棘轮

千分尺是生产中最常用的精密量具之一（见图 3.48）。它的测量精度一般为 0.01 mm,但由于测微螺杆的精度和结构上的限制,因此其移动量通常为 25 mm,常用的千分尺测量范围分别为 0 ~ 25 mm,25 ~ 50 mm,50 ~ 75 mm,75 ~ 100 mm,…。每隔 25 mm 为一挡规格。根据用途的不同,千分尺的种类很多,有外径千分尺、内径千分尺、内测千分尺、游标千分尺、螺纹千分尺和壁厚千分尺等,它们虽然用途不同,但都是利用测微螺杆移动的基本原理。

千分尺由尺架、砧座、测微螺杆、锁紧装置、固定套管、微分筒和测力装置等组成。千分尺在测量前,必须校正零位,如图 3.52 所示,如果零位不准,可用专用扳手调整。

（2）千分尺的工作原理

千分尺测微螺杆的螺距为 0.5 mm,固定套筒上刻线距离,每格为 0.5 mm（分上下刻线）,当微分筒转一周时,测微螺杆就移动 0.5 mm,微分筒上的圆周上共刻 50 格,当微分筒转一格时（1/50 r）,测微螺杆移动 0.5/50 mm = 0.01 mm,因此,常用的千分尺的测量精度为 0.01 mm。

（3）千分尺的读数方法

①先读出固定套管上露出刻线的整毫米数和半毫米数。

②看准微分筒上哪一格与固定套管基准线对齐,读出尺寸的毫米数值。

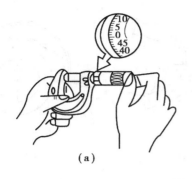 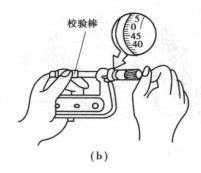

（a）　　　　　　　　　　　　　　（b）

图3.52　测量前校正零位

③把两个数加起来,即为被测工件的尺寸。

例3.1　此时,要注意区别半毫米刻线是否露出,如图3.53所示。

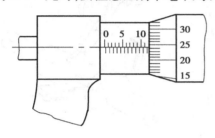 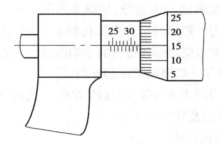

（a）11 mm+0.5 mm+0.24 mm=11.74 mm　　　（b）32 mm+0.15 mm=32.15 mm

图3.53　千分尺的读数

图3.53（a）:半毫米刻线露出——要加上0.5 mm——尺寸值=11 mm+0.5 mm+0.24 mm=11.74 mm。

图3.53（b）:半毫米刻线未露出——不加0.5 mm——尺寸值=32 mm+0.15 mm=32.15 mm。

（4）千分尺的使用方法

使用千分尺测量工件尺寸时,千分尺可单手握（见图3.54（a））、双手握（见图3.54（c）、（d））或将千分心固定在尺架上（见图3.54（b））进行测量。

3.4.3　工件径向圆跳动度及端面圆跳动度的测量

（1）径向圆跳动度测量

工件径向圆跳动度及同轴度测量可在车床上或偏摆仪的两顶尖测量,如图3.55所示。让百分表的测量头与工件被测部位的外圆接触,将测头压下1mm左右以保持压力和消除间隙。当工件转过一圈,百分表读数主最大差值就是该被测面上径向圆跳动误差。按上述方法测量若干个截面,读数的最大值就是该工件的径向圆跳动值。而同轴度则为被测外圆表面相通轴颈位置跳动值之和。

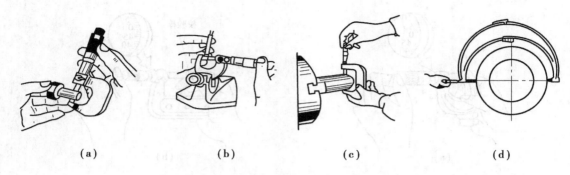

| (a) | (b) | (c) | (d) |

图 3.54 千分尺的使用

（2）端面圆跳动度测量

工件端面圆跳动度测量是将百分表的测量头与工件被测的端面接触，将测头压下 1 mm 左右以保持压力和消除间隙。当工件转过一圈，百分表读数的最大差值就是该被测面上端面跳动误差。

3.4.4　表面粗糙度的检测

常用的表面粗糙度检测方法有比较法、光切法、干涉法及针描法 4 种。

图 3.55　轴类零件的径向圆跳动度测量

（1）比较法

比较法是将被测零件表面与标有一定评定参数的表面粗糙度标准样板直接比较，从而估计出被测表面粗糙度的一种测量方法。它适用于车间现场检验，缺点是精度较低，只能作定性分析。

（2）光切法

光切法是应用光切原理来测量表面粗糙度值的一种测量方法。常用的仪器是光切显微镜。它适宜测量车、铣、刨等加工方法所加工的金属零件表面。主要测量 Rz 值，其范围为 $Rz60 \sim 0.5\ \mu m$。

（3）干涉法

干涉法是利用光波干涉的原理测量表面粗糙度值的一种测量方法。常用的仪器是干涉显微镜。

（4）针描法

针描法是一种接触式测量表面粗糙度值的一种测量方法。最常用的仪器是电动轮廓仪，它可直接显示 Ra 值，适宜测量 $Ra\ 6.3 \sim 0.025\ \mu m$。

 提示

①千分尺属精密量具，工件表面粗糙时就不能使用。

②使用千分尺时要与游标卡尺配合使用，即卡尺测量毫米以下大数，千分尺测量毫米以

下小数。

③千分尺测量尺寸时,要严格对工件中心位置,测量时左右移动找最小尺寸、前后移动找最大尺寸,当测量头接触工件时可使用棘轮,以免造成测量误差。

④测量前须校对"零"位。

⑤千分尺测量尺寸后要擦净涂油放入盒内,并检查量棒、扳手是否齐全。

⑥不要把卡尺、千分尺与其他工具、刀具混放,更不要把卡尺、千分尺当卡规使用,以免降低精度。

3.4.5　轴类零件产生废品的原因扩预防措施

轴类零件产生废品的原因扩预防措施见表3.1。

表5.1　轴类零件产生废品的原因扩预防措施

废品种类	产生原因	预防措施
工件圆度超差	①车床主轴间隙过大 ②工件加工余量不够,或余量不均匀,切削深度发生变化 ③使用后顶尖支承工件时,顶得过松或中心孔接触不良	①检查调整主轴间隙 ②进行粗、精加工分开,精车时,留够加工余量 ③修光中心孔,加工中经常注意顶尖的松紧程度
工件圆柱度超差	①用一夹一顶装夹工件时,后顶尖与主轴轴线不同轴,工件产生锥度 ②用卡盘装夹工件时,产生锥度 ③工件装夹悬伸过长,车削时因切削力的影响,工件前端退让,产生锥度 ④车削过程中,车刀磨损,产生锥度	①使用量棒或进行光轴加工,调整尾座轴与主轴的同轴度 ②调整车床主轴与轨道的平行度 ③合理装夹工件,必要时采用后顶尖支承,增加工件刚性 ④选用合适的刀具材料,降低转速
工件尺寸精度达不到要求	①看图错误或计算尺寸错误 ②刻度盘使用不当,没有消除间隙 ③精车时没有试车削 ④测量不正确或量具有误差 ⑤停车不及时,导致长度超差	①看清图样,认真计算各部位尺寸 ②正确使用刻度盘,消除刻度间隙 ③进行试车削,可多次修正切削深度 ④正确使用量具,在使用前和长时间使用中校正零位 ⑤车削加工中保持精力集中
工件表面粗糙度达不到要求	①车床刚性不足、转动不平衡或主轴太松引起振动 ②车刀刚性不足或伸出太长引起振动 ③工件刚性或安装不当,引起振动 ④车刀几何参数不合理,如车刀尖磨损出现负后角 ⑤切削用量选择不当	①调整机床传动部分特别是主轴间隙 ②增加刀具刚性,正确安装刀具,减小刀具伸长量 ③选用正确的工件安装方式 ④刃磨车刀,合理选择车刀的几何角度 ⑤减小进给量选择、合适的精车余量

项目 4

车削内圆柱面

●教学目标

终极目标:掌握套类零件内圆柱面的加工方法。

促成目标:1.掌握麻花钻的刃磨和角度检查。

2.掌握钻孔的方法。

3.掌握铰孔的方法。

4.掌握孔的加工方法以及孔的车削加工方法。

5.掌握孔径的测量方法。

【项目导读】

齿轮的发展

齿轮是典型的套类零件。据史料记载,远在公元前400—公元前200年的中国古代就已开始使用齿轮,在我国山西出土的青铜齿轮是迄今已发现的最古老的齿轮,作为反映古代科学技术成就的指南车就是以齿轮机构为核心的机械装置。17世纪末,人们才开始研究能正确传递运动的轮齿形状。18世纪欧洲工业革命以后,齿轮传动的应用日益广泛;先是发展摆线齿轮,而后是渐开线齿轮,到20世纪初,渐开线齿轮已在应用中占据了优势。

套类零件简介如下:

(1)**套类零件的类型**

在机器上有很多零件因支承和联接配合的需要,把它制成带有圆柱孔的零件。圆柱孔的零件一般作为配合孔,都要求较高的尺寸精度(IT8—IT7)、较小的表面粗糙度值(Ra 为 0.2~2.5 μm)和较高的形位精度,如图4.1所示。

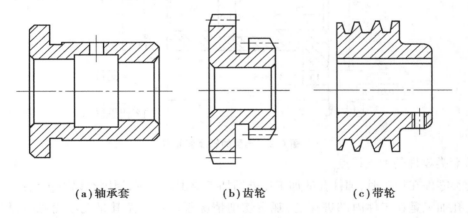

　　(a)轴承套　　　　　　　(b)齿轮　　　　　　　(c)带轮

图4.1　常见圆柱孔的零件

(2)**套类零件的技术要求**

如图4.2所示为一个较为典型的轴承套零件,它的技术要求如下:

1)形状精度

①ϕ30H7孔的圆度公差为0.01 mm。零件的右端面对左端面平行度公差为0.01 mm。

②ϕ45js6外圆的圆度公差为0.005 mm。

2)位置精度

①ϕ45js6外圆对 ϕ30H7孔轴线的径向圆跳动公差0.01 mm。

②左端面对 ϕ30H7孔轴线的垂直度公差为0.01 mm。

③ϕ30H7孔的右端面对左端面平行度公差为0.01 mm。

3)套类零件在车床上的加工方法

套类零件的加工根据使用的刀具不同,可分为钻孔(包括扩孔、锪孔、钻中心孔)、车孔和铰孔等。

钻孔是低精度孔(一般孔)的基本加工方法,如螺纹底孔、供穿过螺钉、铆钉等的联接孔。车孔是应用较为广泛的一种孔的加工方法,车孔既可作铰孔前的半精加工,也可在单件小批生产中对尺寸较大的高精度孔作精加工。因此,车孔经常是高精度孔加工的重要手段。铰孔在大批量生产中用于对尺寸不大的高精度孔作精加工。

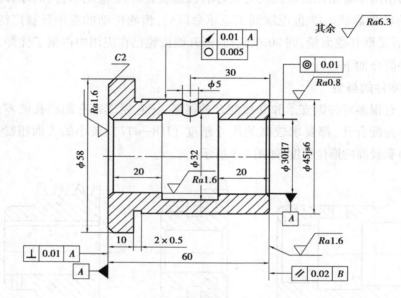

图4.2 典型的轴承套零件

4)套类零件的加工特点

套类零件在加工时,圆柱孔的加工比外圆加工要困难得多,原因有以下4点:

①孔加工是在工件内部进行的,观察切削情况很困难。尤其是孔小而深时,根本无法观察。

②刀杆尺寸由于受孔径和孔深的限制,不能制作得太粗,又不能太短,因此刚性很差,特别是加工孔径小、长度长的孔时,更为突出。

③排屑和冷却困难。

④圆柱孔的测量比外圆困难。另外加工时,必须采取有效措施来达到套类零件的各项形位精度。当工件的壁厚较薄时,加工更困难。

任务4.1 钻孔及扩孔

 ●教学目标

终极目标:掌握孔的钻削加工方法。

促成目标:1.掌握麻花钻几何形状及相关角度。

2.掌握麻花钻的刃磨和修磨方法。

3.掌握钻孔的方法。

 ●工作任务

1.学习麻花钻的几何形状以及刃磨钻头的方法。本任务需要刃磨的麻花钻及要求,如图4.3所示。

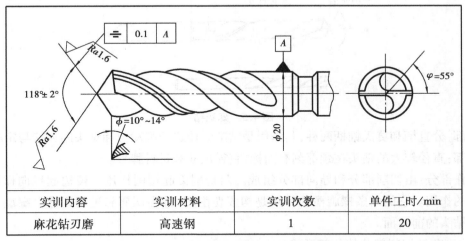

实训内容	实训材料	实训次数	单件工时/min
麻花钻刃磨	高速钢	1	20

图4.3 需要刃磨的麻花钻及要求

2.对毛坯料钻孔,需要钻孔的毛坯料及要求,如图4.4所示。

●任务分析

　　用钻头在实体材料上加工孔的方法称为钻孔。钻孔属于粗加工,其尺寸精度一般可达IT12—IT11,表面粗糙度值为 $Ra25 \sim 12.5$ μm。麻花钻是钻孔最常用的刀具,钻头一般用高速钢制成,由于高速切削的发展,镶硬质合金的钻头也得到了广泛应用。下面介绍麻花钻及其钻孔方法。

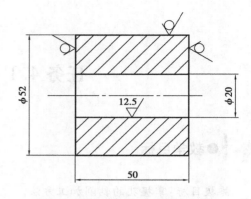

图 4.4　需要钻孔的毛坯料及要求

●相关知识

4.1.1　麻花钻的几何形状

(1)麻花钻的构造和各部分作用

麻花钻是常用的钻孔刀具,它由柄部、颈部、工作部分组成,如图 4.5 所示。

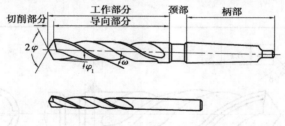

图 4.5　麻花钻

柄部:分直柄和莫氏锥柄两种,其作用是钻削时传递切削动力和钻头的夹持与定心。

颈部:直径较大的钻头在颈部刻有商标、直径尺寸和材料牌号。

工作部分:由切削部分和导向部分组成。两切削刃起切削作用。棱边起导向作用和减少摩擦的作用。它的两条螺旋槽的作用是构成切削刃,排出切屑和进切削液。螺旋槽的表面即为钻头的前刀面。

(2)麻花钻切削部分的几何形状

麻花钻工作部分的结构如图 4.6 所示。它有两条对称的主切削刃、两条副切削刃和一条横刃。麻花钻钻孔时,相当于两把反向的车孔刀同时切削,因此它的几何角度的概念与车刀基本相同,但也具有其特殊性。

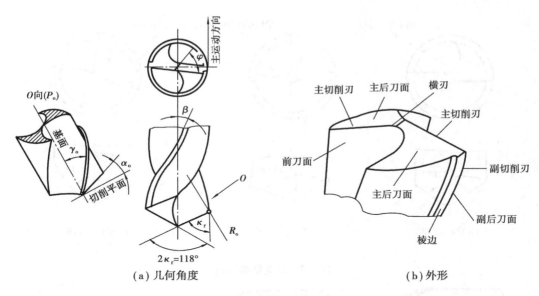

（a）几何角度　　　　　　　　（b）外形

图4.6　麻花钻工作部分的结构

①螺旋槽:钻头的工作部分有两条螺旋槽,其作用是构成切削刃、排除切屑和通入切削液。

②螺旋角 β:位于螺旋槽内不同直径处的螺旋线展开成直线后与钻头轴线都有一定夹角,此夹角通称螺旋角。越靠近钻心处螺旋角越小,越靠近钻头外缘处螺旋角越大。标准麻花钻的螺旋角为 $18° \sim 30°$。钻头上的名义螺旋角是指外缘处的螺旋角。

③前刀面:是指切削部分的螺旋槽面,切屑由此面排出。

④主后刀面:是指钻头的螺旋圆锥面,即与工件过渡表面相对的表面。

⑤主切削刃:是指前刀面与主后刀面的交线,担负着主要的切削工作。钻头有两个主切削刃。

⑥顶角 $(2\kappa_r)$:顶角是两主切削刃之间的夹角。一般标准麻花钻的顶角为 $118°$。当顶角为 $118°$ 时,两主切削刃为直线,如图 4.7(a)所示;当顶角大于 $118°$ 时,两主切削刃为凹曲线,如图 4.7(b)所示;当顶角小于 $118°$ 时,两主切削刃为凸曲线,如图 4.7(c)所示。刃磨钻头时,可据此大致判断顶角的大小。顶角大,主切削刃短,定心差,钻出的孔径容易扩大,但顶角大时前角也增大,切削省力;顶角小时则反之。

⑦前角 γ_o:主切削刃上任一点的前角是过该点的基面与前刀面之间的夹角。麻花钻前角的大小与螺旋角、顶角、钻心直径等因素有关,其中影响最大的是螺旋角。由于螺旋角随直径大小而改变,因此,主切削刃上各点的前角也是变化的(见图 4.8),靠近外缘处前角最大,自外缘向中心逐渐减小,大约在 1/3 钻头直径以内开始为负前角,前角的变化范围为 $\pm 30°$。

⑧后角 α_o:主切削刃上任一点的后角是过该点切削平面与主后刀面之间的夹角。后角也是变化的,靠近外缘处最小,接近中心处最大,变化范围为 $8° \sim 14°$。实际后角应在圆柱面内测量,如图 4.9 所示。

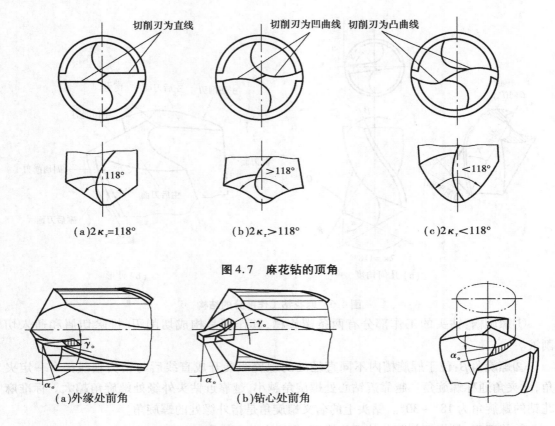

图4.7 麻花钻的顶角

图4.8 麻花钻的前角　　　　　　　　　图4.9 麻花钻的后角

⑨横刃:两个主后刀面的交线,也就是两主切削刃的连接线。横刃太短,会影响麻花钻的钻尖强度;横刃太长,会使轴向力增大,对钻削不利。试验表明,钻削时有 1/2 以上的轴向力是因横刃产生的。

⑩横刃斜角 ψ:在垂直于钻头轴线的端面投影中,横刃与主切削刃之间所夹的锐角。横刃斜角的大小与后角有关。后角增大时,横刃斜角减小,横刃也变长;后角减小时,情况相反。横刃斜角一般为55°。

⑪棱边:也称刃带,既是副切削刃,也是麻花钻的导向部分。在切削过程中能保持确定的钻削方向、修光孔壁及作为切削部分的后备部分。为了减少切削过程中棱边与孔壁的摩擦,导向部分的外径经常磨有倒锥。

4.1.2　麻花钻的刃磨和修磨

刃磨麻花钻如同刃磨车刀一样,是车工必须熟练掌握的基本功。

(1)麻花钻的刃磨

麻花钻的刃磨质量直接关系到钻孔的尺寸精度和表面粗糙度及钻削效率。

1)对麻花钻的刃磨要求

麻花钻主要刃磨两个主后刀面,刃磨时除了保证顶角和后角的大小适当外,还应保证两条主切削刃必须对称(即它们与轴线的夹角以及长短都应相等),并使横刃斜角为55°,如

图4.10(a)所示。

2)麻花钻刃磨对钻孔质量的影响

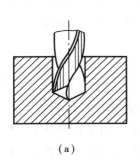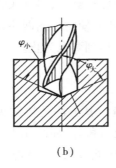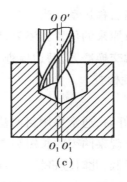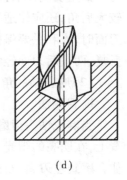

（a）　　　　　　　（b）　　　　　　　（c）　　　　　　　（d）

图4.10　麻花钻的刃磨要求

①麻花钻顶角不对称。当顶角不对称钻削时，只有一个切削刃切削，而另一个切削刃不起作用，两边受力不平衡，会使钻出的孔扩大和倾斜，如图4.10(b)所示。

②麻花钻顶角对称但切削刃长度不等。当两切削刃长度不等时，使钻出的孔径扩大，如图4.10(c)所示。

③顶角不对称且切削刃长度又不相等。当麻花钻的顶角不对称且两切削刃长度又不相等时，钻出的孔不仅孔径扩大，而且还会产生台阶，如图4.10(d)所示。

3)麻花钻的刃磨方法

①用右手握住钻头前端作支点，左手紧握钻头柄部。

②摆正钻头与砂轮的相对位置，使钻头轴心线与砂轮外圆柱面母线在水平面内的夹角等于顶角的1/2，同时钻尾向下倾斜，如图4.11(a)所示。

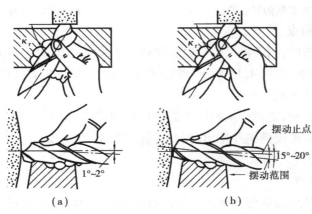

（a）　　　　　　　　　　　（b）

图4.11　麻花钻的刃磨方法

③刃磨时，将主切削刃置于比砂轮中心稍高一点的水平位置接触砂轮，以钻头前端支点为圆心，右手缓慢地使钻头绕其轴线由下向上转动，同时施加适当的压力（这样可使整个后面都能磨到）。右手配合左手的向上摆动作缓慢的同步下压运动（略带转动），刃磨压力逐

渐增大,于是磨出后角,如图4.11(b)所示,但注意左手不能摆动太大,以防磨出负后角或将另一面主切削刃磨掉。其下压的速度和幅度随要求的后角而变;为保证钻头近中心处磨出较大后角,还应作适当右移运动。当一个主后刀面刃磨后,将钻头转过去180°刃磨另一个后刀面时,人和手要保持原来的位置和姿势,这样才能使磨出的两主切削刃对称。按此法不断反复,两主后刀面经常交换磨,边磨边检查,直至达到要求为止。

(2)麻花钻的角度检查

1)目测法

当麻花钻头刃磨好后,通常采用目测法检查。其方法是将钻头垂直竖在与眼等高的位置上,在明亮的阳光下观察两刃的长短和高低及后角等,如图4.12所示。由于视觉差异,往往会感到左刃高、右刃低,此时应将钻头转过180°再观察,看是否仍然是左刃高右刃低,这样反复观察对比,直到觉得两刃基本对称时方可使用,钻削时如发现有偏差,则需再次修磨。

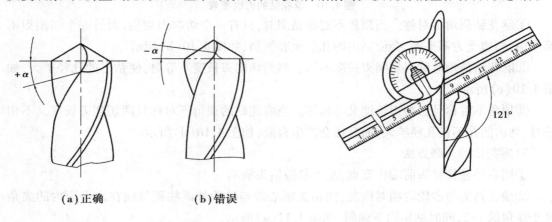

(a)正确　　　　　(b)错误

图4.12　麻花钻的目测检查　　　　图4.13　麻花钻的角度尺检查

2)使用角度尺检查

使用角度尺检查时,只需将尺的一边贴在麻花钻的棱边上,另一边搁在钻头的主切削刃上,测量其刃长和角度,如图4.13所示,然后转过180°,用同样的方法检查另一主切削刃。

3)在钻削过程中检查

若麻花钻刃磨正确,切屑会从两侧螺旋槽内均匀排出,如果两主切削刃不对称,切屑则从主切削刃高的一侧螺旋槽向外排出;据此可卸下钻头,将较高的一侧主切削刃磨低一些,以避免钻孔尺寸变大。

(3)麻花钻的缺点

①主切削刃上各点的前角变化大。靠近边缘处的前角较大(+30°),切削刃强度差;横刃处前角为 −60° ~ −54°,切削条件变差,挤压严重,增加功率消耗。

②横刃过长,并且横刃处有很大的负前角。钻削时横刃不是切削而是挤压和刮削,消耗能量大,产生的热量也大;而且由于横刃的存在使轴向力增大,定心差。

③钻孔时,参加切削的主切削刃长、切屑宽,切削刃各点切屑排出速度相差很大。切屑占较大的空间,排屑不顺利,切削液不易进入切削区。

④棱边处后角为0°,棱边与孔壁摩擦,加之该处的切削速度又高,因此产生的热量多,使外缘处磨损加快。

针对上述缺点,麻花钻在使用时,应根据工件材料、加工要求,采用相应的修磨方法进行修磨。

（4）麻花钻的修磨

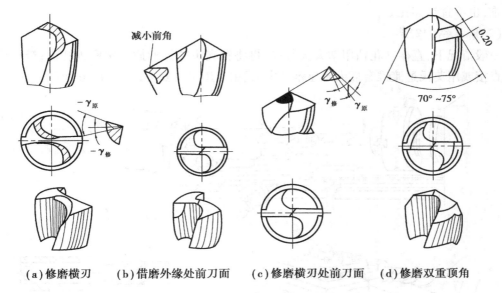

（a）修磨横刃　　（b）借磨外缘处前刀面　　（c）修磨横刃处前刀面　　（d）修磨双重顶角

图4.14　麻花钻的修磨

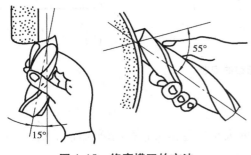

图4.15　修磨横刃的方法

1）修磨横刃

修磨横刃就是要缩短横刃的长度,增大横刃处的前角,减小轴向力,如图4.14（a）所示。一般情况下,工件材料较软时,横刃可修磨得短得长一些;工件材料较硬时,横刃可修磨得长一些。修磨时,钻头轴线在水平面内与砂轮侧面左倾约15°,在垂直平面内与刃磨点的砂轮半径方向约成55°。修磨后应使横刃长度为原长的1/5～1/3,如图4.15所示。

2）修磨前刀面

修磨外缘处前刀面和横刃处前刀面。修磨外缘处前刀面是为了减小外缘处的前角,如图4.14（b）所示;修磨横刃处前刀面是为了增加横刃处的前角,如图4.14（c）所示。一般情况下,工件材料较软时,可修磨横刃处前刀面,以加大前角,减小切削力,使切削轻快;工件材料较硬时,可修磨外缘处前刀面,以减小前角,增加钻头强度。

3）双重刃磨

钻头外缘处的切削速度最高,磨损最快,因此可磨出双重顶角,如图4.14（d）所示,这样可以改善外缘转角处的散热条件,增加钻头强度,并可减小孔的表面粗糙度值。

4.1.3 钻孔方法

（1）麻花钻的选用

对于精度要求不高的内孔，可用麻花钻直接钻出；对于精度要求较高的孔，钻孔后还要再经过车削或扩孔、铰孔才能完成，在选用麻花钻时应留出下道工序的加工余量。选用麻花钻长度时，一般应使麻花钻螺旋槽部分略长于孔深；麻花钻过长则刚性差，麻花钻过短则排屑困难，也不宜钻穿孔。

（2）麻花钻的安装

一般情况下，直柄麻花钻用钻夹头装夹，再将钻夹头的锥柄插入尾座锥孔内；锥柄麻花钻可直接或用莫氏过渡锥套插入尾座锥孔中，或用专用工具安装，如图 4.16 所示。

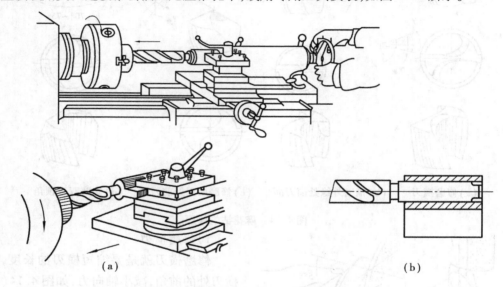

（a）   （b）

图 4.16 麻花钻的安装

（3）钻孔时切削用量的选择

1）切削深度 a_p

钻孔时的切削深度是钻头直径的 1/2，其值的大小逐着钻头直径的增大而增大。

2）切削速度 v_c

钻孔时的切削速度是指麻花钻主切削刃外缘处的线速度，其计算公式为

$$v_c = \frac{\pi D n}{1\,000}$$

式中　v_c——切削速度，m/min；

　　　D——钻头直径，mm；

　　　n——主轴转速，r/min。

高速钢麻花钻钻削钢料时，切削速度一般选 $v_c = 15 \sim 30$ m/min；钻铸铁时，$v_c = 75 \sim 90$ m/min。

3）进给量 f

在车床上钻时，工件每转一周，钻头沿轴向移动的距离为进给量。在车床上，进给量是靠手转动尾座手轮来实现的，进给量太大容易使钻头折断，在使用直径为 12～25 mm 的麻花钻钻削钢料时，f 选 0.15～0.35 mm/r；钻削铸件时，进给量略大一些，一般选 $f=0.2～0.6$ mm/r。

（4）钻孔步骤

①钻孔前应先将工件端面车平，工件中心处不许留有凸台，以利于钻头正确定心。

②找正尾座，使钻头中心对准工件旋转中心，否则可能会使孔径钻大、钻偏甚至折断钻头。

③用细长麻花钻钻孔时，为了防止钻头产生晃动，可以在刀架上夹一挡铁，支持钻头头部，帮助钻头定中心，其方法是先用钻头钻入工件端面（少量），然后用挡铁支顶，见钻头逐渐不晃动时，继续钻削即可，但挡铁不能把钻头顶过工件中心，否则容易折断钻头，当钻头已正确定心时，挡铁即可退出，如图 4.17 所示。

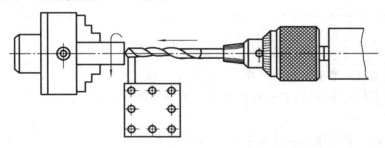

图 4.17　挡铁支顶钻孔

④用小麻花钻钻孔时，一般先用中心钻定心，再用钻头钻孔，这样加工的孔同轴度较好。

⑤钻孔时，若孔径超过 30 mm 时，则不宜用大钻头一次钻出孔，因为钻头越大，切削深度越大，横刃也越长，切削阻力也越大，钻削费力，此时应分两次钻出，即先用小一点的钻头钻出底孔，再进行扩孔，这样孔径容易保证，也安全。

（5）钻孔注意事项

①开始钻孔时进给量要小，待钻头头部全部进入工件后，才能正常钻削。正常钻削时，摇动尾架手轮使钻头进给时应速度均匀缓慢，用力不能过猛，以免折断钻头。

②钻钢件时，应加冷却液，防止因钻头发热而退火。

③钻小孔或钻较深孔时，由于铁屑不易排出，必须经常退出排屑，否则会因铁屑堵塞而使钻头"咬死"或折断。

④钻小孔时，车头转速应选择快些，钻头的直径越大，转速应相应更慢。

⑤当钻头将要钻通工件时，由于钻头横刃首先钻出，因此轴向阻力大减，这时进给速度必须减慢，否则钻头容易被工件卡死，造成锥柄在床尾套筒内打滑而损坏锥柄和锥孔。

⑥钻孔废品分析

钻孔废品分析见表 4.1。

表 4.1　钻孔废品分析

废品种类	产生原因	预防措施
孔歪斜	①工件端面不平,或与轴线不垂直	①钻孔前车平端面,中心不能有凸台
	②尾座偏移	②调整尾座轴线与主轴轴线同轴
	③钻头顶角不对称	③选用较短的钻头或用中心钻先钻导向孔;初钻时进给量要小,钻削时应经常退出钻头排除切屑后再钻
	④钻头顶角不对称	④正确刃磨钻头
孔直径扩大	①钻头直径选错	①看清图样,仔细检查钻头直径
	②钻头主切削刃不对称	②仔细刃磨,使两主切削刃对称
	③钻头未对准工件中心	③检查钻头是否弯曲,钻夹头、钻套是否装夹正确

提示

①麻花钻刃磨时要做到姿势正确、规范,安全文明操作。

②根据不同的钻头材料,正确选用砂轮。刃磨高速钢钻头时,要注意充分冷却,防止因热退火。

③钻孔时钻头要对准工件旋转中心,切削用量要适当。

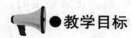

任务 4.2　扩孔、铰孔及车孔

●**教学目标**

终极目标:掌握孔的加工方法。

促成目标:1. 掌握扩孔钻、铰刀及内孔车刀的种类、几何形状与加工原理。

2. 掌握扩孔、铰孔及车孔的加工方法。

3. 掌握扩孔、铰孔及车孔的加工方法选择及注意事项。

● 工作任务

扩孔、铰孔及车孔。零件加工图及要求如图 4.18 所示。

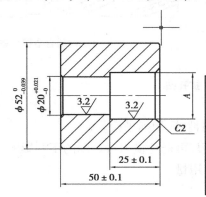

其余 $\sqrt{6.4}$

其余倒角 C1

次数	尺寸A	加工方法
1	$\phi 20^{+0.021}_{-0}$	钻、扩、铰
2	$\phi 22^{+0.021}_{-0}$	扩、铰
3	$\phi 24^{+0.021}_{-0}$	车孔
4	$\phi 26^{+0.021}_{-0}$	车孔
5	$\phi 28^{+0.021}_{-0}$	车孔

图 4.18 零件加工图及要求

● 任务分析

扩孔、铰孔及车孔是对已有孔进一步切除工件孔壁上微量金属层的精加工方法。具体采用哪一种方法,要根据孔径的大小,孔的精度要求来进行选择。一般来说,孔径小,精度要求不高,可采用扩孔;孔径小,精度要求高,可采用钻、扩、铰的方法;孔径尺寸大,精度要求高,则需进行车孔。

● 相关知识

4.2.1 扩孔钻与扩孔

用扩孔刀具扩大工件孔径的方法称为扩孔,常用的扩孔刀具有麻花钻和扩孔钻等。一般精度要求的工件的扩孔可用麻花钻,其加工方法类似钻孔。精度要求高的孔的半精加工可用扩孔钻,扩孔钻的精度可达 IT11—IT10,表面粗糙度值达 $Ra12.5 \sim 6.3$ μm,并由于其方法生产效率高、加工质量稳定,因此在生产中应用较多。

(1)用麻花钻扩孔

用麻花钻扩孔时,由于横刃不参加工作,轴向切削力小,进给省力,但因钻头外缘处的前角较大,容易将钻头拉出,使钻头在尾座套筒里打滑。因此在扩孔时,应将钻头外缘处的前角修磨得小一些,并对进给量适当地控制,决不要因为钻削轻松而盲目地加大进给量。

（2）用扩孔钻扩孔

扩孔钻有高速钢扩孔钻和硬质合金扩孔钻两种，如图4.19所示。

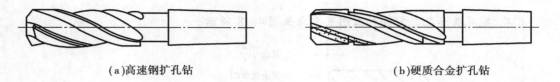

（a）高速钢扩孔钻 （b）硬质合金扩孔钻

图4.19 扩孔钻

扩孔钻的主要特点如下：

①扩孔钻齿数较多（一般有3～4齿），导向性好，切削平稳。

②切削刃不必自外缘一直到中心，没有横刃，可避免横刃对切削的不利影响。

③扩孔钻钻心粗，刚性好，可选较大的切削用量。

4.2.2 铰刀与铰孔

铰孔是用铰刀对工件进行精加工的一种加工方法，它适用于加工孔径较小的未淬硬工件。其精度可达 IT9—IT7，表面粗糙度值达 $Ra12.5\sim6.3\ \mu m$，由于铰孔的质量高，效率高，质量稳定，操作简便，因此在生产中得到广泛的应用。

（1）铰刀的几何形状

铰刀由工作部分、颈部和柄部组成，如图4.20所示。

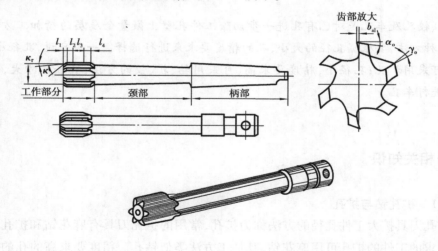

图4.20 铰刀

1）柄部

柄部用来夹持和传递转矩。

2）工作部分

工作部分由引导部分 l_1、切削部分 l_2、修光部分 l_3 和倒锥 l_4 组成。

①引导部分：是铰刀开始进入孔内时的导向部分。其导向角 κ 一般为45°。

②切削部分:担负主要切削工作,其切削锥角较小,因此铰削时定心好、切屑薄。

③修光部分:修光部分上有棱边,它起定向、碾光孔壁、控制铰刀直径和便于测量等作用。

④倒锥部分:可减小铰刀与孔壁之间的摩擦,还可防止产生喇叭形孔和孔径扩大。

铰刀的前角一般为$0°$,粗铰钢料时可取前角$\gamma_o = 5° \sim 10°$。铰刀后角一般取$\alpha_o = 6° \sim 8°$。主偏角一般取$\kappa_r = 1.5° \sim 3°$。

(2)铰刀的种类

①铰刀按用途分为机用铰刀和手用铰刀。机用铰刀的柄有直柄和锥柄两种。铰孔时由车床尾座定向,因此机用铰刀工作部分较短,主偏角较大,标准机用铰刀的主偏角为$\kappa_r = 15°$。

手用铰刀的柄部制成方榫形,以便套入铰杠铰削工件。手用铰刀工作部分较长,主偏角较小,一般为$\kappa_r = 40' \sim 4°$。

②铰刀按切削部分材料分为高速钢铰刀和硬质合金铰刀。

(3)铰刀尺寸的选择

铰孔的精度主要取决于铰刀的尺寸。铰刀的基本尺寸与孔的基本尺寸相同。铰刀的公差是根据孔的精度等级、加工时可能出现的扩大量或收缩量及允许铰刀的磨损量来确定的。一般可按下面的计算方法来确定铰刀的上、下偏差,即

$$上偏差 = 2/3 被加工孔公差$$
$$下偏差 = 1/3 被加工孔公差$$

(4)铰刀的装夹

在车床上铰孔时,一般将机用铰刀的锥柄插入尾座套筒的锥孔中,并调整尾座套筒轴线与主轴轴线相重合,同轴度应小于0.02 mm,但对一般精度的车床要求其主轴轴线与尾座轴线非常精确地在同一轴线上是比较困难的,为保证工件的同轴度,常采用浮动套筒(见图4.21)来装夹铰刀。铰刀通过浮动套筒插入孔中,利用套筒与主体、轴销与套筒之间存在一定的间隙而产生浮动。铰削时,铰刀通过微量偏移来自动调整其中心线与孔中心线重合,从而消除由于车床尾座套筒锥孔与主轴同轴误差而对铰孔质量的影响。

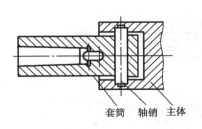
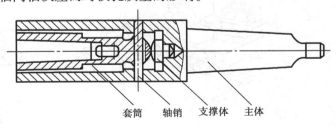

套筒 轴销 主体　　　　套筒 轴销 支撑体 主体

图4.21 浮动套筒

(5)铰孔方法

1)铰孔余量的确定

铰孔前,一般先经过钻孔、扩孔或车孔等半精加工,并留有适当的铰削余量。余量的大

小直接影响到铰孔的质量。铰孔余量一般为0.15~0.08 mm,用高速钢铰刀时铰削余量取小值,用硬质合金铰刀时取大值。

当采用浮动套筒安装铰刀铰孔时是靠铰孔前的半精加工内孔表面导向、定位的,铰孔工序不能修正半精加工孔的形位误差。当用车孔的方法来预留铰削余量时,由于车孔能纠正钻孔带来的轴线不直或径向圆跳动等缺陷,因而可以使铰出的孔达到同轴度和垂直度的要求。当孔径尺寸小于 $\phi12$ mm 时,用车孔的方法留铰削余量则比较困难,通常选用扩孔的方法作为铰孔前的半精加工。但是由于扩孔不能修正钻孔造成的缺陷,因此在扩孔前的钻孔时必须采取定中心的措施,以保证钻孔质量。铰孔前的内孔表面粗糙度值不得大于 $Ra6.3$ μm,否则会因铰削余量小而难以去除铰孔前的表面缺陷。

2)铰孔方法

准备工作如下:

①找正尾座中心。铰刀中心线必须与车床主轴轴线重合,若尾座中心偏离主轴轴线,则会使铰出的孔尺寸扩大或孔口形成喇叭口。

②尾座应固定在床鞍上的适当位置,使铰孔时尾座套筒的伸出长度为50~60 mm,为此可移动尾座,使铰刀离工件端面5~10 mm 处,然后锁紧尾座。

③选好铰刀。铰孔的尺寸精度和表面粗糙度在很大程度上取决于铰刀的质量,因此,铰孔前应检查铰刀刃口是否锋利和完好无损,以及铰刀尺寸公差是否适宜。

铰通孔的方法如下:

①摇动尾座手轮,使铰刀的引导部分轻轻进入孔口,深度1~2 mm。

②启动车床,加注充分的切削液,双手均匀摇动尾座手轮,进给量约0.5 mm/r,均匀地进给至铰刀切削部分的3/4超出孔末端时,即反向摇动尾座手轮,将铰刀从孔内退出,如图4.22(a)所示。此时工件应继续作主运动。

③将内孔擦净后,检查孔径尺寸。

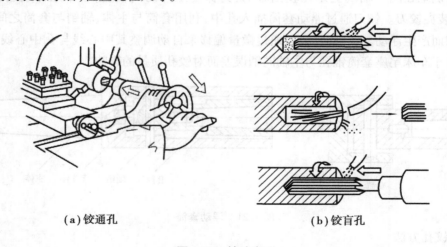

(a)铰通孔　　　　　　　　(b)铰盲孔

图4.22　铰孔方法

铰盲孔的方法如下：

①启动机床，加注充分的切削液，摇动尾座手轮进行铰孔，当铰刀端部与孔底接触后会对铰刀产生轴向切削抗力，手动进给当感觉到轴向切削抗力明显增加时，表明铰刀端部已到孔底，应立即将铰刀退出。

②铰较深的盲孔时，切屑排出比较困难，通常中途应退刀数次，用切削液和刷子清除切屑后再继续铰孔，如图4.22(b)所示。

铰削时，切削速度越低，表面粗糙度值越小，一般最好小于5 m/min，而进给量取大一些，一般可取0.2～1 mm/r。铰削时，必须加注充分的切削液，切削液对孔的扩张量与孔的表面粗糙度有一定的影响。实践证明，在干切削和使用非水溶性切削液铰削情况下，铰出的孔径比铰刀的实际直径略大一些(干切削最大，表面粗糙度较低)。而用水溶性切削液铰削时，由于弹性复变，铰出的孔比铰刀的实际尺寸略小些，铰孔的表面粗糙度较高。

(6)铰孔废品分析

铰孔时的废品主要是孔径扩大和孔的表面粗糙度值大，其产生原因及预防措施见表4.2。

表4.2　铰孔废品分析

废品种类	产生原因	预防方法
孔径扩大	①铰刀直径太大 ②铰刀刃口径向振摆过大 ③尾座偏、铰刀与孔中心不重合 ④切削速度太高，产生积屑瘤和使铰刀温度升高 ⑤余量太大	①仔细测量尺寸，根据孔径尺寸要求，研磨铰刀 ②重新修磨铰刀刃口 ③校正尾座，使其对中，最好采用浮动套筒 ④降低切削速度，加充分的切削液 ⑤正确选择铰削余量
表面粗糙度值大	①铰刀刀刃不锋利及刀刃上有崩口、毛刺 ②余量过大或过小 ③切削速度太高，产生积屑瘤 ④切削液选择不当	①重新刃磨，表面粗糙度要高，刃磨后保管好，不许碰毛 ②留适当的铰削余量 ③降低切削速度，用油石把积屑瘤从刀刃上磨去 ④合理选择切削液

 提示

①一般用新铰刀铰钢件时，可用10%～15%的乳化液，以不致使孔径扩大，旧铰刀则用油类作切削液，可使孔径稍微扩大一点。

②铰铸件孔时，新铰刀一般用煤油可减小表面粗糙度值，旧铰刀则采用干切削。

4.2.3　内孔刀与车孔

对于铸造孔、锻造孔或用钻头钻出的孔，为达到所要求的尺寸精度、位置精度和表面粗糙度，可采用车孔的方法。车孔也称镗孔，是车削加工的主要内容之一，它可作为孔的半精加工和精加工。车孔后的精度一般可 IT8—IT7，表面粗糙度值可达 $Ra\,3.2\sim1.6\ \mu m$，精车可达 $Ra\,0.8\ \mu m$，且位置精度较高，因此应用比较广泛。

（1）内孔车刀

车孔也称镗孔，内孔车刀通常也称为内孔镗刀。内孔镗刀的切削部分基本上与外圆车刀相似。只是多了一个弯头而已。

1）镗刀的分类

根据刀片和刀杆的固定形式，镗刀分为整体式和机械夹固式。

①整体式镗刀

整体式镗刀一般分为高速钢和硬质合金两种。高速钢整体式镗刀，刀头、刀杆都是高速钢制成。硬质合金整体式镗刀，只是在切削部分焊接上一块合金刀头片，其余部分都是用碳素钢制成。整体式镗刀如图 4.23 所示。

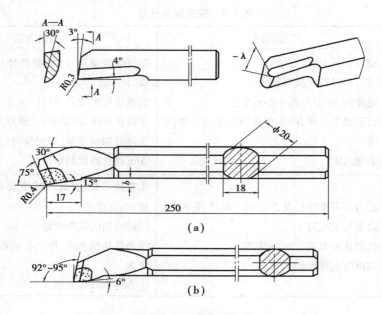

图 4.23　整体式镗刀

②机械夹固式镗刀

机械夹固式镗刀由刀排、小刀头、紧固螺钉组成，其特点是能增加刀杆强度，节约刀杆材料，既可安装高速钢刀头，也可安装硬质合金刀头。使用时可根据孔径选择刀排，因此比较灵活方便。机械夹固式镗刀如图 4.24 所示。

2）镗刀的几何角度

根据主偏角的不同镗刀分为通孔镗刀和盲孔镗刀，如图 4.25 所示。

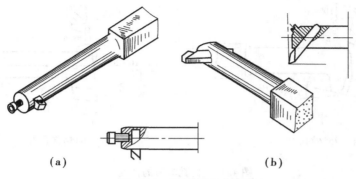

图 4.24　机械夹固式镗刀

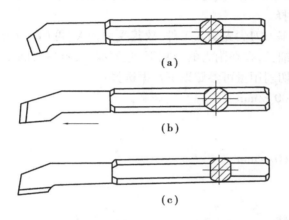

图 4.25　通孔镗刀和盲孔镗刀

①通孔镗刀

通孔镗刀的主偏角取 45°~75°,副偏角取 10°~45°,后角取 8°~12°。为了防止后面跟孔壁摩擦,也可磨成双重后角。

②盲孔镗刀

盲孔镗刀的主偏角取 90°~93°,副偏角取 3°~6°,后角取 8°~12°。

前角一般在主刀刃方向刃磨,对纵向切削有利。在轴向方向磨前角,对横向切削有利。通孔车刀的几何形状与外圆刀相似,主偏角取 60°~75°,副偏角取 15°~30°,磨有两个后角。内孔车刀的角度如图 4.26 所示。

（2）车孔的关键技术

车孔的关键技术是解决内孔车刀的刚性和排屑问题。增加内孔车刀的刚性主要采取以下两项措施：

1）尽量增加刀杆的截面积

一般的内孔车刀有一个缺点,刀杆的截面积小于孔截面积的 1/4,如果让内孔车刀的刀尖位于刀杆的中心线上,这样刀杆的截面积就可达到最大程度。

2）刀杆的伸出长度尽可能缩短

如果刀杆伸出太长,就会降低刀杆刚性,容易引起振动。因此,为了增加刀杆刚性,刀杆

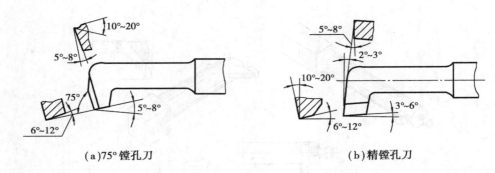

（a）75°镗孔刀　　　　　　　　　（b）精镗孔刀

图 4.26　内孔车刀的角度

伸出长度只要略大于孔深即可。同时,要求刀杆的伸长能根据孔的深度加以调整。

（3）切削用量的选择

切削时,首先由于车刀刀尖先切入工件,故其受力较大,再加上刀尖本身强度差,因此容易碎裂;其次由于刀杆细长,在切削力的影响下,吃刀深了,容易弯曲振动。本项目一般练习的孔径为 20 ~ 50 mm,切削用量可参照以下数据选择:

粗车为 $n = 400 ~ 500$ r/min

$f = 0.2 ~ 0.3$ mm

$a_p = 1 ~ 3$ mm

精车为 $n = 600 ~ 800$ r/min

$f = 0.1$ mm 左右

$a_p = 0.3$ mm 左右

（4）镗孔车刀的安装

镗孔车刀的安装如图 4.27 所示。

①镗孔车刀安装时,刀尖应对准工件中心或略高一些,这样可避免镗刀因受到切削压力下弯产生扎刀现象,而把孔镗大。

②镗刀的刀杆应与工件轴心平行,否则镗到一定深度后,刀杆后半部分会与工件孔壁相碰。

③为了增加镗刀刚性,防止振动,刀杆伸出长度应尽可能短一些,一般比工件孔深长 5 ~ 10 mm。

④为了确保镗孔安全,通常在镗孔前把镗刀在孔内试走一遍,这样才能保证镗孔顺利进行。

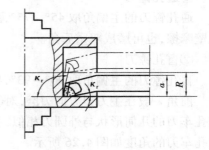

图 4.27　镗孔车刀的安装

⑤加工台阶孔时,主刀刃应与端面成 3° ~ 5° 的夹角,在镗削内端面时,要求横向有足够的退刀余地。

（5）孔的加工方法

孔的加工方法如图 4.28 所示。

1）通孔

加工方法基本与外圆相似,只是进刀方向相反;粗精车都要进行试切和试测,也就是根据余量的一半横向进给,当镗刀纵向切削至 2 mm 左右时纵向退出镗刀(横向不动),然后停车试测。反复进行,直至符合孔径精度要求为止。

2)阶台孔

①镗削直径较小的台阶孔时,由于直接观察比较困难,尺寸不易掌握,因此,通常采用先粗精车小孔,再粗精车大孔的方法进行。

②镗削大的阶台孔时在视线不受影响的情况下,通常采用先粗车大孔和小孔、再精车大孔和小孔的方法进行。

③镗削孔径大、小相差悬殊的阶台孔时,最好采用主偏角为 85°左右的镗刀先进行粗镗,留余量用 90°镗刀精镗。

3)控制长度的方法

粗车时采用刀杆上刻线及使用床鞍刻度盘的刻线来控制等。精车时使用钢尺、深度尺配合小滑板刻度盘的刻线来控制。

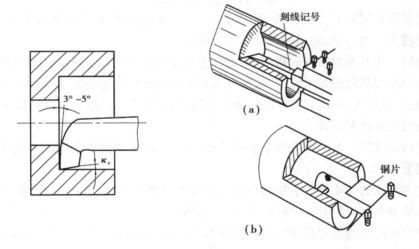

图 4.28 孔的加工方法

4)切削用量的选择

切削时,首先由于镗刀刀尖先切入工件,故其受力较大,再加上刀尖本身强度差,因此容易碎裂;其次由于刀杆细长,在切削力的影响下,吃刀深了,容易弯曲振动。本项目一般练习的孔径为 20 ~ 50 mm,切削用量可参照以下数据选择:

粗车为 $n = 400 \sim 500$ r/min

$f = 0.2 \sim 0.3$ mm

$a_p = 1 \sim 3$ mm

精车为 $n = 600 \sim 800$ r/min

$f = 0.1$ mm 左右

$a_p = 0.3$ mm 左右

（6）切内沟槽

内沟槽车刀与切断刀的几何形状基本相似，仅是安装方向相反。因为是在内孔中切槽，所以磨有两个后角。若在小孔中加工槽，则刀具制成整体式；直径稍大些，可采用刀杆装夹式。切内沟槽的方法如图 4.29 所示。

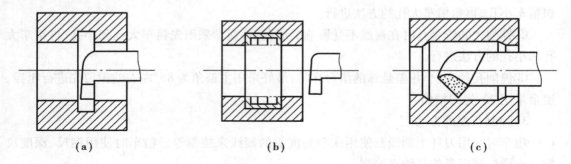

（a） （b） （c）

图 4.29　切内沟槽的方法

内沟槽车刀在安装时，应使主切削刃与内孔中心等高或略高，两侧副偏角须对称。采用装夹式内沟槽车刀时，刀头伸出的长度应大于槽深。

车内沟槽与车外沟槽的方法相似，关键在于尺寸的控制：窄槽直接用主切削刃宽度等于槽宽的内沟槽车刀横向进刀来保证；宽槽可用大滑板刻度盘来控制尺寸；沟槽深度可用中滑板刻度掌握；位置用大、小滑板刻度或挡铁来控制；精度要求高的用百分表和量块保证。

车内沟槽的具体要求如下：

①确定起始位置。摇动床鞍和中滑板，使沟槽车刀的主切削刃轻轻地与孔壁接触，将中滑板刻度调至零位。

②确定内沟槽的终止位置。根据内沟槽深度可计算出中滑板刻度的进给格数，并在终止刻度指示位置上用记号笔作出标记或记下刻度值。

③确定车内沟槽的退刀位置。使内沟槽车刀主切削刃离开孔壁 0.2～0.3 mm，并在中滑板刻度盘上作出退刀位置标记。

④控制内沟槽的轴向位置尺寸。

（7）注意事项

①加工过程中注意中滑板退刀方向与车外圆时相反。

②孔的内端面要平直，孔壁与内端面相交处要清角，防止出现凹坑和小台阶。

③精车内孔时，应保持车刀锋利。

④车小盲孔时，应注意排屑，否则由于铁屑阻塞，会造成车刀损坏或扎刀，把孔车废。

⑤要求学生根据余量大小合理分配切削深度，力争快准。

（8）车孔废品分析

车孔时，可能发生的废品种类、产生原因及预防方法见表 4.3。

表4.3 车孔废品分析

废品种类	产生原因	预防方法
尺寸不对	①测量不正确 ②车刀安装不对,刀杆与孔壁相碰 ③产生积屑瘤,刀尖过长 ④工件的热胀冷缩	①要仔细测量。用游标卡尺测量时,要调整好卡尺的松紧,控制好摆动位置,并进行试车 ②选择合理的刀杆直径,最好在未开车前,先把车刀在孔内走一遍,检查是否会相碰 ③研磨前刀面,使用切削液,增大前角、选择合理的切削速度 ④最好使工件冷却后再精车并加注切削液
内孔有锥度	①刀具磨损 ②刀杆刚性差,产生"让刀"现象 ③刀杆与孔壁相碰 ④车头轴线歪斜 ⑤床身不水平,使床身导轨与主轴轴线不平行 ⑥床身导轨磨损。由于磨损不均匀,使走刀轨迹与工件轴线不平行	①提高刀具的耐用度,采用耐磨的硬质合金车刀 ②尽量采用大尺寸的刀杆,减小切削用量 ③正确安装车刀 ④检查机床精度,校正主轴轴线与床身导轨的平行度 ⑤校正机床水平 ⑥大修车床
内孔不圆	①孔壁薄,装夹时产生变形 ②轴承间隙太大,主轴轴颈成椭圆 ③工件加工余量和材料组织不均匀	①选择合理的装夹方法 ②大修机床并检查主轴的圆柱度 ③增加半精车,把不均匀的余量车去,使精车余量尽量减小和均匀,对工件毛坯进行回火处理
内孔不光	①车刀磨损 ②车刀刃磨不良,表面粗糙度值大 ③车刀几何角度不合理,装刀低于工件中心 ④切削用量选择不当 ⑤刀杆细长,产生振动	①重新刃磨车刀 ②保证刀刃锋利,研磨车刀的后刀面 ③合理选择刀具角度,精车装刀时可略高于工件中心 ④适当降低切削速度,减小进给量 ⑤加粗刀杆和降低切削速度

 提示

①用硬质合金车刀车孔时,一般不需要加注切削液。

②车孔时,由于工件条件不利,加上刀杆刚性差,容易引起振动,因此,它的切削用量应比车外圆时选择要低一些。

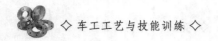

任务4.3 保证套类零件技术要求的方法

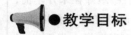

●教学目标

终极目标:掌握套类零件技术要求的零件安装及加工方法。
促成目标:1. 掌握套类零件常见的技术要求。
　　　　　2. 掌握为保证套类零件技术要求一般的安装及加工方法。

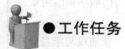

●工作任务

掌握为保证套类零件技术要求一般的安装及加工方法。

●任务分析

套类零件是机械中精度要求较高的重要零件之一,套类零件主要的表面是内孔、外圆和端面。这些表面不仅有形状精度、尺寸精度和表面粗糙度的要求,而且彼此之间还有较高的位置精度要求。如图4.30所示的零件,该零件就有同轴度、跳动度、圆度、平行度、垂直度

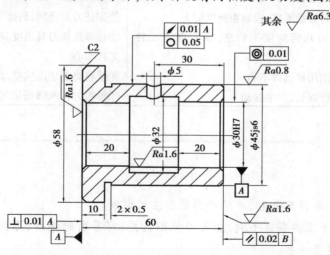

图4.30　典型套类零件

等形位精度的要求,如何保证这些精度的技术要求,就必须重视其零件的装夹方法和加工工艺。

**●相关知识**

4.3.1　在一次安装中完成加工

在一次安装中完成加工是指在一次装夹的过程中,把对位置精度有要求的所有表面全部加工完毕,工厂中俗称为"一刀下"。这种方法可避免因重复装夹而产生的定位误差,在机床精度高的情况下,可获得较高的形位精度,但采用这种方法车削时,需要经常转换刀架,更换刀具。如车削如图4.31所示的套类零件时,分别需轮流使用45°端面刀、90°粗精车外圆刀、钻夹头及中心钻、钻头、扩孔钻、铰刀、切断刀等,切削用量也需时常变换,位置及形状精度控制较好,但尺寸精度较难控制,生产效率较低,只适用于单件小批量的加工。

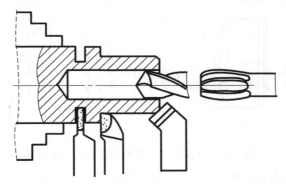

图4.31　套类零件的一次装夹加工

4.3.2　以外圆为基准保证位置精度

加工外圆直径较大、内孔较小、定位长度较短的工件时,一般以外圆为定位基准来保证工件的位置精度。此时,工件的外圆和一个端面必须是经过精加工的面,才能作为定位基准。

工件以外圆为定位基准来保证工件的位置精度时,车床上一般用软卡爪来装夹工件。软卡爪是用未经淬火的钢料制成(45钢)。软卡爪分装配式软卡爪和焊接式软卡爪两种,如图4.32所示。

装配式软卡爪是将原卡盘的装配式硬爪的下半部分留用,上半部分用未经淬火的钢料经加工制作而成,两者间用螺钉进行紧固联接,使用时,须将卡爪车成与工件圆弧相匹配的圆弧,就可以用于装夹工件。

焊接式软卡爪是将整体式的旧卡爪上焊接一块钢料,以此制作而成的软卡爪。

软卡爪的特点是卡爪可以根据每一批次工件的要求和形状的不同,进行车削调整,以保持较高的相互位置精度,一般可控制在0.05 mm之内,可减少装夹找正时间,当装夹已加工

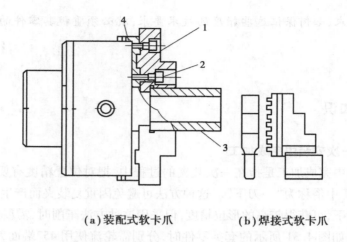

（a）装配式软卡爪　　　　　（b）焊接式软卡爪

图4.32　软卡爪
1—软卡爪;2—螺钉;3—工件;4—卡爪的下半部

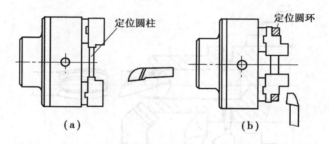

（a）　　　　　　　　　　　（b）

图4.33　卡爪内或外夹持的定位圆柱或圆环

表面或软金属工件时,不易夹伤工件表面,软卡爪在工厂中得到了广泛的使用。

为了保证软卡爪的精度,在安装和车制时应注意以下5点:

①软卡爪的底面与定位台阶应与卡爪底座正确配合,以保证准确定位,软卡爪应适当加长,以备多次车削,更换卡爪前,应把配合表面擦洗干净,去除毛刺,旋紧紧固螺钉。

②车削软卡爪时,为了消除三爪卡盘中大、小锥齿轮,平面螺纹与卡爪端面螺纹啮合间隙,须在卡爪内或外夹持适当直径的定位圆柱或圆环,并且与装夹工件时夹紧方向一致,如图4.33所示。

③车削卡爪的直径与被装夹的工件的直径须基本相同或略微稍小一点,如车削卡爪的直径过大,会使软卡爪与工件的接触减少,如图4.34(a)所示;如车削卡爪直径过小,则软卡爪两边缘接触工件,如图4.34(b)所示,车削软卡爪直径过大、过小,都会影响装夹时的定位精度。

④车削软卡爪时,由于是断续车削,切削用量应选择小一些。

⑤在车削软卡爪和每次装拆工件时,都要固定使用卡盘上的同一个方榫孔,并且松开量不宜过大,每一次的夹紧力要尽可保持一致,否则会使三爪卡盘中大、小锥齿轮,平面螺纹与卡爪端面螺纹啮合间隙不同,影响装夹后的定位精度。

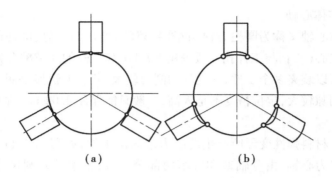

图 4.34　软卡爪直径过大或过小的情形

4.3.3　以孔为定位基准保证位置精度

车削中、小型的轴套、带轮、齿轮等工件时,当工件的形状复杂或内外圆表面的位置精度要求较高时,一般要用已加工好的内孔为定位基准,并根据内孔配制一根合适的心轴,再将装套工件的心轴支顶在车床上,精加工套类工件的外圆、端面等,如此的安装、加工工件以保证工件的相互位置精度的方法称以孔为定位基准,简单地说,就是须使用心轴来装夹工件。常用的心轴有以下几种:

(1)实体心轴

实体心轴有不带台阶和带台阶的两种。

1)不带台阶的实体心轴

不带台阶的实体心轴又称为小锥度心轴,其锥度 $C = 1:5\,000 \sim 1:1\,000$,孔与心轴表面依靠过盈所产生的弹性变形来夹紧工件,如图 4.35(a)所示。这种心轴的定心精度较高,锥度 C 越小,定位精度越高,可达到 0.005 ~ 0.01 mm,制造容易,但由于轴向无法定位,加工中切削力不能太大,以避免工件在心轴上产生滑动,装卸不太方便。它适用于工件长度大于工件孔径尺寸零件且孔的公差等级在 IT7 以上的工件精车。如工件定位孔的精度较低,则工件的轴向位置变化较大,因此不宜采用。

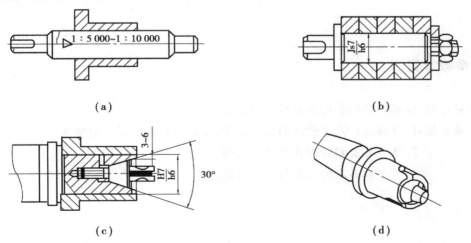

(a)

(b)

(c)

(d)

图 4.35　实体心轴

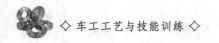

2)带台阶的实体心轴

带台阶的实体心轴又称为圆柱心轴,如图4.35(b)所示,它是用圆柱部分与工件孔保持较小间隙配合来定心(心轴与工件孔一般采用 H7/h6、H7/g6 的间隙配合),工件靠螺母来压紧。优点是一次可以装夹多个工件,承受的切削力较大,若装上快换垫圈,装卸工件更方便;缺点是由于配合间隙较大,定位精度不是太高,一般只能保证 0.02 mm 左右的位置精度。

(2)胀力心轴

胀力心轴依靠材料弹性变形所产生的胀力来固定工件,如图4.35(c)所示为装夹在车床主轴锥孔中的胀力心轴,由分轴塞和锥堵两部分组成,轴塞的外圆尺寸与工件的内孔相适,内有 30°左右的锥孔,孔底加工有螺纹孔,为了使胀力均匀,轴塞上可制成三等分的槽。锥堵前有螺纹,中间是锥体,后是方榫头。使用时,先将工件套在心轴上,拧动锥堵的方榫头,通过调整锥形使心轴轴塞一端作微量的径向扩张,将工件胀紧,以此来夹紧工件。长期使用的胀力心轴可用 65Mn 弹簧钢制成。胀力心轴的外形如图4.35(d)所示。胀力心轴装卸工件方便,定位精度高,应用较为广泛。

提示

①当工件有形位精度要求时,就必须考虑如何装夹工件,才能保证其精度的要求。

②为保证零件的形位精度等技术要求,要根据工件的形状、尺寸的大小、精度的高低、零件批量的多少、工艺条件来综合分析,以确定工件的安装方法。

③工件的装夹方法,是保证工件是否成为合格产品的重要因素。

任务4.4 孔类工件的检测

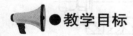●教学目标

终极目标:掌握孔类零件的各种检测方法。

促成目标:1.掌握孔径尺寸精度的检测方法,了解各种测量用具的特点。

2.掌握孔类零件形状精度的检测。

3.掌握孔类零件位置精度的检测。

●工作任务

对孔类零件尺寸、形状、位置精度进行检测。

●任务分析

孔类零件与轴类零件在检测方面是不相同的,由于孔往往与轴进行配合,在检测时,不但要进行尺寸精度的检测、形状精度和位置精度的检测,还需进行配合方面的综合检测。

●相关知识

4.4.1　孔类零件的检测内容及量具

孔类零件的主要检测内容包括孔径尺寸精度的检测、形状精度和位置精度的检测。

孔径尺寸精度的检测可采用游标卡尺、内卡钳与外径千分尺配合、塞规、内测千分尺、内径千分尺和内径百分表(或千分表)来进行测量。

4.4.2　孔径尺寸精度的检测

测量孔径尺寸时,应根据被测工件的尺寸、数量的多少、精度要求的高低,选择相应的量具进行,一般可采用以下几种测量方式:

(1)游标卡尺测量

游标卡尺可测量工件的外径、内径、长度、宽度、深度及一些间接测量,如图4.36所示。它的应用比较广泛。

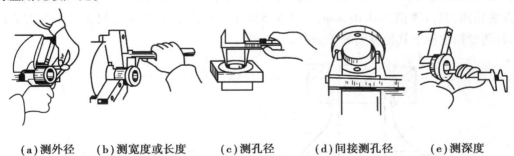

(a)测外径　　(b)测宽度或长度　　(c)测孔径　　(d)间接测孔径　　(e)测深度

图4.36　游标卡尺测量

(2)内卡钳与外径千分尺配合测量

在一些特殊情况下和位置比较狭小的地方,使用内卡钳与外径千分尺配合测量,显得灵活方便,也能测量出公差等级较高(IT8—IT7)孔径尺寸,如图4.37所示。

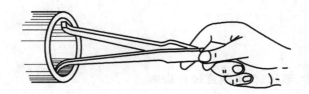

图4.37 内卡钳与千分尺配合测量

（3）塞规测量

塞规测量如图4.38所示,塞规由通端、止端和手柄组成,通端的尺寸等于孔的最小极限尺寸,止端的尺寸等于孔的最大极限尺寸,为了明显区别通端与止端,一般情况下,塞规的通端的长度要比止端长一些。塞规在测量孔径尺寸时,如果通端和止端都通过了孔,说明孔径被加工大;如果通端和止端都不能通过孔,说明孔径还太小;只有在通端能通过孔,止端不能通过,则说明孔径合格。使用塞规时,应尽可能使塞规与被测工件的温度一致,不能在工件还未冷却到室温就去测量。测量孔径时,塞规轴线应与孔的轴线对齐,不可歪斜,一般靠塞规的自重通过孔,切不可强行使它通过。

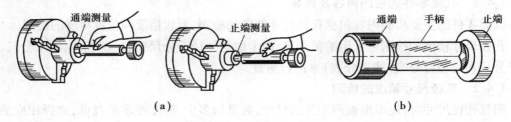

（a）　　　　　　　　　　　　　　　　（b）

图4.38 塞规的外形及测量方法

（4）内测千分尺测量

内测千分心的使用方法如图4.39所示。它的刻度线方向与外径千分尺相反,当顺时针旋转微分筒时,活动爪向外移动,测量值增大,其使用方法与游标卡尺的内测量爪测量内孔的方法相同,其分度值为0.01 mm,可测量5~30 mm的孔径,内测千分尺由于结构方面的因素,其测量精度低于其他类型的千分尺。

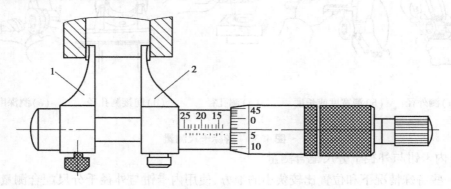

图4.39 内测千分尺测量

（5）内径千分尺测量

内径千分尺的外形及测量方法如图 4.40 所示，它由测微头和多种尺寸的接长杆组成，其测量范围为 50 ~ 250 mm、50 ~ 600 mm、150 ~ 1 400 mm 等，分度值为 0.01 mm。

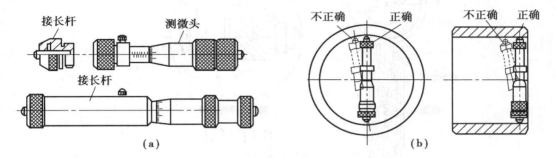

图 4.40 内径千分尺的外形及测量方法

使用内径千分尺测量孔径时，内径千分尺应在孔内摆动，在直径方向上找出最大读数，在轴向找出最小读数，这两个重合的读数，就是孔的实测尺寸。

（6）内径百分表测量

内径百分表由表头和内径测量架组成，内径百分表与外径千分尺或标准套规配合使用，可以比较出孔径的实际尺寸。

内径百分表的结构原理如图 4.41 所示，将百分表装夹在测架上，触头（又称为活动测量头）通过摆动块、杆，将测量值 1∶1 传递给百分表。测量头可根据孔径大小更换。为了能使触头自动位于被测孔的直径位置，在其旁装有定心器。测量前，应使百分表与外径千分尺相配合，并且对准零位。为得到准确的测量尺寸，触头应在径向方向摆动并找出最大值，在轴向方向摆动找出最小值，这两个重合尺寸就是孔径的实测尺寸。内径百分表主要用于测量精度较高而且又深的孔。

内径百分表根据测量范围可分为 6 ~ 18 mm、18 ~ 35 mm、35 ~ 50 mm、50 ~ 150 mm 等多种规格。

内径百分表的安装校正与使用方法如下：

1）安装与校正

在内径测量杆上安装表头时，百分表的测量头和测量杆的接触量一般为 0.5 mm 左右，并进行紧固；安装测量杆上的活动测量头（一般根据测量范围不同，表盒内有多个长度不同的测量头）时，其伸出长度可以调节，一般在自由状态下比工件孔径大 0.5 mm 左右（可用卡尺测量），并紧固测量头；安装完毕后用外径千分尺来校正百分表零位。

2）使用与测量方法：

①内径百分表与百分尺一样是比较精密的量具，因此测量时，先用卡尺控制孔径尺寸，留余量 0.3 ~ 0.5 mm 时再使用内径百分表；否则余量太大易损坏内径表。

②测量中，要注意百分表的读法，长指针逆时针过零为孔小，逆时针不过零为孔大。

③测量中，内径表上下摆动取最小值为实际测量值。

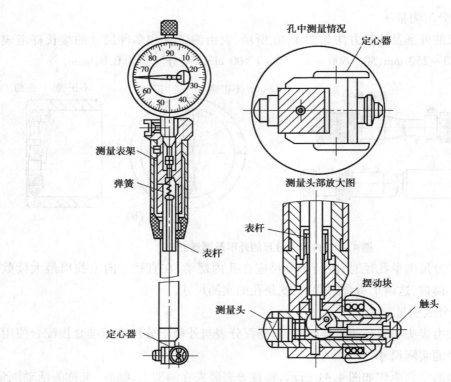

图 4.41 内径百分表的结构原理

内径百分表的使用如图 4.42 所示。

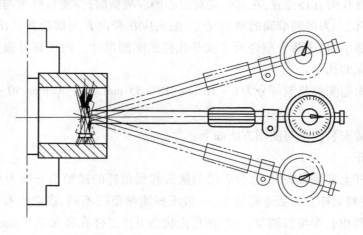

图 4.42 内径百分表的使用

4.4.3 形状精度的检测

在车床加工圆柱孔时,其形状精度一般只测量圆度和圆柱度。

（1）孔的圆度误差检测

孔的圆度误差测量可用内径百分表或内径千分尺测量。测量前应先用环规或外径千分尺将内径百分表调到零位,将测量头放入孔内,在各个方向上测量,在测量截面内取最大值与最小值之差的一半即为单个截面上的圆度误差。

（2）孔的圆柱度误差检测

孔的圆柱度误差检测可用内径百分表在孔的全长上和前、中、后各测量几个截面，比较各个截面测量出的最大值与最小值，然后取其最大值与最小值误差的一半即为该孔的圆柱度误差。

4.4.4　位置精度的检测

孔类工件位置精度的检测一般有径向圆跳动，端面圆跳动，端面对轴心的垂直度，内孔与外圆的同轴度，端面与端面、端面与台阶的平行度，等等。

（1）径向圆跳动度的检测

一般的套类工件测量径向圆跳动度时如图 4.43 所示，是把工件套在小锥度心轴上，再把心轴安装在两顶尖间，缓慢旋转工件，用百分表来检测工件的外圆柱面。工件旋转一周时，百分表指针的变化量即为该测量截面上的径向圆跳动度误差，取各截面上测量的跳动量中的最大限度值，就为该工件的径向圆跳动误差。

对外形简单但内部形状复杂的套类工件，不便装在心轴上测量径向圆跳动误差时，可以把工件放在 V 形架上并轴向定位，以外圆为基准来测量，如图 4.44 所示，测量时，用杠杆式百分表的测头与工件内孔表面接触，转动工作，观察百分表指针的变化情况，百分表在工件旋转一周时的变化量，即为工件的径向圆跳动误差。

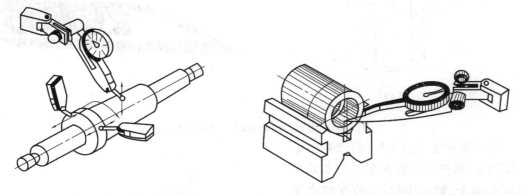

图 4.43　一般的套类工件径向圆跳动度的测量　图 4.44　在 V 形架上测量套类零件的径向圆跳动误差

（2）端面圆跳动的检测方法

套类工件端面圆跳动的检测方法如图 4.45 所示。先以内圆为测量基准，装夹在两顶尖间精度很高的小锥度心轴上，并使工件轴向定位，将杠杆百分表的测量头靠在被测的端面，转动心轴一周，百分表指针的变化量就是端面的圆跳动误差。

（3）端面对轴线的垂直度的检测

端面圆跳动和垂直度是两个不同的概念。端面圆跳动是工件绕基准轴线作无轴向移动的回转时，被测端面上任一测量直径处的轴向跳动量 ΔL。垂直度是整个端面对基准轴的垂直误差，如图 4.46（a）所示。两者是有区别的，由于端面是一个平面，其端面圆跳动量为 ΔL，垂直度误差也为 ΔL，两者相等。如端面不是一个平面，而是凸面或是凹面时，虽然其端面圆

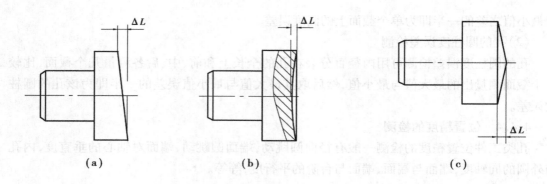

图 4.45 套类工件端面圆跳动的检测方法

跳动量为零，但垂直度误差为 ΔL，因此，仅用端面圆跳动来评定垂直度是不够的。

检测端面垂直度时，必须经过两个步骤：首先要检测端面圆跳动是否合格；如果符合要求，再用第二个方法检测端面的垂直度。

对于精度要求不高的工件，可用刀口尺作透光检测，如图 4.46(b)所示。

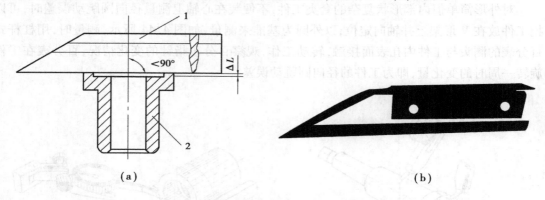

图 4.46 用刀口尺检查端面对轴线的垂直度

对于要求较高的工件，要求测出垂直度误差，可把工件装夹在 V 形架的小锥度心轴上，轴向定位，并放在精度很高的平板上检测端面的垂直度。检测时，先找正心轴的垂直度，然后将百分表从端面的最里面向外移动，百分表指针的变动量，即为端面对内孔轴线的垂直度误差，如图所示。

4.4.5 孔类零件质量分析

孔类零件质量分析见表 4.4。

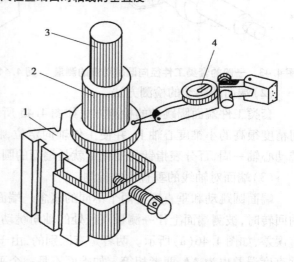

图 4.47 用 V 形架和平板检测端面的垂直度

表 4.4　孔类零件质量分析

废品种类	产生原因	预防措施
孔的尺寸大	①车孔时,没有仔细测量	①仔细测量和进行试切削
	②铰孔时,主轴转速太高,铰刀温度上升,切削液供应不足	②降低主轴转速,加注充分的切削液
	③铰孔时,铰刀尺寸大于要求,尾座偏位	③检查铰刀尺寸,校正尾座轴线,采用浮动套筒
孔的圆柱度超差	①车孔时,刀杆过细,刀刃不锋利,造成让刀现象,使孔径外大内小	①增加刀杆刚性,保证车刀锋利
	②车孔时,主轴中心与导轨在水平面内或垂直面内不平行	②调整主轴轴线与导轨的平行度
	③车孔时,孔口扩大,主要原因是尾座偏位	③校正尾座,采用浮动套筒
孔的表面粗糙度大	①车孔时,内孔车刀磨损,刀杆产生振动	①修磨内孔车刀,采用刚性较大的刀杆
	②铰孔时,铰刀磨损或切削刃上有崩口、毛刺	②修磨铰刀
	③切削速度选择不当,产生积屑瘤,切削进给量过大,刀纹明显	③铰孔时,采用 5 m/min 以下的切削速度,并加注切削液,降低进给量
同轴度、垂直度超差	①用一次安装方法车削时,工件发生移位或机床精度不高	①工件装夹牢固,减小切削用量,调整机床精度
	②用软卡爪装夹工件时,软卡爪没有车好	②重新车制软卡爪,直径应与工件装夹尺寸基本相同
	③用心轴装夹时,心轴中心孔碰毛,或心轴本身同轴度超差	③心轴中心孔应保护好,如碰毛可重新研修中心孔,如心轴弯曲应校直或重新制作

提示

①用内径百分表测量前,应先检查内径表指针是否复零,再检查测量头有无松动、指针转动是否灵活。

②用内径表测量前,应先用卡尺测量。当余量为 0.3~0.5 mm 时,才能用内径表测量,否则易损坏内径表。

③孔类零件如有形位公差要求时,要注重工件的装夹方法和检测方法。

项目 5

车削加工圆锥

●教学目标

终极目标:掌握锥类零件的车削加工方法。

促成目标:1.了解圆锥的各部分名称及相关尺寸计算。

2.掌握车削加工外圆锥的方法。

3.掌握车削加工内圆锥的方法。

4.掌握锥度的检验测量方法。

【项目导读】

（1）圆锥面的应用

在机床和工具中,内、外圆锥面的配合应用很广泛。如图5.1所示,机床主轴锥孔与前小顶尖的配合,车床尾座锥孔与麻花钻、钻夹头、铰刀、顶尖等锥柄的配合。还常见一些带圆锥的零件:锥齿轮、锥形主轴、带锥孔的齿轮、锥形手柄等,如图5.2所示。

（2）圆锥面配合的特点

圆锥面配合具有以下的特点,从而使得圆锥得于广泛使用:

①当圆锥面的锥角较小(在3°以下)时,具有自锁作用,可传递很大的转矩。

②圆锥面配合装拆方便,虽经多次装拆,仍能保证精确的定心作用。

③圆锥面配合能确保精确的同轴度,并可做到无间隙配合。

车削加工圆锥面时,除了尺寸精度、形位精度、表面粗糙度具有较高要求外,还有角度(或锥度)的精度要求。角度的精度用加、减角度的分或秒表示。对于精度要求较高的圆锥面,常用涂色法进行检验,其精度以接触面的多少来进行评定。

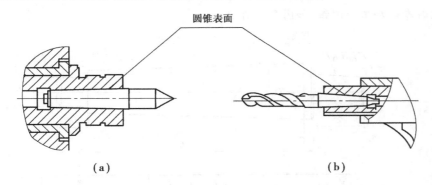

圆锥表面

(a)　　　　　　　　　　　(b)

图5.1　圆锥面的配合

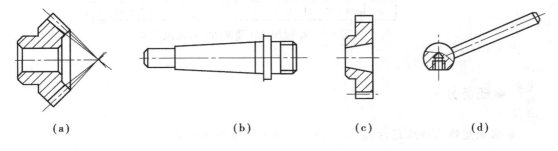

(a)　　　　　(b)　　　　　(c)　　　　　(d)

图5.2　带圆锥的零件

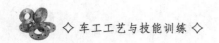

任务5.1　车削加工外圆锥

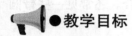

●教学目标

终极目标:掌握外圆锥的车削加工方法。

促成目标:1.掌握圆锥的定义、术语和尺寸计算方法。

　　　　2.了解车削圆锥的常用加工方法。

　　　　3.掌握"转动小滑板法"车削外圆锥的方法。

●工作任务

用毛坯料车削加工外圆锥,如图5.3所示。

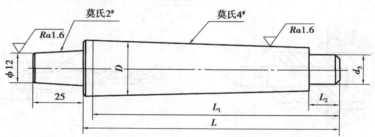

次数	D	d_3	L_2	L	L_1	莫氏
1	φ31.542	φ24.6	15	123	117.7	4#(1°29′15″)
2	φ24.051	φ18.6	13	98	93.5	3#(1°26′16″)

图5.3　车削加工外圆锥的零件图及要求

●任务分析

车床尾座锥孔与麻花钻、钻夹头、铰刀、顶尖等锥柄的配合。

●相关知识

在机床与工具中,圆锥配合应用得很广泛,在加工圆锥时,除了对尺寸精度、形位精度和表面粗糙度有要求外,还有角度和精度要求。

5.1.1 术语及定义

(1)圆锥表面

与轴线成一定角度,并且一端相交于轴线的一条直线段(母线),围绕着该轴线旋转形成的表面,称为圆锥表面。

(2)圆锥

由圆锥表面与一定尺寸所限定的几何体,称为圆锥。圆锥又可分为外圆锥和内圆锥两种。

(3)圆锥的基本参数

①圆锥角 α:在通过圆锥轴线的截面内,两条素线间的夹角。车削时经常用到的是圆锥半角 $\alpha/2$。

②最大圆锥直径 D:简称大端直径。

③最小圆锥直径 d:简称小端直径。

④圆锥长度 L:最大圆锥直径与最小圆锥直径之间的轴向距离。

⑤锥度 C:最大圆锥直径与最小圆锥直径之差对圆锥长度之比,即

$$C = \frac{D - d}{L} \tag{5.1}$$

标注锥度的工件如图 5.5 所示。

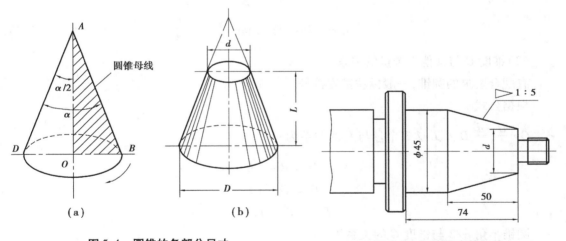

图 5.4 圆锥的各部分尺寸

图 5.5 标注锥度的工件

5.1.2 圆锥各部分尺寸计算

由上述可知,圆锥具有 4 个基本参数,只要知道其中任意 3 个参数,其他一个未知参数即能求出。

(1)圆锥半角 $\alpha/2$ 与其他 3 个参数的关系

如图 5.6 所示,在图样上一般都标明 D、d、L。但是在车圆锥时,往往需要转动小滑板的角度,因此,必须算出圆锥半角 $\alpha/2$。圆锥半角可按下面的公式计算,在图 5.4 中,有

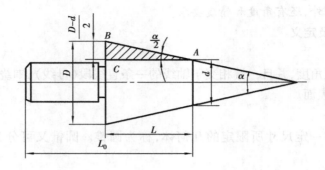

图 5.6　圆锥半角 $d/2$ 与其他 3 个参数的关系

$$\tan\frac{\alpha}{2} = \frac{BC}{AC}, BC = \frac{D-d}{2}, AC = L$$

$$\tan\frac{\alpha}{2} = \frac{D-d}{2L} \tag{5.2}$$

其他 3 个参数与圆锥半角 $\alpha/2$ 的关系为

$$D = d + 2L\tan\frac{\alpha}{2} \tag{5.3}$$

$$d = D - 2L\tan\frac{\alpha}{2} \tag{5.4}$$

$$L = (D-d)/2\tan\frac{\alpha}{2} \tag{5.5}$$

(2)锥度 C 与其他 3 个量的关系

有配合要求的圆锥,一般标注锥度符号。

根据公式

$C = \dfrac{D-d}{L}$, D、d、L 这 3 个量与 C 的关系为

$$D = d + CL$$

$$D = D - CL$$

$$L = (D-d)/C$$

圆锥半角 $\alpha/2$ 与锥度 C 的关系为

$$\tan\frac{\alpha}{2} = \frac{C}{2} \tag{5.6}$$

$$C = 2\tan\frac{\alpha}{2} \tag{5.7}$$

例 5.1　有一圆锥体,已知 $D = 65$ mm, $d = 55$ mm, $L = 100$ mm,求圆锥半角 $\alpha/2$。

解　根据式(5.2),可得

$$\tan\frac{\alpha}{2} = \frac{D-d}{2L} = \frac{65-55}{2\times100} = 0.05$$

查三角函数表得 $\dfrac{\alpha}{2} = 2°52'$。

例 5.2　已知锥度 $C = 1:5$。求圆锥半角 $\alpha/2$。

解　根据式(5.6),可得

$$\tan\frac{\alpha}{2} = \frac{C}{2} = \frac{1}{2\times 5} = 0.01$$

查三角函数表得 $\dfrac{\alpha}{2} = 5°42'38''$。

（3）近似算法

应用式(5.2)计算圆锥半角 $\alpha/2$,必须查三角函数表,很不方便,当圆锥半角 $\alpha/2 < 6°$ 时,可用下列公式进行计算,即

$$\frac{\alpha}{2} = 28.7° \times \frac{D-d}{L} = 28.7° \times C \tag{5.8}$$

5.1.3　常用的标准工具圆锥

为了制造和使用方便,降低生产成本,常用的工具、刀具上的圆锥都已标准化,即圆锥的各部分尺寸都符合几个号码的规定,使用时,只要号码相同,则能互换。标准工具的圆锥已在国际上通用,不论哪个国家生产的机床或工具,只要符合标准都能达到互换要求。

常用标准工具圆锥有以下两种(见表5.1、图5.7):

（1）莫氏圆锥

莫氏圆锥是机器制造业中应用最为广泛的一种,如车床主轴锥孔、顶尖、钻头柄、铰刀柄等都是莫氏圆锥。莫氏圆锥分为 0 号、1 号、2 号、3 号、4 号、5 号、6 号这 7 种,最小的是 0 号,最大的是 6 号。莫氏圆锥的号码不同,圆锥的尺寸和圆锥半角也不相同。

（2）米制圆锥

米制圆锥分 4 号、6 号、80 号、100 号、120 号、140 号、160 号、200 号这 8 种,它们的号码表示的是圆锥的大端直径,锥度固定不变,即

$$C = 1:20$$

表 5.1　常用标准工具圆锥参数

外圆锥										
名　称	锥　度	圆锥角			D	a	D_1	d	d_1	d_2	d_1
		α									
		基本尺寸	极限偏差		基本尺寸	基本尺寸	基本尺寸	基本尺寸	基本尺寸	基本尺寸	
			外圆锥	内圆锥							
米制圆锥	4	$1:20 = 0.05$	$2°51'51''$	$+1'43''$ / 0	0 / $-1'43''$	4	2	4.1	2.9	—	—
	6			$+1'22''$ / 0	0 / $-1'22''$	6	3	6.2	4.4	—	—

续表

名称		锥度	圆锥角 α 基本尺寸	极限偏差 外圆锥	极限偏差 内圆锥	D 基本尺寸	a 基本尺寸	D₁ 基本尺寸	d 基本尺寸	d₁ 基本尺寸	d₂ 基本尺寸	d₁
莫氏圆锥	0	1:19.212 = 0.052 05	2°58′54″	+1′05″ 0	0 −1′05″	9.045	3	9.2	6.4	—	6.1	6
	1	1:20.047 = 0.049 88	2°51′26″			12.065	3.5	12.2	9.4	M6	9	8.7
	2	1:20.020 = 0.049 95	2°51′40″			17.780	5	18	14.6	M10	14	13.5
	3	1:19.922 = 0.050 20	2°52′32″	+52″ 0	0 −52″	23.825	5	24.1	19.8	M12	19.1	18.5
	4	1:19.254 = 0.051 94	2°58′31″			31.267	6.5	31.6	25.9	M16	25.2	24.5
	5	1:19.002 = 0.052 63	3°00′53″	+41″ 0	0 −41″	44.399	6.5	44.7	37.6	M20	36.5	35.7
米制圆锥	6	1:19.180 = 0.052 14	2°59′12″	+33″ 0	0 −33″	63.348	8	63.8	53.9	M24	52.4	51
	80					80	8	80.4	70.2	M30	69	67
	100					100	10	100.5	88.4	M36	87	85
	120	1:20 = 0.05	2°51′51″			120	12	120.6	106.6	M36	105	102
	160			+26″ 0	0 −26″	160	16	160.8	143	M48	141	138
	200					200	20	201	179.4	M48	177	174

（3）其他常用锥度

除了常用的标准工具圆锥外,在生产制造和使用中,还经常会遇到各种专用的圆锥,其锥度的大小及应用场合见表5.2。

表5.2　其他常用锥度的大小及应用场合

锥度 C	圆锥角 α	圆锥半角 α/2	应用举例
1:4	14°15′	7°7′30″	车床主轴联接盘及轴头
1:5	11°25′16″	5°42′38″	易于拆卸的联接,砂轮主轴与砂轮联接盘的接合,锥形摩擦离合器等
1:7	8°10′16″	4°5′8″	管件的开关阀等
1:12	4°46′19″	2°23′9″	部分滚动轴承内环锥孔
1:15	3°49′6″	1°54′33″	主轴与齿轮的配合部分
1:16	3°34′47″	1°47′24″	圆锥管螺纹
1:20	2°51′51″	1°25′56″	米制工具圆锥,锥形主轴颈
1:30	1°54′35″	0°57′17″	锥柄的铰刀和扩孔钻与柄的配合
1:50	1°8′45″	0°34′28″	圆锥定位销及锥铰刀
7:24	16°36′39″	8°17′50″	铣床主轴孔及刀柄的锥体
7:64	6°15′38″	3°7′40″	割齿机工作台的心轴孔

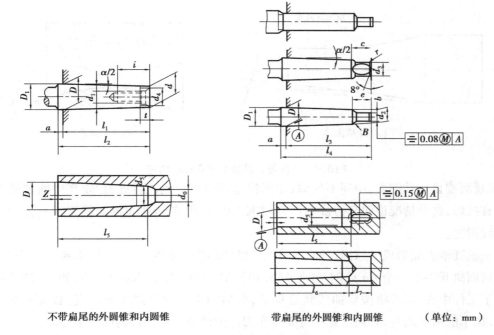

不带扁尾的外圆锥和内圆锥　　　　带扁尾的外圆锥和内圆锥　　　　（单位：mm）

图 5.7　常用标准工具圆锥

5.1.4　车圆锥的方法

（1）转动小滑板法

转动小滑板法是按工件的圆锥半角 $\alpha/2$ 转动小滑板一个相应的角度，采用手动进给小滑板的方式，使车刀的运动轨迹与所要车削的圆锥素线平行进行加工圆锥的方法，如图 5.8 所示。这种方法操作简单，调整范围大，能保证一定的精度。

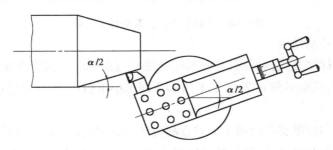

图 5.8　移动小滑板车外圆锥

1）转动小滑板法车削外圆锥的方法和步骤

①装夹工件与刀具

工件的旋转中心必须与车床主轴旋转中心重合；车刀刀尖必须严格对准工件的旋转中心，否则车出的圆锥素线将不是直线，而是双曲线，如图 5.9 所示。

在车削圆锥时，经过多次调整小滑板转角，仍不能找正角度，用标准圆锥套检查该锥体

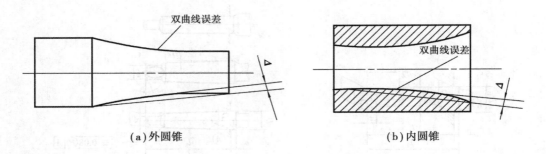

（a）外圆锥　　　　　　　　　　　　　（b）内圆锥

图 5.9　工件与刀具装夹不正确的情形

时,发现两端显示被擦去,中间不接触;用圆锥塞规涂色检测内锥孔时,发现中间被擦去,两端没有接触,这种情况说明车刀没有严格对准工件轴线,使得车出的圆锥素线不直,产生了双曲线误差。

根据圆锥表面形成的原因可知,通过圆锥轴线的圆锥素线是一直线,如果用一个平行轴线的截面离开中心一个 Δh 处剖开(见图 5.10),其剖面形状是双曲线 CD,如车刀安装高于或低于工件中心,车刀将按双曲线轨迹移动,车出的工件圆锥素线将不直,必成为双曲线。为此,在车削圆锥面时,必须注意一定要将车刀刀尖严格对准工件的回转中心。

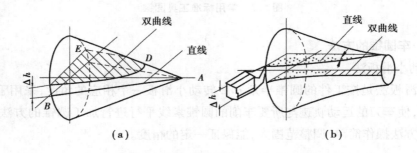

（a）　　　　　　　　　　　　　　（b）

图 5.10　圆锥表面产生双曲线的原因

②确定小滑板转动角度

由于圆锥角度标注方式的不同,有时图样上没有直接标注出圆锥半角 $\alpha/2$,这时须经过一定的换算,求解出圆锥半角 $\alpha/2$,圆锥半角 $\alpha/2$ 即是小滑板应转动的角度。

③转动小滑板

转动小滑板是用扳手将小滑板下面转盘螺母松开,把转盘转至需要的圆锥半角 $\alpha/2$,当转盘下刻度线与其准线对齐后,再将转盘螺母锁紧。由于圆锥半角 $\alpha/2$ 通常不是整数,其小数部分需目测估计,因此,转动的角度一般不是很准,需大致对准后,通过试车削,反复测量逐步调整找正。

车正外圆锥面(工件大端靠近主轴,小端靠近尾座方向)时,小滑板应逆时针转动一个圆锥半角 $\alpha/2$,车反外圆锥面(工件小端靠近主轴,大端靠近尾座方向)时,小滑板应顺时针转动一个圆锥半角 $\alpha/2$。

④粗车外圆锥面

车外圆锥面与车外圆柱面一样,也要分粗、精车。通常先按圆锥大端直径和圆锥体的长度将工件车成圆柱体。然后再粗车圆锥体,粗车圆锥体前应调整好小滑板导轨与镶条间的间隙,使松紧适当,如调得过紧,手动进给费力,移动不均匀;调得过松,造成小滑板间隙太大,会使得工件圆锥面表面粗糙度值过大。此外,车削前不应根据工件圆锥体和长度确定小滑板的行程。

粗车外圆锥面时,首先移动中、小滑板,使车刀刀尖与轴端外圆面轻轻接触后,小滑板向后退出;中滑板刻度调至零位,作为粗车外圆锥面的起始位置。然后中滑板按刻度向前进刀,再双手交替转动小滑板手柄,手动进给加工圆锥面,在此车削过程中,吃刀量会逐渐减小,当车至终端,将中滑板退出,小滑板快速复位。再在中滑板刻度指示位置上调整切削深度,反复几次粗车工件至圆锥套规能套进1/2时,此时开始检测圆锥角度。

⑤检测圆锥角度

将圆锥套规轻轻套在工件上,用手捏住套规左、右两端作上下摆动如图5.11所示,如果任何一端有间隙,都说明锥角不正确。大端有间隙,说明圆锥角小了,小端有间隙,说明锥角大了。此时要松开小滑板转盘螺母,按角度的调整方向用铜棒轻轻敲动小滑板,使小滑板作微小转动,然后锁紧转盘螺母。此时还要注意的是,在松开和锁紧转盘螺母时,手和扳手不能碰撞到小滑板,以免引起角度的变化。这样经几次调整角度车削圆锥后,用套规检查左右摆动无间隙时,表明圆锥角度基本正确,再用涂色法作精确检查,根据擦痕判断圆锥角大小,确定小滑板的调整方向及调整量,调整后再一次试车,如此经过多次检测角度、试车,直到角度找正为止。然后粗车圆锥面到粗车尺寸,此时还留有0.5~1 mm的精车余量。

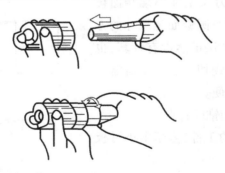

图5.11　用圆锥套规检测圆锥角度

⑥精车外圆锥面

通过上述多次检测圆锥角度后,因锥度已经查正,就要开始精车圆锥面了。精车圆锥面主要是进行提高工件的表面质量和控制圆锥面尺寸两个方面。提高工件的表面质量是选用精车刀,精车刀须锋利、耐磨,并磨有修光刃,选用较高的切削速度、均匀的进给量和适当的切削深度对圆锥表面进行精加工。

控制圆锥面尺寸主要有两种方法:一是计算法切削深度控制法,二是移动床鞍控制法。

计算切削深度控制法:是用钢直尺或游标卡尺测量出工件端面至套规过端界限面的距离 a,根据测量出的距离 a,计算出切削深度 a_p,然后移动中、小滑板,使刀尖轻轻接触圆锥小端外圆表面,小滑板稍微退出,中滑板按计算出的 a_p 进刀,最后摇动小滑板手柄精车圆锥面至尺寸的方法,如图5.12所示。其切削深度 a_p 的计算公式为

$$A_p = a \tan \frac{\alpha}{2}$$

或

$$a_p = a \times \frac{C}{2}$$

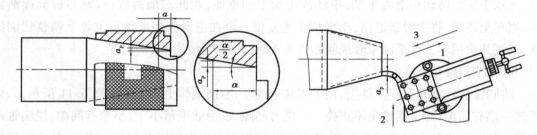

图5.12 计算切削深度控制法

移动床鞍控制法:是用钢直尺或游标卡尺测量出工件端面至套规过端界限面的距离 a,根据测量出的距离 a,移动中、小滑板,使刀尖轻轻接触圆锥小端外圆表面,小滑板退出一个距离 a,再摇动大滑板移动床鞍让车刀与工件小端端面接触,最后摇动小滑板手柄精车圆锥面至尺寸的方法,如图5.13所示。这种方法虽然没有计算,也没有移动中滑板,但车刀已经切入了一个所需的切削深度 a_p,操作时比较方便。

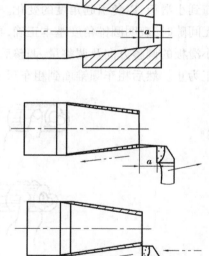

2)转动小滑板法车削圆锥的特点

①能车圆锥角度较大的工件,可超出小滑板的刻度范围。

②能车出整个圆锥体和圆锥孔,操作简单。

③只能手动进给,劳动强度大,不易保证表面质量,表面粗糙度值难以控制。

图5.13 移动床鞍控制法

④受行程限制只能加工锥面不长的工件。

(2)偏移尾座法

在两顶尖之间车削外圆锥时,床鞍平行于主轴轴线移动,但尾座横向偏移一段距离 s 后,工件旋转中心与纵向进给方向相交成一个角度 $\alpha/2$,因此,工件就车成了圆锥。

偏移尾座法只适宜于加工锥度较小,长度较长的外圆锥工件。

（3）仿形法（靠模法）

仿形法车圆锥是刀具按照仿形装置（靠模）进给对工件进行加工的方法,适用于车削长度较长,精度要求较高的圆锥。

仿形法车圆锥的优点是调整锥度既方便又准确,因中心孔接触良好,所以锥面质量高,可机动进给车外圆锥和内圆锥。但靠模装置的角度调节范围较小,一般在12°以下。

（4）宽刃刀车削法

在车削较短的圆锥时,可以用宽刃刀直接车出,如图5.14所示。

宽刃刀车削法实质上是属于成形法,因此宽刃刀的切削刃必须平直,应取刃倾角 $\lambda_s = 0$,刀具较为锋利,可取较大的前角,切削刃与主轴轴线的夹角应等于工件圆锥半角 $\alpha/2$。车削时,一般采用横向进给的方法,切削用量要选择小一些,使用宽刃刀车圆锥时,车床必须具有很好的刚性,否则容易引起振动。当工件的圆锥斜面长度大于切削刃长度时,也可以用多次接刀的方法加工,但接刀处必须平整。

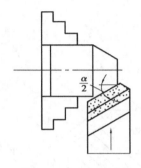

图 5.14　宽刃刀车削法

5.1.5　图样上标注的角度和小滑板应转过的角度

图样上标注的角度和小滑板应转过的角度见表5.3。

表 5.3　图样上标注的角度和小滑板应转过的角度

图　例	小滑板应转的角度	车削示意图
60°	逆时针30°	60°　30°　30°

续表

图例	小滑板应转的角度	车削示意图
	A 面逆时针 43°	
	B 面顺时针 50°	
	C 面顺时针 50°	

5.1.6　对刀方法及圆锥的加工方法

（1）对刀方法

①车外锥时,利用工件端面中心对刀。

②利用尾座顶尖对刀。

③在孔端面上涂上显示剂,用刀尖在端面上划一条直线,卡盘旋转 180°,再划一条直线,如果重合则车刀已对准中心,否则继续调整垫片厚度达到对准中心的目的,如图 5.15 所示。

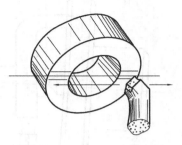

图 5.15　划线对刀的方法

（2）加工圆锥的方法和步骤

①按大端直径车圆柱体尺寸。

②按计算出的圆锥半角 $\alpha/2$ 转动小滑板的角度。

③粗车圆锥面。

④检测调整圆锥角度,要求检测调整 5 次以内。

⑤精车圆锥面。

⑥送检。

提示

①车刀应对准工件中心,以防母线不直。

②粗车时进刀不宜过深,应先找正锥度,以防工件车小报废。

③随时注意两顶尖间的松紧和前顶尖的磨损情况,以防工件飞出伤人。

④如果工件数量较多时,其长度和中心孔的深浅、大小必须一致。

⑤精加工锥面时,a_p 和 f 都不能太大,否则影响锥面加工质量。

⑥当车刀在中途刃磨以后装夹时,必须重新调整,使刀尖严格对准中心。

【拓展知识】

（1）偏移尾座车削圆锥体

车锥度小、锥形部分较长的圆锥面时,可用偏移尾座的方法,如图 5.16 所示。将尾座上滑板横向偏移一个距离 S,使偏位后两顶尖连线与车床轴线相交一个 $\alpha/2$ 角度,尾座偏移方向取决于圆锥工件大小头在两顶尖间的加工位置。尾座偏移量与工件总长有关。

1）偏移尾座车削圆锥体的特点

①适宜于加工锥度较小精度不高,锥体较长的工件。

②可以纵向机动进给车削,因此工件表面质量较好。

③不能车削圆锥孔及整锥体。

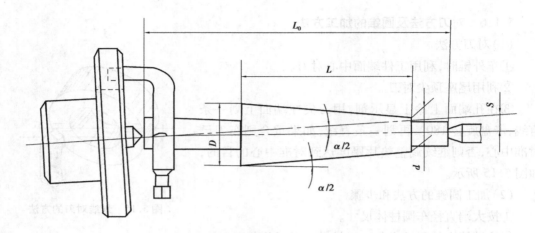

图 5.16 偏移尾座车削圆锥体

④易造成顶尖和中心孔的不均匀磨损。

2)尾座偏移量的计算

尾座偏移量的计算公式为

$$S = \frac{D-d}{2L}L_0 = \frac{C}{2}L_0$$

式中　S——尾座偏移量,mm;

　　　　D——最大圆锥直径,mm;

　　　　d——最小圆锥直径,mm;

　　　　L——工件圆锥部分长度,mm;

　　　　L_0——工件的总长,mm;

　　　　C——锥度。

3)偏移尾座车削圆锥体的方法

①应用尾座下层的刻度:偏移时,松开尾座紧固螺钉,用内六方扳手转动尾座上层两侧的螺钉使其移动一个 S,然后拧紧尾座紧固螺母。

②应用中滑板的刻度:在刀架上夹一铜棒,摇动中滑板使铜棒和尾座套筒接触,记下刻度,根据 S 的大小算出中滑板应转过几格,接着按刻度使铜棒退出,然后偏移尾座的上层,使套筒与铜棒轻微接触为止。

③应用百分表法:把百分表固定在刀架上,使百分表与尾座套筒接触,找正百分表零位,然后偏移尾座,当百分表指针转动一个 S 时,把尾座固定,如图5.17所示。

4)工件装夹

①把两顶夹的距离调整到工件的总长,尾坐套筒在尾坐内伸出量一般小于套筒总长度的1/2。

②两个中心孔内须加润滑油(黄油)。

③工件在两顶尖间的松紧程度,以手不用力能拨动工件(只要没有轴向窜动)为宜。

5）莫氏套规检查锥体

①在工件上涂色应薄而均匀，套规转动在半圈以内，根据与工件的摩擦痕迹来确定锥度是否合格，要求接触面达到 70% 以上。

②根据套规的公差界限中心与被测工件端面的距离来计算切削深度。

（2）仿形法车圆锥

仿形法车圆锥又称靠模法，它是刀具按照仿形装置进给对工件进行加工的方法。

仿形装置的构造和工作原理：

仿形装置是在卧式车床上安装一套仿形装置，该装置能使车刀在作纵向进给的同时，又作横向进给，使车刀的运动轨迹与圆锥面的素线平行，加工出所需的圆锥面。

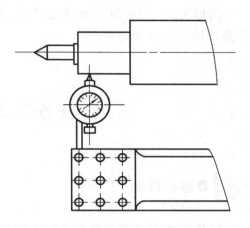

图 5.17 用百分表法偏移尾座

仿形装置的结构如图 5.18 所示，它是在车床床身的后面安装一固定靠模 1，其斜角可以根据工件的圆锥半角 $\alpha/2$ 进行调整；抽取出中滑板丝杠，制作一连杆让中滑板与滑块 2 刚性联接。当车床床鞍作纵向进给时，滑块沿着固定靠模板中的斜槽滑动，带动车刀作平行于靠模板斜面的运动，使车刀刀尖的运动轨迹平行于模板斜面，这样就车出了外圆锥面。

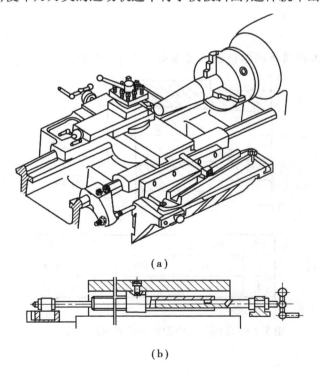

（a）

（b）

图 5.18 仿形装置的结构

仿形法加工圆锥面,其锥度准确,能自动进给,表面粗糙度 Ra 值小,表面质量高,生产效率高,因而适用于批量生产。

任务 5.2 内圆锥加工

●教学目标

终极目标:掌握内圆锥的车削加工方法。

促成目标:1. 了解内圆锥常用的加工方法。

2. 掌握车削内圆锥的常用刀具。

3. 掌握移动小滑板法车削内圆锥的方法。

4. 掌握反装刀法和主轴反转法车削圆锥孔的方法。

●工作任务

用毛坯料车削加工内圆锥的零件图及要求如图 5.19 所示。

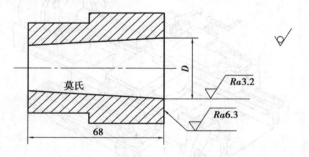

次数	莫氏圆锥	D	$\alpha/2$
1	3#	$\phi 23.825$	$1°26'16''$
2	4#	$\phi 31.267$	$1°29'15''$

图 5.19 车削加工内圆锥的零件图及要求

● 任务分析

内圆锥面往往与外圆锥面配合,用于传递转矩与定心,加工要求必须是有较高的配合精度和较小的表面粗糙度。且孔直径小、深度长,加工难度较大,需进行精车或铰削等方法方能保证其加工要求。

● 相关知识

车削圆锥孔比圆锥体困难,因为车削工作在孔内进行,不易观察,所以要特别小心。为了便于测量,装夹工件时应使锥孔大端直径的位置在外端。

5.2.1 转动小滑板车削圆锥孔

转动小滑板车削圆锥孔如图 5.20 所示,车削方法如下:

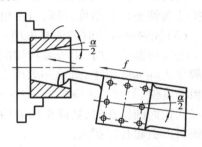

①先用直径小于锥孔小端直径 1~2 mm 的钻头钻孔(或车孔)。

②调整小滑板镶条松紧及行程距离。

③用钢直尺测量的方法装夹车刀。

④转动小滑板角度的方法与车外圆锥相同,但方向相反。应顺时针转过圆锥半角,进行车削。当锥形塞规能塞进孔约 1/2 长时用涂色法检查,并找正锥度。

图 5.20 转动小滑板车削圆锥孔

5.2.2 铰内圆锥面

在加工直径较小的内圆锥面时,因为刀柄的刚性差,加工出的内圆锥面精度差,表面粗糙度值大,这时可以用锥形铰刀对其进行精加工,用铰削的方法加工的内圆锥面精度比车削加工的精度高,表面粗糙度值 Ra 可达 1.6~0.8 μm。

(1)锥形铰刀

锥形铰刀一般分为粗铰刀(见图 5.21(a))和精铰刀(见图 5.21(b))两种。粗铰刀的槽数比精铰刀少,容屑空间大,这样对排屑有利,并且粗铰刀的刀刃上切有一条螺旋分屑槽,可把原来很长的切削刃分割成若干个短的切削刃,切削时,把切屑分成几段,使切屑容易排出。精铰刀制成锥度很准确的直线刀齿,并有很小的棱边(0.1~0.2 mm),以保证锥孔的质量。

(a)粗铰刀   (b)精铰刀

图 5.21 锥形铰刀

铰内圆锥孔时,将铰刀安装在尾座套筒内,铰孔前必须用百分表把尾座中心调整到与主轴轴线重合的位置,否则铰出的锥孔不正确,表面质量也不高。

（2）铰内圆锥孔的方法

铰内圆锥孔时要根据锥孔的直径大小、锥度大小和精度的高低不同,分别采用不同的方法进行。

1）钻—车—铰内圆锥面

当内圆锥孔的直径和锥度较大,并且有较高的位置精度时,可采用先钻底孔,然后粗车锥孔,并在直径方向上留 0.1~0.2 mm 的铰削余量,再用铰刀铰孔。

2）钻—铰内圆锥面

当内圆锥孔的直径和锥度较小时,无法进行车孔与扩孔加工,并且位置精度要求也不高时,可在钻底孔后,先用锥形粗铰刀铰孔,再用精铰刀铰削成形。

3）钻-扩-铰内圆锥面

当内圆锥孔的长度较长、余量较大,有一定的位置精度要求时,可先钻底孔,然后用扩孔钻扩孔与调整位置精度,最后再用粗铰刀、精铰刀铰孔。

（3）铰内圆锥孔时的注意事项

①铰内圆锥孔时,由于参加切削的切削刃长,阻力大,精度要求高,因此切削速度要低,一般在 5 m/min 以下,进给一般用手动进给,进给要慢而均匀,并充分浇注切削液,以减小表面粗糙度值。

②铰内圆锥孔时,要确保铰刀轴线与主轴轴线重合,必要时,须采用浮动夹头,以避免轴线偏斜而引起孔径扩大。

③铰孔时,要保持孔内的清洁,经常退出铰刀清除切屑,防止切屑过多使铰刀在孔内卡住,或切屑刮花工件内孔表面,造成工件报废。

④铰内圆锥孔时,车床主轴只能正转,不能反转,否则会使铰刀切削刃损坏。

⑤铰锥孔时,若遇到铰刀锥柄在尾座锥孔中打滑旋转,必须立即停车,绝不能用手抓,以防划伤手;铰孔完毕后,应先退铰刀后停车。

5.2.3 反装刀法和主轴反转法车削圆锥孔

（1）车配套圆锥面的方法

①先把外锥车好。

②不要变动小滑板角度,反装车刀或用左车孔刀进行车削。

③用左车孔刀进行车削时,车床主轴应反转。

车配套圆锥面的方法如图 5.22 所示。

（2）切削用量的选择

①切削速度比车外圆锥时低 10%~20%。

②手动进给要始终保持均匀,不能有停顿与快慢现象。最后一刀的切削深度一般硬质合金取 0.3 mm,高速钢取 0.05~0.1 mm,并加注切削液。

（3）圆锥孔的检查

①用卡尺测量锥孔直径。

②用塞规涂色检查,并控制尺寸。

③根据塞规在孔外的长度计算车削余量,并用中滑板刻度进刀。

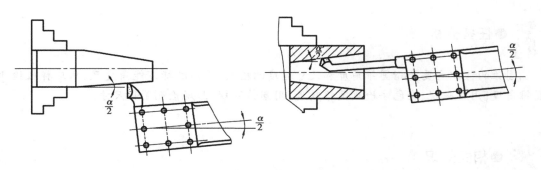

图 5.22　车配套圆锥面的方法

 提示

①车刀必须对准工件中心。

②粗车时不宜进刀过深,应先找正锥度(检查塞规与工件是否有间隙)。

③用塞规涂色检查时,必须注意孔内清洁,转动量在半圈之内。

④取出塞规时注意安全,不能敲击,以防工件移位。

⑤车削内外锥配合的工件时,注意最后一刀的计算要准确。

任务5.3　圆锥的检验及质量分析

 ●教学目标

终极目标:掌握圆锥的质量检验及分析方法。

促成目标:1.掌握圆锥的角度和锥度的检验。

　　　　　2.掌握圆锥的尺寸检验。

 ●工作任务

使用量具检测任务5.1、任务5.2的圆锥零件,并对质量问题进行讨论总结。

●任务分析

圆锥的检测主要是指圆锥角度和尺寸精度的检测,常用游标万能角度尺、角度样板检测圆锥角度;用正弦规、涂色法检测圆锥精度;用圆锥塞规、套规检测圆锥尺寸。

●相关知识

5.3.1　锥度、锥角的检测

（1）游标万能角度尺检测

游标万能角度尺是用于测量角度的测量工具,一般检测精度分为2′和5′两种,可测量0°~320°的任意角度。下面以常用的数值2′的游标万能角度尺为例,介绍其结构原理和读数方法。

游标万能角度尺的结构原理如图5.23所示。游标万能角度尺由尺身1、基尺5、游标3、角尺2、直尺6、卡块7、制动器4等组成,基尺5可带动尺身1沿游标3转动,转到所需测量的角度时,可用制动器4锁紧,卡块7可将角尺2和直尺6固定在所需的位置上,测量时,可转动背面的捏手8,通过小齿轮9转动扇形齿轮10,使基尺5改变所需测量的角度。

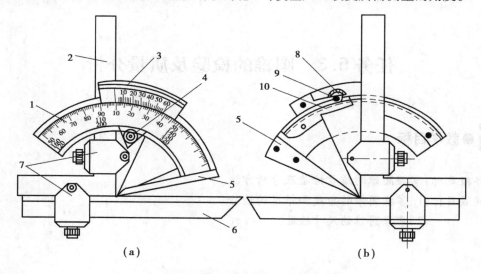

（a）　　　　　　　　　　　　（b）

图5.23　游标万能角度尺的结构原理

1—尺身;2,6—角尺;3—游标;4—制动器;5—基尺;
7—卡块;8—捏手;9—小齿轮;10—扇形齿轮

游标的读数原理如图5.24（a）所示,尺身刻线每格为1°,游标上总角度为29°,并等分成30格,故游标读数值为

$$\frac{29°}{30} = \frac{60′ \times 29}{30} = 58′$$

因此,主尺一格与游标一格相差为

$$1° - 58' = 1 × 60' - 58' = 2'$$

万能角度尺的读数方法与游标卡尺的读数方法相似,即先从主尺上读出游标零线前面的整读数,然后再读出游标上的分读数,两者相加就是被测件的角度数值。如图5.24(b)所示读数为10°50′。

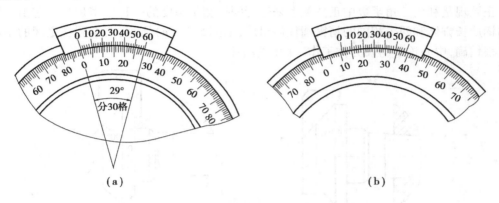

(a)   (b)

图5.24 游标的读数原理及示例

用游标万能角度尺测量外圆锥度时,应根据工件角度的大小,选择基尺、角尺、直尺不同的搭配进行测量。如图5.25所示,测量0°~50°,可选用如图5.25(a)所示的方法;测量50°~140°,可选用如图5.25(b)所示的方法;测量140°~230°,可选用如图5.25(c)所示方

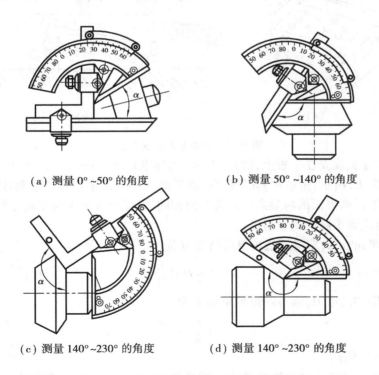

(a) 测量0°~50°的角度   (b) 测量50°~140°的角度

(c) 测量140°~230°的角度   (d) 测量140°~230°的角度

图5.25 游标万能角度尺的测量范围及方法

法;若将角尺和直尺都卸下,可选用如图5.25(d)所示方法,测量230°~320°的工件。

（2）用角度样板检测

角度样板属专用量具,常用于成批和大量生产,以减少辅助时间。如图5.26所示为专用角度样板测量齿轮坯角度的情况。

（3）用正弦规检测

正弦规是利用三角函数中正弦关系来进行间接测量角度的一种精密量具。它由一块准确的钢质长方体和两个相同的精密圆柱体组成,如图5.27(a)所示,两个圆柱之间的中心距要求很精确,中心连线与长方体工作平面严格平行。

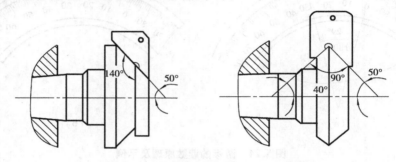

图5.26 用专用角度样板测量齿轮坯的角度

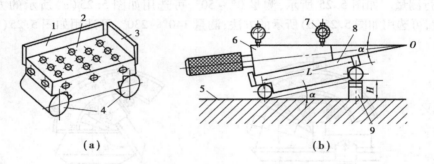

（a）　　　　　　　　　　（b）

图5.27 正弦规及测量方法

测量时,将正弦规安在平板上,圆柱的一端用标准量块垫高,被测工件放在正弦规的平面上,如图5.27(b)所示,量块组的高度可根据被测工件圆锥半角进行精确计算获得。然后用百分表检验工件圆锥面的两端高度。若数值相同,就说明圆锥半角正确,用正弦规测量3°以下的角度,可达到很高的测量精度。

已知圆锥半角 $\alpha/2$,需垫进量块组的高度 H 为

$$H = L \sin\left(\frac{\alpha}{2}\right)$$

已知量块组的高度 H,求得圆锥半角 $\alpha/2$ 为

$$\sin\frac{\alpha}{2} = \frac{H}{L}$$

（4）用涂色法检测

对于标准圆锥或配合精度要求较高的圆锥工件加工,一般可使用圆锥套规或塞规涂色

进行检验。其中,套规用于检测外圆锥,塞规用于检测内圆锥。圆锥套规及塞规如图 5.28 所示。

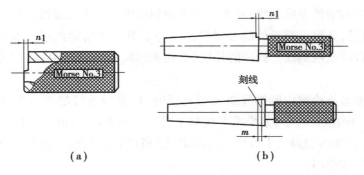

（a）　　　　　　　　　　　　（b）

图 5.28　圆锥套规及塞规

用圆锥量规检测内、外圆锥时,要求工件和量规表面清洁,并且工件表面粗糙度值小于 $Ra3.2\ \mu m$,工件表面无毛刺,具体步骤如下:

①首先在工件的圆周表面上,顺着圆锥素线薄而均匀地涂上 3 条显示剂,（印油、红丹粉和机械油等调和物）,如图 5.29 所示。

②然后手握套规轻轻地套在工件上,稍加工轴向推力,并将套规转动半周。

③最后取下套规,观察工件表面显示剂被擦去的情况,若 3 条显示剂全长擦痕均匀,说明圆锥表面接触良好,说明锥度合格,如图 5.30 所示。若大端擦去,小端未擦去,说明工件圆锥角大了;若小端擦去,大端未擦去,说明工件圆锥角小了。

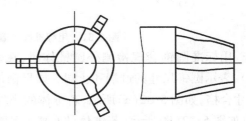

图 5.29　涂显示剂的方法

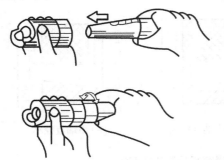 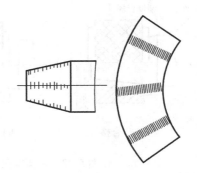

图 5.30　涂色检测判定的方法

检测内圆锥角度或锥度的方法与检测外圆锥角或锥度的方法基本相同,可使用锥塞规,显示剂涂在塞规表面,与判断外圆锥角度大小的方法正好相反,即若小端擦去,而大端未擦去,说明锥角大了;若大端擦去,小端未擦去,说明工件圆锥角小了。

5.3.2　圆锥尺寸检测

（1）用游标卡尺和外径千分尺检测

圆锥精度要求较低及圆锥加工中粗测圆锥尺寸时,可使用游标卡尺、卡钳与外径千分尺配合来检测圆锥尺寸,测量位置须在圆锥的最大或最小锥直径处。

（2）用圆锥量规检测

圆锥量规又称圆锥界限量规,它既可用来检测圆锥的锥角和锥度,又可用来检测圆锥尺寸的大、小端直径,是锥度测量的综合量具。它除了有一个精确的圆锥表面外,靠近端面处还会有一个小台阶或两刻线。台阶的长度（或两刻线间的距离）就是最大或最小圆锥直径允许的公差范围。

用标准圆锥塞规检测内圆锥孔最大端直径时,如果两条线都进入工件孔内,如图 5.31（b）所示,则说明内锥孔大了;如果两条线都未进入工件孔内,如图 5.31（c）所示,则说明内锥孔小了;只有工件的端面位于锥塞规的两刻线（或两台阶）之间,如图 5.31（a）所示,才能说明内锥孔的尺寸合格。

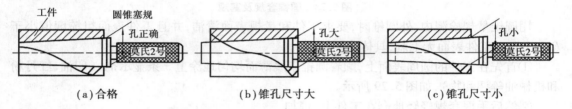

（a）合格　　　　　　　（b）锥孔尺寸大　　　　　　　（c）锥孔尺寸小

图 5.31　用标准圆锥塞规检测内圆锥孔最大端直径

用标准圆锥套规检测外圆锥体时,在套规小端处开有轴向距离为 m 的台阶（或称缺口）,表示圆锥尺寸的过端和止端。如果锥体的小端平面位于两台阶之间,说明其小端直径尺寸合格,如图 5.32（a）所示;若锥体的小端平面未进入台阶缺口,说明其小端直径尺寸大了,如图 5.32（b）所示;若锥体的小端平面超出台阶缺口,说明其小端直径尺寸小了,如图 5.31（c）所示。

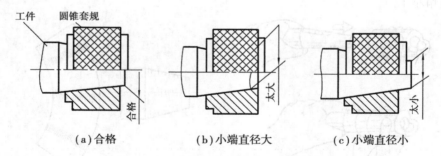

（a）合格　　　　　　　（b）小端直径大　　　　　　　（c）小端直径小

图 5.32　用标准圆锥套规检测外圆锥体

5.3.3　车削圆锥时的质量分析

车圆锥时,往往会产生锥度（角度）不正确、双曲线误差、表面粗糙度大等废品。现将主要废品产生的原因和预防措施列于表5.4。

表 5.4　车圆锥时产生废品的原因和预防措施

废品种类	产生原因	预防措施
锥度(角度)不正确	用转动小滑板法车削时： ①小滑板转动角度计算错误 ②小滑板移动时松紧不均匀 用便移尾座法车削时： ①尾座偏移位置不正确 ②工件长度不一致 用仿形法车削时： ①靠模角度调整不正确 ②滑块与靠模配合不良 用宽刃法车削时： ①装刀不正确 ②切削刃不直	①仔细计算小滑板应转的角度和方向，并反复试车找正 ②调整塞铁使小滑板移动均匀 ①重新计算和调整尾座偏移量 ②如工件数量较多，各件的长度必须一致 (1)重新调整靠模角度 (2)调整滑块与靠模之间的间隙 ①调整切削刃角度和对准中心 ②修磨切削刃的直线度
锥度尺寸不正确	未注意控制大小端直径	及时测量
表面粗糙度值不合格	①切削用量选择不当 ②车刀角度不正确,刀尖不锋利	①正确选择切削用量 ②刃磨刀具,保持刀尖锋利
双曲线误差	车刀刀尖没有对准工件轴线	车刀刀尖必须严格对准工件轴线

提示

①用游标万能角度尺检查角度时,测量边应通过工件中心,通过透光检查。

②用量规涂色检测工件时,工件表面粗糙度要小,涂色要均匀,转动一般在半圈之内,多则易造成误判。

③量规属高精密量具,要妥善使用和保管,防止碰撞,防止生锈。

【项目教学评价考核点】

1.掌握使用游标万能角尺测量角度的方法。

2.掌握量规测量锥度及圆锥尺寸的方法。

3.掌握车削圆锥时产生废品的原因和预防措施。

项目 6

车削成形面及滚花加工

●教学目标

终极目标:掌握成形面类零件的车削加工方法。

促成目标:1.掌握双手控制法、成形法、仿形法等成形面的加工手段。

2.了解车削成形面的一些专用工具。

3.了解研磨的方法、手段、工具。

4.能进行滚花操作,了解滚花乱纹的原因及注意事项。

任务6.1 双手控制法车削成形面

●教学目标

终极目标:能用双手控制法车削成形面。
促成目标:1. 了解成形面工件。
　　　　　2. 掌握双手控制法车削成形面的方法。

●工作任务

车削加工如图6.1所示的单球手柄。

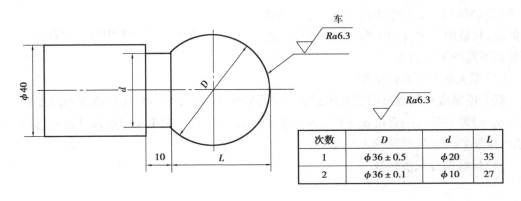

次数	D	d	L
1	$\phi 36 \pm 0.5$	$\phi 20$	33
2	$\phi 36 \pm 0.1$	$\phi 10$	27

图6.1 车削加工成形面的零件图及要求

●相关知识

6.1.1 成形面

在机械零件中,由于设计和使用的需要,有一些零件表面要加工成各种复杂的曲面形状,如摇手柄、球手柄等,如图6.2所示。这些具有轴向剖面呈曲线形状特征的表面称为成形面。

在车床上加工成形面时,应根据工件的表面特征、精度要求和生产批量大小,采用不同

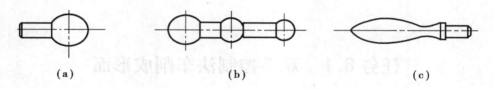

（a）　　　　　　　　　（b）　　　　　　　　（c）

图6.2　成形面类零件

的加工方法。如在普通车床上加工,常用的加工方法有双手控制法、成形法(即样板力车削法)、仿形法(靠模仿形法)和专用工具法等。

6.1.2　双手控制法车削成形面

双手控制法车削成形面是成形面车削的基本方法。

（1）基本原理

用双手同时摇动中滑板手柄和小滑板手柄,或者是双手摇动中滑板手柄和大滑板手柄并通过目测协调双手进退动作,使车刀走过的轨迹与所要求的手柄曲线相仿,从而车出成形面的方法。

其特点是灵活方便,不需要其他辅助工具,但劳动强度大,工件的统一性差,质量难于保证,只适用于单件、小批量生产或加工精度要求不高的工件加工。

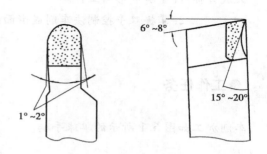

图6.3　圆头车刀的几何角度

（2）圆头车刀的几何角度

双手控制法车削成形面常采用圆头车刀进行车削,圆头车刀的几何角度如图6.3所示,前角 $\gamma_0 = 15° \sim 20°$,主后角 $\alpha_0 = 6° \sim 8°$,副后角 $\alpha_0' = 1° \sim 2°$,圆头车刀应修磨锋利、圆弧过渡光滑,圆头半径 R 视圆球的大小而定。

（3）球状部分长度计算

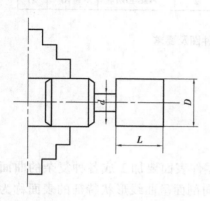
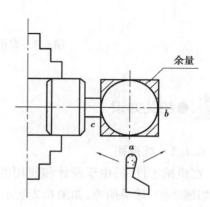

图6.4　单球头手柄的车削

车削单球头手柄时,应先按直径 D 和柄部直径 d 车成两级外圆,并且留有精车余量

0.2～0.3 mm,车削球状部分长度 L,如图6.4所示。L 可用以下公式计算:

如图6.5所示,在直角三角形 AOB 中,有

$$AO = \sqrt{\left(\frac{D}{2}\right)^2 - \left(\frac{d}{2}\right)^2} = \frac{1}{2}\sqrt{D^2 - d^2}$$

$$L = \frac{D}{2} + AO = \frac{D}{2} + \sqrt{D^2 - d^2}$$

$$= \frac{1}{2}(D + \sqrt{D^2 - d^2}) \tag{6.1}$$

式中　L——球状部分长度,mm;

　　　D——圆球直径,mm;

　　　d——球柄直径,mm。

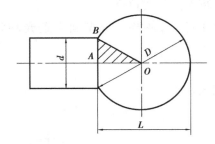

图6.5　球状部分长度的计算

图6.6　用双手控制法车特型面的方法

(4)车刀运动速度及轨迹分析

用双手控制法车特型面,要分析曲面各点的斜率,然后根据斜率来确定纵、横向进给速度的快慢。例如,车至如图6.6所示圆球面的 a 点时,中滑板进给速度要慢,床鞍退刀速度要快;车至圆球面的 b 点时,中滑板进给速度与床鞍退刀速度基本相似;车至圆球面的 c 点时,中滑板进给速度要快,床鞍退刀速度要慢。

这样经过多次合成运动,才能使车刀刀尖逐渐逼近所要求的曲线。此法操作的关键是双手配合要协调、熟练。左手操纵床鞍实现刀尖的纵向运动(应从工件的高处向低处进给);右手操纵中滑板实现刀尖的横向运动(应向内进给)。当最后成形面基本成形时,再用锉刀修锉,砂布抛光。

(5)成形面检测

在一般情况下,成形面没有精密的配合要求、尺寸要求也不十分严格,因此成形面多采用透光检测。当某个尺寸要求较高时,可用千分尺测量。

成形面检测的常用方法有以下3种:

1)样板透光检测

一般用半径样板或成形样板对圆弧或成形面进行透光检测,如图6.7所示。

①用半径样板检测圆弧。半径样板又称 R 规,分凸形样板和凹形样板,分别检测凹形圆弧和凸形圆弧。

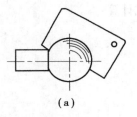 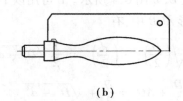 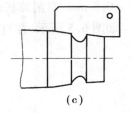

（a） （b） （c）

图 6.7　样板透光检测

②用成形样板检测成形面。将成形样板按成型面的反向制成,检测时,将成形样板与工件成型面的侧母线贴合,透光观察它们的吻合程度。

透光检测的操作要点如下:

①样板的基准面必须贴合工件的测量基准面,以确定样板的起始位置。

②样板成型面应指向工件的中心线,即与被测成型面的母线重合。

③样板贴合在工件的测量基准面上,沿轴向上下移动,使整个成型面上透光均匀为合格。

2)检测圆球精度

检测圆球精度即检测圆球直径和圆度精度,如图6.8所示。

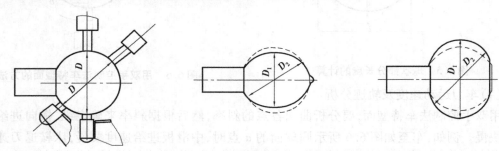

图 6.8　圆球精度的检测

①检测圆球直径。当圆球直径的尺寸精度要求较高时,可将球体在室温状态下,用外径千分尺通过圆球中心,并多次变换测量方向,使各方向上的精度均在允许的范围内。

②检测圆球圆度。除用球形样板透光检测外,还可用套环观察其间隙透光状况,如用球面管刀的刃口检测等。

3)对精度要求较高的成型面的检测

对精度要求较高的成型面,如光学镜片等精密零件,可用三坐标测量仪测量成型面若干点坐标的方法测量。

 提示

初次用双手控制法车削特型面时,要经常用样板检测,应培养目测能力及协调双手控制进给的能力,避免将球面车成扁球或是橄榄球形。

任务6.2 成形刀法、仿形法车削成形面

●教学目标

终极目标:能使用成形刀法加工成形面。

促成目标:1. 认识成形刀,能用成形刀对成形面进行加工。

2. 了解仿形法加工成形面的原理。

3. 了解车床上一些仿形法加工专用工具,拓展知识面。

●工作任务

仍然使用任务6.1的工件,使用成形刀,对单球手柄的球面进行光整加工,如图6.9所示。

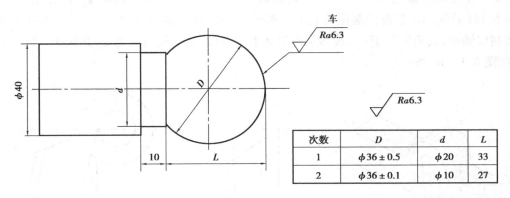

次数	D	d	L
1	$\phi36\pm0.5$	$\phi20$	33
2	$\phi36\pm0.1$	$\phi10$	27

图6.9 使用成形刀车削加工的零件图及要求

●相关知识

用成形刀具对工件进行加工的方法称为成形法,成形法适用于加工数量较多、成形面轴向尺寸不长且不很复杂的成形面工件。仿形法是利用仿形装置控制车刀的进给运动来车削成形面的加工方法。

6.2.1 成形法加工

用成形刀具对工件进行加工的方法称为成形法。成形法所使用的刀具称为成形刀,它是将切削刃的形状刃磨成与工件成形表面轮廓形状相同的刀具,又称样板刀。

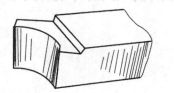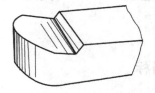

图 6.10 普通成形刀

（1）成形刀的种类

1）普通成形刀

这种成形刀与普通车刀相似,如图 6.10 所示,其特点是将切削刃的形状刃磨成与工件成形表面轮廓形状相同,其成形面的精度主要由成形刀的形状来保证,因此,对于精度要求不高的成形面加工,可用手工刃磨,而车削精度要求较高的成形面加工,可在工具磨床上刃磨。

2）棱形成形刀

这种成形刀由刀头和刀杆两部分组成,如图 6.11 所示。刀头的切削刃按工件的形状在工具磨床上用成形砂轮磨削,可制造得很精确。前刀面上磨出纵向前角 γ_p 加纵向后角 α_p,如图 6.12（a）所示。后部的燕尾块装夹在弹性刀杆的燕尾槽中,用螺钉固定。刀杆上的燕尾槽制成倾斜,其角度等于 α_p,棱形成形刀装上后,就产生了纵向后角 α_p 并保证了纵向前角 γ_p,如图 6.12（b）所示。

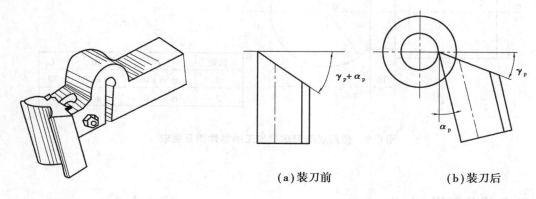

（a）装刀前 （b）装刀后

图 6.11 棱形成形刀　　　　图 6.12 棱形成形刀的纵向前角和后角

其特点是精度高,使用寿命较长,但制造比较复杂。

3）圆形成形刀

这种成形刀制成圆轮形,在圆轮上开有缺口,使它形成前刀面和主切削刃,如图 6.13 所示。使用时,圆形成形刀装夹在刀杆或弹性刀杆上,为了防止圆形成形刀转动,侧面有端面齿,使之与刀杆侧面上的端面齿相结合。

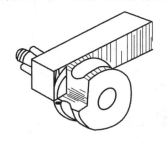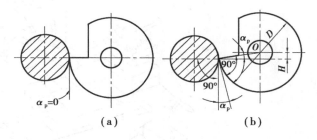

图 6.13　圆形成形刀

（2）用成形刀车削成形面

车削不规则的成形面或大圆角、圆弧槽或曲面狭窄而变化幅度较大,或数量较多的成形面时,一般用成形车削。当成形面较大或形状复杂时,也可以将成形面分割成几段,将几把车刀分别按各分段成形面的形状刃磨后,再分别将成形面分段加工成形。

1）整体式成形刀

整体式成形刀与普通车刀相似,只是切削刃刃磨成与成形表面相同的曲线形状。采用整体式成形刀,质量稳定,生产效率高,适用于形状简单的成形面的批量生产。但由于切削时,切削面积较大,产生较大的切削抗力,容易出现振动现象,因此工件必须装夹牢靠,切削用量也尽量小些。

2）菱形成形刀

菱形成形刀由刀头和刀杆两部分组成,刀杆设有缓冲槽,刀头的切削刃按成形面的形状和尺寸磨出后,装夹在刀杆上的燕尾槽中。切削刃在磨损后,只需刃磨前刀面,安装时,只要调节好刀头的相对高度,其前角和后角仍保持不变,可继续正常使用。菱形成形刀调整方便,精度较高,使用寿命长,适用于批量生产。

6.2.2　仿形法

仿形法又称靠模法,是刀具按照仿形装置进给对工件进行加工的方法。仿形法加工可利用自动进给,根据仿形样板的形状车削所需要的成形面,加工质量好,生产效率高,适合质量要求较高的大批量生产。仿形法车削成形面的方法很多,下面主要介绍两种方法。

（1）靠模板仿形法

在车床上用靠模板仿形法车削成形面,其工作原理与仿形法车圆锥的方法基本相同,只需把锥度仿形板换成一个带有曲面槽的仿形板,并将滑块换成滚柱即可,如图 6.14 所示;在床身前面装上支架和仿形板,滚柱通过连杆与中滑板联接,将中滑板丝杠抽去,当床鞍作纵向移动时,滚柱沿着仿形板的曲面槽内移动,并由连杆带动中滑板、刀架一起移动,使车刀刀尖作相应的曲线运动,这样就加工出了工件的成形面。此时应将小滑板转过 90°,以代替中滑板进给,控制成形面工件的径向尺寸。

这种方法加工成形面,生产效率高,成形面形状准确,质量稳定,但只能加工成形面形状变化不大的工件。

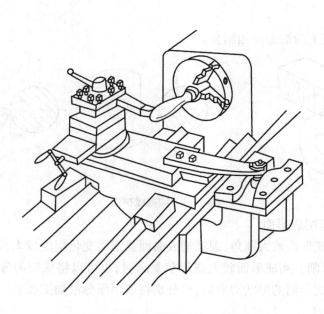

图6.14　靠模板仿形法

（2）尾座靠模仿形法

尾座靠模仿形法加工成形面，如图6.15所示，是把一个标准的样件（即仿形装置）装在尾座套筒里，在刀架上装上一个副刀架，副刀架上装有圆头刀与靠模杆。车削时，使床鞍自动进给，用手动操作中滑板，两者相互配合（或双手操纵中、小滑板），使靠模杆始终贴在标准样件上，并沿着标准样件的表面移动，圆头刀就在工件表面上车出与样件形状相同的成形面。

这种方法在一般普通卧式车床上都能使用，但操作不太方便。

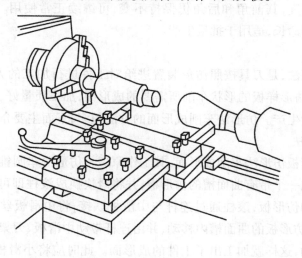

图6.15　尾座靠模仿形法

（3）用专用工具车成形面

用专用工具车成形面的原理如图6.16所示，可使刀尖完全按外圆弧或内圆弧的轨迹运动,以便车出各种形状的圆弧,还可车出各种尺寸的内外圆弧工件。车削时,关键是要保证刀尖运动轨迹的圆弧半径与成形面圆弧半径相等,并且使刀尖处于工件的回转中心平面内。

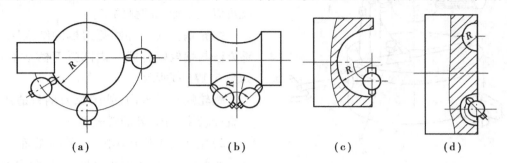

图 6.16　用专用工具车成形面的原理

用专用工具车削内、外圆弧的方法很多,现介绍用蜗轮蜗杆式车内、外圆弧刀车圆弧的方法。

1)蜗轮蜗杆式车内、外圆弧刀柄

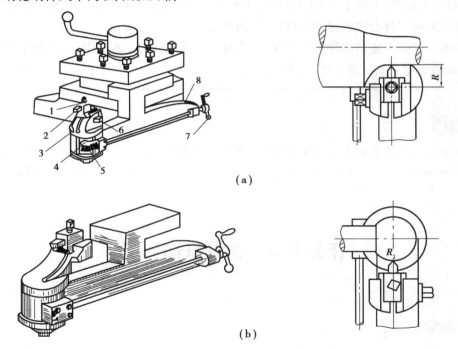

图 6.17　蜗轮的蜗杆式车内、外圆弧刀柄

1—滑块;2—　　;3—弹性刀尖;4—蜗轮;5—蜗杆;
6—螺钉;7—手柄;8—刀柄

蜗轮蜗杆式车内圆弧刀柄的结构如图 6.17(a)所示,车刀安装在滑块 1 的方孔中,并用紧固螺钉固定,滑块 1 通过燕尾槽能在弹性刀夹 3 中移动,并可用螺钉 6 紧固。摇动手柄 7,通过蜗杆 5 带动蜗轮 4,使弹性刀夹 3 绕蜗轮轴线转动,刀柄 8 装夹在方刀架上,车刀刀尖处

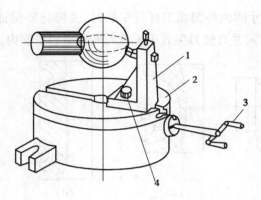

图 6.18　用回转工作台车削内、外圆弧面
1—刀架;2—工作台盘;3—手柄;4—螺钉

于主轴轴线位置。刀尖与蜗轮轴线的距离就是所加工圆弧曲率半径 R,调节它们之间的距离,就可以控制加工圆弧的半径。

蜗轮蜗杆式车外圆弧刀柄的结构原理、调整方法与蜗轮蜗杆式车内圆弧刀柄基本相同,如图 6.17(b)所示。

蜗轮蜗杆式车内、外圆弧刀柄只适用于加工直径较小的内、外圆弧表面。

2)用回转工作台车削内、外圆弧面

车削时,先把车床小滑板拆下,装上回转工作台,刀架 1 装在回转工作台盘 2 的 T 形槽内,如图 6.18 所示,圆盘下面装有蜗杆副。当转动手柄 3 时,蜗杆就带动蜗轮使车刀围绕着中心旋转,刀尖就按圆弧轨迹运动。调节圆弧半径时,可将螺钉 4 旋松,刀架 1 可在圆盘 2 的 T 形槽中移动,并可在需要的位置上固定,当刀尖调整到超过回转工件台中心时,就可以车削内圆弧。

成形面车削除上述诸多种方法车削外,还可以用数控车床(适于中、大批量生产)、液压仿形车床(适于专业大批量生产)来加工。

提示

仿形法加工随着数控车床技术的发展,使用得越来越少。

任务 6.3　表面修饰加工

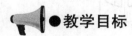**教学目标**

终极目标:能进行各种表面修饰加工。

促成目标:1.能安全地使用锉刀修光。

2.能安全地使用砂布抛光。

3.了解研磨的相关知识。

4.掌握各种表面修饰加工注意事项。

● 工作任务

对任务6.1、任务6.2完成的零件或如图6.19所示零件的加工及表面修饰加工。

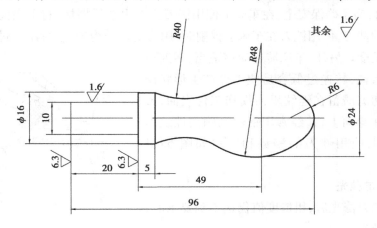

图6.19 加工及表面修饰加工的零件图

● 相关知识

在车床上车削加工出的工作表面,尤其是双手控制法同时进给加工出的成形面,往往会在工件表面留下一些不均匀的刀痕、毛刺等,表面修饰加工的目的就在于除去这些刀痕、毛刺,减小其表面粗糙度值。表面修饰加工常用的是锉刀修光、砂布抛光、研磨等方法。

6.3.1　锉刀修光

锉刀一般由碳素工具钢制成,并经热处理淬硬($61 \sim 64$ HRC),锉刀及其齿部形状如图6.20所示,锉刀用负前角切削,因此切削量较小。

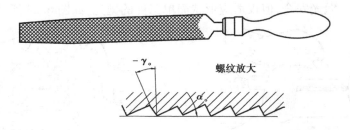

图6.20　锉刀及其齿部形状

常用的锉刀按断面形状可分为扁锉、圆锉、半圆锉、方锉、三角锉等;按齿纹可分为1、3、4、5号锉(其中,1号为粗齿锉刀、3号为细齿锉刀、4号为特细齿锉刀、5号为油光齿锉刀)。

扁锉、半圆锉、三角锉的规格用长度来表示,常用的有 100 mm(4′)、150 mm(6′)、200 mm(8′)、250 mm(10′)等;方锉的规格以截面尺寸来表示;圆锉的规格以其直径大小来表示。

使用锉刀来修光工件表面时,一般使用扁锉和半圆锉,修光时,工件余量不宜太大,一般为 0.1 mm 以内,为了确保安全,在车床上使用锉刀应左手在后握柄,右手在前扶锉刀前端,不准使用无柄的锉刀,使用锉刀在车床上锉削时,用力要轻缓均匀,不可用力过大,要尽量利用锉刀的有效长度。另外,车床转速应该适当,转速过高容易使锉刀磨钝,转速过低容易使工件产生形状误差。为了不使切屑滞留在锉纹里而损伤工件表面,最好先用粉笔涂在锉面上,并经常用钢丝刷刷去锉纹里的切屑。车床上使用锉刀的姿势和方法如图 6.21 所示。

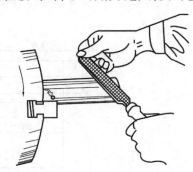

图 6.21 车床上使用锉刀的姿势和方法

6.3.2 砂布抛光

工件经过锉刀修光后,粗糙度值仍达不到要求时,可使用砂布来抛光。

在车床上用于抛光的砂布,一般用刚玉砂制成,根据砂粒的粗细,常用的砂布有 00 号、0 号、1 号、$1\frac{1}{2}$号、2 号几种,号数越小,颗粒越细,00 号为细砂布,2 号为粗砂布。在车床上使用砂布抛光,一般选用 0 号或 1 号砂布。砂布越细,抛光后工件表面粗糙度值越小。

在车床上使用砂布抛光工件表面时,要严格防止砂布裹缠在工件上发生事故,一般有以下 4 种操作方式:

①用手捏住砂布两端抛光,如图 6.22 所示,采用此法时,注意压力不可过猛,防止因摩擦过度而拉断砂布,造成事故。

②将砂布垫在锉刀上,用锉刀修光的姿势进行抛光。

③用抛光夹抛光,将砂布夹在抛光夹内,然后套在工件上,以双手纵向移动抛光夹。这种方法比手捏砂布抛光安全,但仅适应形状简单工件的抛光,如图 6.23 所示。

图 6.22 车床上使用砂布抛光工件的方法

图 6.23 用抛光夹抛光工件

④用砂布抛光内孔时,应选用抛光棒,将砂布一端插进抛光棒的槽内,并按顺时针方向缠绕在木棒上,然后放进孔内抛光。操作时,左手在前握棒并用手腕向下、向后方向施压力于工件内表面;右手在后握棒并用手腕沿顺时针方向(即与工件的旋转方向相反)匀速转动,同时两手协调沿纵向均匀送进,以求抛光整个内表面,如图 6.24 所示。

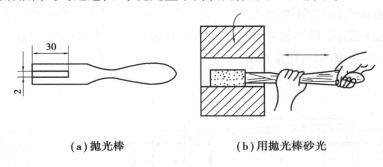

(a)抛光棒　　　　　　　　　　　　**(b)用抛光棒砂光**

图 6.24　用抛光棒抛光内孔

用砂布进行抛光时,车床转速应比一般车削时的转速高一些,并且使砂布压在工件被抛光的表面上缓慢地左右移动。若在砂布上和抛光表面上适当加入一些机油,可提高表面抛光的效果。

6.3.3　研磨

研磨是一种精密的加工方法,其主要目的是改善工件表面形状误差(如圆度和圆柱度),可以获得很高的精度等级和极小的表面粗糙度,一般可达 IT6 以上,表面粗糙度值可达 $Ra0.01\ \mu m$。研磨有手工研磨和机械研磨两种。车床上一般是手、机结合研磨。

（1）研磨的方法和工具

研磨轴类工件的外圆时,可用铸铁制成研套,它的内径按工件尺寸配制,如图 6.25 所示。研套 2 的内表面轴向开有几条槽,研套的一面切开,借以调节尺寸。用螺钉 3 防止研套在研磨时产生转动,研套内涂研磨剂,金属夹箍 1 包在研套外圆上,用螺栓 4 紧固以调节径向间隙。研套与工件之间间隙不宜太大,否则会影响研磨精度。研磨前,工件必须留

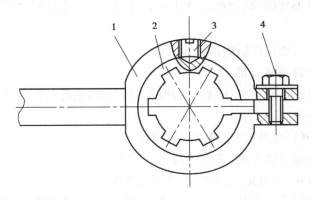

图 6.25　研套

1—夹箍;2—研套;3—螺钉;4—螺栓

0.005～0.02 mm 的研磨余量。研磨时,手握研具,并沿着低速旋转的工件作均匀的轴向移动,并经常添加研磨剂,直到尺寸和表面粗糙度都符合要求为止。

研磨内孔时,可使用研棒,如图6.26所示。锥形心轴2和锥孔套筒3配合。套筒的表面上轴向开有几条槽,它的一面切开。转动螺母4和1,可利用心轴的锥度调节套筒外径,其尺寸按工件的孔配合(间隙不要过大)。销钉5用来防止套筒与心轴作相对转动。研磨时,在套筒表面上涂研磨剂,研棒装夹在自定心卡盘和顶尖上作低速旋转,工件套在套筒上,用手扶着或装入夹具中沿轴向往复移动。

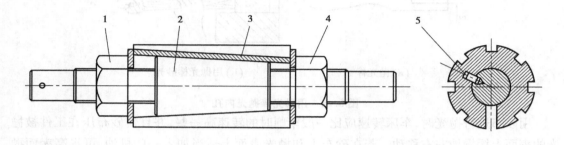

图 6.26　研棒

1,4—螺母;2—锥形心轴;3—锥孔套筒;5—销钉

(2)研磨工具的材料

研磨工具的材料应比工件材料软,要求组织均匀,并最好有微小的针孔,以使研磨剂能嵌入研具工作表面保证研磨工件的表面质量。同时,研具又要有较好的耐磨性,以保证研具尺寸、形状稳定,从而保证研磨后工件的质量和表面精度。

常用材料有以下5种:

①灰铸铁。灰铸铁是较理想的研具材料,它的最大特点是具有可嵌入性,砂粒容易嵌入铸铁的细片形隙缝或针孔中而起研削作用。它适用于研磨各种淬火钢料工件。

②软钢。一般很少使用,但它的强度大于灰铸铁,不易折断变形,可用于研磨 M8 以下的螺纹和小孔工件。

③铸造铝合金。一般用作研磨铜料等工件。

④硬木料。用于研磨软金属。

⑤轴承合金(巴氏合金)。用于软金属的精研磨,如高精度的铜合金轴承等。

(3)研磨剂

研磨剂是磨料、研磨液及辅助材料的混合剂。

研磨剂中的磨料起切削作用,常用的磨料有刚玉、碳化硅、碳化硼及人造金刚石等。精研和抛光时还用软磨料,如氧化铁、氧化铬和氧化铈等。

研磨液使磨料均匀分散在研磨剂中,并起稀释、润滑和冷却等作用,常用的有煤油、机油、动物油、甘油、酒精及水等。

辅助材料主要是混合脂,常由硬脂酸、脂肪酸、环氧乙烷、三乙醇胺、石蜡、油酸及十六醇等中的几种材料配成,在研磨过程中起乳化、润滑和吸附作用,并促使工件表面产生化学变化,生成易脱落的氧化膜或硫化膜,借以提高加工效率。此外,辅助材料中还有着色剂、防腐剂和芳香剂等。

液态研磨剂不需要稀释即可直接使用。膏状的常称为研磨膏,可直接使用或加研磨液稀释后使用,用油稀释的称为油溶性研磨膏;用水稀释的称为水溶性研磨膏。固体研磨剂(研磨皂)常温时呈块状,可直接使用或加研磨液稀释后使用。

(4)研磨前对工件的要求

①工件表面粗糙度必须达到 $Ra1.6 \sim 0.8$ μm。

②工件的几何形状误差不得超过 0.02 mm。

③工件应留 0.005 ~ 0.03 mm 的研磨余量。

④工件被研表面最好淬硬。因被研表面硬度越高,越不易出现划痕,越有利于减小被研表面的表面粗糙度值。

(5)研磨速度

在车床上研磨工件表面,工件的转速不易过高,研磨工具相对工件作轴向移动时,其线速度以 $\upsilon = 10 \sim 15$ m/min 为宜,此时不致产生太大的摩擦热和切削热。

研磨过程中要保持操作环境的清洁,研具要经常用煤油清洗,并及时更换新的研磨剂。

由于在车床上研磨工件效率低,仅适应于单件或小批量生产。

【拓展知识】

以如图 6.19 所示的工件为例,操作步骤如下:

①夹住外圆车平面和钻中心孔(前面已钻好)。

②工件伸出约 110 mm,一夹一顶,粗车外圆 $\phi24$ mm 长 100 mm、$\phi16$ mm 长 45 mm、$\phi10$ mm 长 20 mm(各留精车余量 0.1 mm 左右),如图 6.27(a)所示。

③从 $\phi16$ mm 外圆的端面量起,长 17.5 mm 为中心线,用小圆头车刀车 $\phi12.5$ mm 定位槽,如图 6.27(b)所示。

④从 $\phi16$ mm 外圆的端面量起,长大于 5 mm 开始切削,向 $\phi12.5$ mm 定位槽处移动车 $R40$ mm 圆弧面,如图 6.27(c)所示。

⑤从 $\phi16$ mm 外圆的端面量起,长 49 mm 为中心线,在 $\phi24$ mm 外圆上向左、右方向车 $R48$ mm 圆弧面,如图 6.27(d)所示。

⑥精车 $\phi10$ mm,长 20 mm 至尺寸要求,并包括 $\phi16$ mm 外圆。

⑦用锉刀、砂布修整抛光。

⑧松去顶尖,用圆头车刀车 $R6$ mm,并切下工件。

⑨调头垫铜皮,夹住 $\phi24$ mm 外圆找正,用车刀或锉刀修整 $R6$ mm 圆弧,并用砂布抛光,如图 6.27(e)所示。

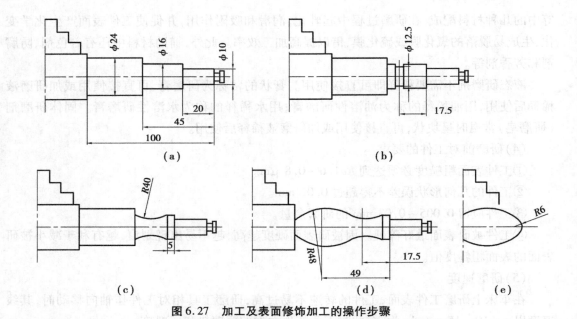

图 6.27　加工及表面修饰加工的操作步骤

 提示

①培养学生锉刀修光、砂布抛光时的安全意识。

②培养学生锉刀修光、砂布抛光正确的姿势动作和操作技能。

③能根据生产实际情况选择各种表面修饰加工方式。

任务 6.4　滚花加工

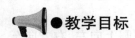 **●教学目标**

终极目标:能进行各种纹路的滚花加工。

促成目标:1.认识花纹和种类。

　　　　　2.掌握滚花方法。

　　　　　3.了解滚花乱纹的原因及注意事项。

 ●**工作任务**

完成如图6.28所示零件的加工。

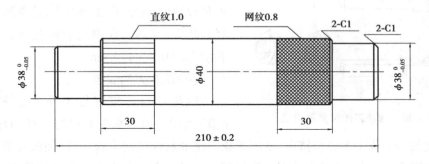

图6.28 滚花加工的零件图

 ●**相关知识**

车削加工工件某些工具和机床零件的捏手部位,为了增加摩擦力和使零件表面美观,往往在零件表面上滚出各种不同的花纹。例如,车床的刻度盘,外径千分尺的微分套管,以及铰、攻扳手等。这些花纹一般是在车床上用滚花刀滚压而成的。

(1)花纹的种类

滚花的花纹有直纹、斜纹、网纹3种,如图6.29所示。花纹有粗细之分,并用模数 m 区分,模数越大,花纹越粗。

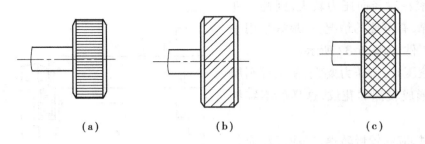

$$(a) \qquad (b) \qquad (c)$$

图6.29 滚花的花纹种类

(2)滚花刀的种类及组成

车床上用于滚花的工具称为滚花刀。滚花刀一般有单轮、双轮和六轮3种。单轮滚花刀由直纹滚轮(或斜纹滚轮)和刀柄组成,用于滚直纹(或斜纹),如图6.30(a)所示;双轮滚花刀由两只旋向不同的滚轮、浮动联接头及刀柄组成,用于滚网纹,如图6.30(b)所示;六轮滚花刀由3对不同模数的滚轮,通过浮动联接头与刀柄组成一体,可根据需要滚出3种不同

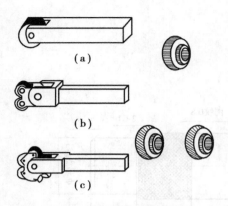

图 6.30　滚花刀的种类及组成

模数的网纹,如图 6.30(c)所示。

(3)滚花前工件直径的确定

由于滚花过程是利用滚花刀的滚轮来滚压工件金属的表面层,使其产生一定的塑性变形而形成花纹,随着花纹的形成,滚花后工件的直径会增大。因此,在滚花前滚花表面的直径就相应车小 0.5 ~ 1.5 mm。

(4)滚花刀的安装

滚花刀的安装应与工件表面平行,如图 6.31 所示。为了减少开始时的径向压力,可用滚花刀宽度的 1/2 或 1/3 进行挤压,或把滚花刀尾部装得略向左偏一些,使滚花刀与工件表面产生一个很小的夹角,这样滚花刀就容易切入工件表面。在停车检查花纹符合要求后,即可纵向机动进给,这样滚压 1 ~ 2 次就可完成。

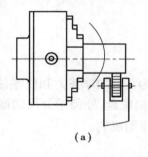 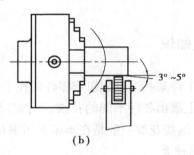

图 6.31　滚花刀的安装

(5)滚花方法

①由于滚花时径向压力较大,因此工件装夹必须牢靠,有可能的情况下,最好采用一顶一夹装夹工件,如图 6.32 所示。

②开始滚压时,挤压力要大,使工件圆周上一开始就形成较深的花纹,这样就不容易产生乱纹。

③滚花时,应取较慢转速,并应浇注充分的冷却润滑液,以防滚轮发热损坏。

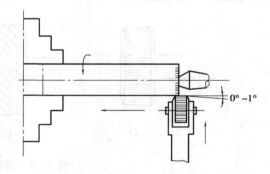

图 6.32　滚花刀与工件的装夹

④加工带有滚花的工件时,通常采用先滚花,再找正工件,然后再精车的方法进行,即滚花工序要安排在精加工之前进行。

(6)滚花时产生乱纹的原因及预防方法

滚花时产生乱纹的原因及预防方法见表6.1。

表 6.1　滚花时产生乱纹的原因及预防方法

废品种类	产生原因	预防措施
乱纹	①工件装夹不牢固,发生窜动 ②工件周长不能被滚花刀模数 m 整除 ③滚花开始时,切入压力太小,或滚花刀与工件接触面积太大,使单位面积压力变小,易形成花纹微浅,出现乱纹 ④滚花刀转动不灵活,或滚花刀齿中有细屑阻塞,有碍滚花刀压入工件 ⑤转速太高,滚花刀与工件容易产生滑动 ⑥滚轮间隙太大,产生径向跳动与轴向窜动等	①工件装夹牢固,最好一顶一夹安装 ②将工件外圆略微车小一些 ③滚花开始时,切入压力加大,减小滚花刀与工件的接触面积,或滚花刀倾斜安装 ④清除滚花刀齿中的细屑,或更换滚花刀 ⑤降低转速 ⑥检查原因,更换小轴

提示

①滚直花纹时,滚花刀的直纹必须与工件轴心线平行。否则挤压的花纹不直。

②在滚花过程中,不能用手和棉纱去接触工件滚花表面,以防发生危险。

③细长工件滚花时,要防止顶弯工件。薄壁工件要防止变形。

④压力过大,进给过慢,压花表面往往会滚出台阶形凹坑。

项目 7

螺纹加工

●教学目标

终极目标:掌握螺纹类零件的车削加工方法。

促成目标:1.了解螺纹的种类及螺纹各要素名称。

2.掌握三角形外螺纹的车削加工方法。

3.掌握三角形内螺纹的车削加工方法。

【项目导读】

（1）螺纹的种类

在各种机械产品中，带有螺纹的零件应用广泛，车削螺纹是常用的方法，也是车工的基本技能之一。

螺纹的种类很多，按形成螺旋线母体的形状可分为圆柱螺纹和圆锥螺纹；按用途不同可分为联接螺纹和传动螺纹；按牙型特征可分为三角形螺纹、矩形螺纹、梯形螺纹和锯齿形螺纹；按螺旋线旋向可分为右旋螺纹和左旋螺纹；按螺旋线的线数可分为单线螺纹和多线螺纹。螺纹的分类如图 7.1 所示。

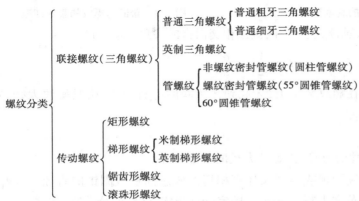

图 7.1　螺纹的分类

（2）螺纹术语

1）螺纹

在圆柱表面上，沿着螺旋线所形成的，具有相同剖面的连续凸起和沟槽，称为螺纹。如图 7.2 所示为车床上车削螺纹的示意图。当工件旋转时，车刀沿工件轴线方向作等速移动即可形成螺旋线，经多次进给后便形成螺纹。

沿向右上升的螺旋线形成的螺纹（即顺时针旋入的螺纹）称为右旋螺纹，简称右螺纹；沿向左上升的螺旋线形成的螺纹（即逆时针旋入的螺

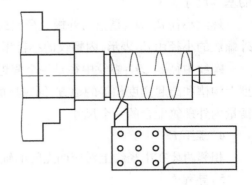

图 7.2　车床上车削螺纹的示意图

纹）称为左旋螺纹，简称左螺纹。在圆柱表面上形成的螺纹称为圆柱螺纹；在圆锥表面上形成的螺纹称为圆锥螺纹。

普通外螺纹和普通内螺纹的基本牙型如图 7.3、图 7.4 所示。

2）螺纹牙型、牙型角和牙型高度

螺纹牙型是在通过螺纹轴线的剖面上，螺纹的轮廓形状。

牙型角 α 是在螺纹牙型上相邻两牙侧间的夹角。

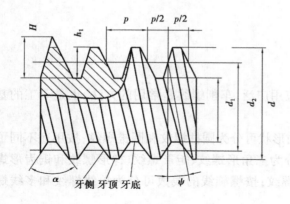

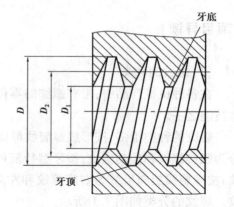

图 7.3　普通外螺纹的基本牙型　　　　**图 7.4　普通内螺纹的基本牙型**

螺纹牙型的理论高度 H 是指螺纹牙型两侧边相交而得的尖角高度。即

$$H = \frac{1}{2}\cot\frac{\alpha}{2}$$

螺纹牙型实际高度 h_1 是在螺纹牙型上，牙底到牙顶间的垂直距离，也是螺纹大径与螺纹小径之差的一半。

3）螺纹直径

公称直径 d：代表螺纹尺寸的直径，指螺纹大径的基本尺寸。

螺纹大径 d、D：是指外螺纹牙顶或内螺纹牙底相切的假想圆柱或圆锥的直径。外螺纹用英文小写 d 表示，内螺纹用英文大写 D 表示。国家标准规定：螺纹的公称直径为螺纹大径的基本尺寸。

螺纹小径 d_1、D_1：是指与外螺纹牙底或与内螺纹牙顶相切的假想圆柱体或圆锥的直径，外螺纹的小径用 d_1 表示，内螺纹的小径用 D_1 表示。

螺纹中径 d_2、D_2：螺纹中径是一个假想的圆柱或圆锥直径，该圆柱或圆锥的素线通过牙型上沟槽和凸起宽度相等的地方，同规格的外螺纹中径 d_2 和内螺纹中径 D_2 尺寸相等，它是衡量内外螺纹配合的一个尺寸。

4）螺距 P

相邻两牙在中径线上对应两点间的轴向距离称为螺距。

5）导程 L

导程是在同一螺旋线上相邻两牙在中径线上对应两点的轴向距离。当螺纹为单线螺纹时，导程与螺距相等（$L = P$）；当螺纹为多线时，导程等于螺旋线数 n 与螺距 P 的乘积，即

$$L = nP$$

6）螺旋升角 ψ

在中径圆柱上，螺旋线的切线与垂直于螺纹轴线的平面之间的夹角，即

$$\tan\psi = P/\pi d_2$$

式中　ψ——螺旋升角；

P——螺距，mm；

d_2——中径，mm。

（3）螺纹的尺寸计算

三角螺纹因其规格及用途不同，可分为普通三角螺纹、英制螺纹和管螺纹 3 种。

1）普通三角螺纹的尺寸计算

普通螺纹是我国应用最广泛的一种三角形螺纹，牙型角为 60°。普通螺纹分粗牙普通螺纹和细牙普通螺纹。

粗牙普通螺纹代号用字母"M"及公称直径表示，如 M16，M18 等。细牙普通螺纹代号用字母"M"及公称直径×螺距表示，如 M20×1.5，M10×1 等。细牙普通螺纹与粗牙普通螺纹的不同点是当公称直径相同时，螺距比较小。

左旋螺纹在代号末尾加注"左"字，如 M6 左、M16×1.5 左等，未注明的为右旋螺纹。

普通螺纹的基本牙型如图 7.3、图 7.4 所示。该牙型具有螺纹的基本尺寸，各基本尺寸的计算如下：

①螺纹大径 $d = D$（螺纹大径的基本尺寸与公称直径相同）。

②中径 $d_2 = D_2 = d - 0.649\,4P$。

③牙型高度 $h_1 = 0.541\,3P$

④螺纹小径 $d_1 = D_1 = d - 1.082\,5P$

2）英制螺纹

英制螺纹在我国应用比较少，螺纹牙型角为 55°，螺纹的公称直径是指内螺纹大径 D，并用尺寸代号表示，螺距是用每英寸（25.4 mm）长度内的螺纹牙数来表示。

3）管螺纹

管螺纹是用在输送气体、液体管子上或管接头上的螺纹。根据螺纹部分的母体，有圆柱管螺纹和圆锥管螺纹两种，圆锥管螺纹有 1∶16 的锥度，它的密封性比圆柱管螺纹好，常用于压力较高的接头处，管螺纹的尺寸代号是指管子孔径的公称直径。常用的管螺纹有 55°密封管螺纹、55°非密封管螺纹和 60°圆锥管螺纹。

任务 7.1　车削加工三角形外螺纹

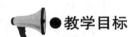 ●教学目标

终极目标：掌握三角形外螺纹的车削加工方法。

促成目标：1. 掌握螺纹的各部分尺寸计算。

　　　　　2. 了解三角形螺纹车刀材料及几何形状。

3. 了解车刀刀尖形状对螺纹牙型的影响。

4. 掌握三角形螺纹的尺寸计算。

5. 掌握螺纹车刀的装夹方法。

6. 熟练掌握低速车削三角形螺纹的操作方法。

7. 会分析螺纹加工时产生废品的原因,能提出预防方法。

● 工作任务

车削加工如图 7.5 所示的三角形普通螺纹,本任务是对轴的端将螺纹按照图表的要求,从大到小反复车削。

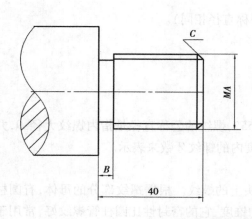

次数	A	B	C	加工方法
1	M48×2	8×3	2×45°	车削
2	M42×3	8×3	3×45°	车削
3	M36	5×3	3×45°	车削
4	M27	5×3	3×45°	车削
5	M24	5×3	3×45°	车削
6	M20	4×2	2×45°	车削、套丝
7	M16	4×2	2×45°	车削、套丝
8	M12	4×2	2×45°	车削、套丝
9	M10	3×1.5	1.5×45°	套丝
10	M8	3×1.5	1×45°	套丝
11	M6	3×1	0.6×45°	套丝

图 7.5 车削三角形普通螺纹的零件图及要求

● 相关知识

三角形螺纹的特点:螺距小、一般螺纹长度短。其基本要求是:螺纹轴向剖面必须正确、两侧表面粗糙度小;中径尺寸符合精度要求;螺纹与工件轴线保持同轴。

7.1.1 外三角形螺纹车刀的刃磨

要车好螺纹,必须正确刃磨螺纹车刀,螺纹车刀按加工性质属于成形刀具,其切削部分的形状应当和螺纹牙型的轴向剖面形状相符合,即车刀的刀尖角应该等于牙型角。

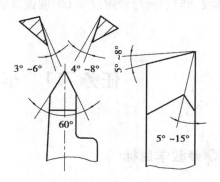

图 7.6 三角形螺纹车刀的几何角度

（1）三角形螺纹车刀的几何角度

三角形螺纹车刀的几何角度如图 7.6 所示。

①刀尖角应该等于牙型角。车普通螺纹时为 60°,英制螺纹为 55°。

②前角一般为 0° ~ 10°。因为螺纹车刀的纵向前角对牙型角有很大影响,所以精车或车精度要求高的螺纹时,径向前角应取得小一些,为 0° ~ 5°。

③后角一般为 5° ~ 10°。因受螺旋升角的影响,进刀方向一面的后角应磨得稍大一些。但大直径、小螺距的三角形螺纹,这种影响可忽略不计。

（2）三角形螺纹车刀的刃磨

1）刃磨要求

①根据粗、精车的要求,刃磨出合理的前、后角。粗车刀前角大、后角小,精车刀则相反。

②车刀的左右刀刃必须使之成直线,无崩刃。

③刀头不歪斜,牙型半角相等。

④车刀刀尖角平分线必须与刀杆垂直。

⑤车刀切削部分必须光滑,具有较小的表面粗糙度值,必要时可用油石光整各刀面。

2）刀尖角的刃磨和检查

由于螺纹车刀刀尖角要求高、刀头体积小,因此刃磨起来比一般车刀困难。在刃磨高速钢螺纹车刀时,若感到发热烫手,必须及时用水冷却,否则容易引起刀尖退火;刃磨硬质合金车刀时,应注意刃磨顺序,一般是先将刀头后面适当粗磨,随后在刃磨两侧面,以免产生刀尖碎裂。在精磨时,应注意防止压力过大而振碎刀片,同时要防止刀具在刃磨时骤冷而损坏刀具。

为了保证磨出准确的刀尖角,在刃磨时可用螺纹角度样板测量,如图 7.7（a）所示。测量时把刀尖角与样板贴合,对准光源,仔细观察两边贴合的间隙,并进行修磨。

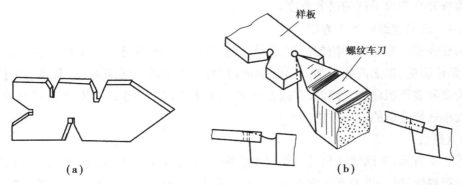

图 7.7 螺纹角度样板

对于具有纵向前角的螺纹车刀,可用一种厚度较厚的特制螺纹样板来测量刀尖角,如图 7.7（b）所示。测量时样板应与车刀底面平行,用透光法检查,这样量出的角度近似等于牙型角。

7.1.2　螺纹车刀的装夹

①装夹车刀时,刀尖一般应对准工件中心(可根据尾座顶尖高度检查)。

②车刀刀尖角的对称中心线必须与工件轴线垂直,装刀时可用样板来对刀,如图7.8(a)所示。如果把车刀装歪,就会产生如图7.8(b)所示的牙型歪斜。

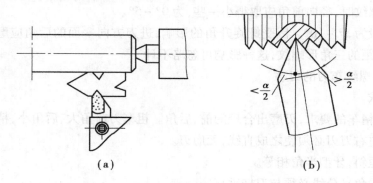

图7.8　螺纹车刀的装夹

③刀头伸出不要过长,一般为20~25 mm(约为刀杆厚度的1.5倍)。

7.1.3　车螺纹时车床的调整

①识读车床铭牌表,了解其相关内容及用途。

②变换手柄位置:一般按工件螺距在进给箱铭牌上找到交换齿轮的齿数和手柄位置,并把手柄拨到所需的位置上。

③调整滑板间隙:调整中、小滑板镶条时,不能太紧,也不能太松。太紧了,摇动滑板费力,操作不灵活;太松了,车螺纹时容易产生"扎刀"。顺时针方向旋转小滑板手柄,消除小滑板丝杠与螺母的间隙。

④检查开合螺母手柄的松紧程度。

7.1.4　三角螺纹的加工方法

在圆柱表面上车出螺旋槽的过程,除了上述准备工作外,由于三角螺纹车刀刀尖强度较差,工作条件恶劣,加之两侧切削刃同时参加切削,会产生较大切削力,易引起工件振动、影响加工精度和表面粗糙度。因此,在进刀方法上应根据不同的加工要求、零件的材质和螺纹的螺距大小选择合适的进刀方法。

(1)直进法

如图7.9所示,车削螺纹只采用中滑板横向进刀,在几次行程后,把螺纹车至所需的尺寸和表面粗糙度,这种进刀方法称直进法,适于螺纹导程在3 mm以下的三角螺纹粗、精车。

(2)左右切削法

如图7.10所示,车螺纹时,除中滑板横向进给外,同时用小滑板将车刀向左或向右作微量移动(俗称借刀或赶刀),经几次行程后把螺纹牙型车好,这种方法称左右切削法。

采用左右切削法车削螺纹时,车刀只有一个面进行切削,这样刀尖受力小,受热情况也有改善,不易引起"扎刀",可相对提高切削用量。但操作较为复杂,牙型两侧的切削余量应

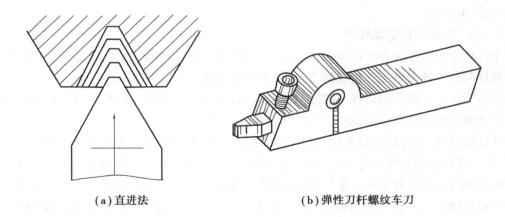

（a）直进法　　　　　　　　　　　（b）弹性刀杆螺纹车刀

图7.9　直进法进刀

合理分配,在小滑板左右微调时,要注意消除小滑板丝杠间隙。车外螺纹时,大部分余量在顺向走刀方向一侧切去;车内螺纹时,为了改善刀柄受力情况,大部分余量应在尾座一侧切去。车精车时,车刀左右进给量一定要小,否则容易造成牙底过宽或不平,此方法适于除车削梯形螺纹钢筋以外的各类螺纹的粗、精加工。

（3）斜进法

如图7.11所示,当螺距较大、螺纹槽较深、切削余量较大时,粗车为了操作方便,除中滑板直进外,小滑板只向一个方向移动,这种进刀方法称斜进法。此方法一般只用于螺纹粗车,并且每边牙侧留约0.2 mm的精车余量,精车时,则应采用左右切削法车削。具体方法是将一侧牙车到位后,再移动车刀精车另一侧,当两侧牙均车到位后,再将车刀移至中间位置,用斜进法把牙底车到位,以保证牙底清晰。

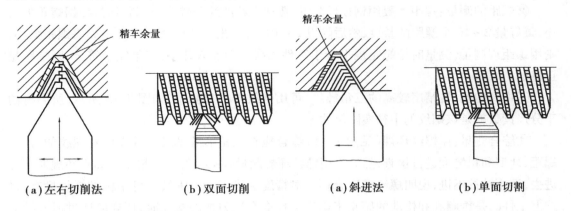

（a）左右切削法　　　　　（b）双面切削　　　　　（a）斜进法　　　　　（b）单面切割

图7.10　左右切削法进刀　　　　　　**图7.11　斜进法进刀**

用左右切削法和斜进法车螺纹时,因车刀是单刃切削,不易产生"扎刀",还可获得较小的表面粗糙度值。但借刀量不能太大,否则易将螺纹车乱或牙顶车尖。

三角螺纹有正扣(右旋)及反扣(左旋),即当主轴正转时,由尾座向卡盘方向车削,加工出来的螺纹为正扣(右旋),当主轴还是正转的情况下,由卡盘向尾座方向车削,加工出来的

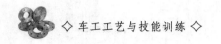

螺纹为反扣(左旋)。

7.1.5 车螺纹时的动作练习

①选择主轴转速为 200 r/min 左右,开动车床,将主轴倒、顺转数次,然后合上开合螺母,检查丝杠与开合螺母的工作情况是否正常,若有跳动和自动抬闸现象,必须消除。

②空刀练习车螺纹的动作,选螺距为 2 mm,长度为 25 mm,转速 165 ~ 200 r/min。开车练习开合螺母的分合动作,先退刀、后提开合螺母,动作应协调。

③试切螺纹,在外圆上根据螺纹长度,用刀尖对准,开车并径向进给,使车刀与工件轻微接触,车一条刻线作为螺纹终止退刀标记,如图 7.12 所示。并记住中滑板刻度盘读数后退刀。将床鞍摇至离端面 8 ~ 10 牙处,径向进给 0.05 mm 左右,调整刻度盘"0"位(以便车螺纹时掌握切削深度),合下开合螺母,在工件上车一条有痕螺旋线,到螺纹终止线时迅速退刀,提起开合螺母,用钢直尺或螺距规检查螺距。

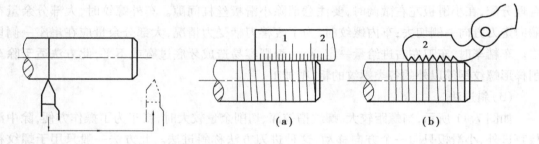

(a)　　　　　　　(b)

图 7.12　试切螺纹及检查

7.1.6 螺纹的测量和检查

①大径的测量:螺纹大径的公差较大,一般可用游标卡尺或千分尺测量。

②螺距的测量:螺距一般用钢板尺测量,普通螺纹的螺距较小,在测量时,根据螺距的大小,最好量 2 ~ 10 个螺距的长度,然后除以 2 ~ 10,就得出一个螺距的尺寸。如果螺距太小,则用螺距规测量,测量时把螺距规平行于工件轴线方向嵌入牙中,如果完全符合,则螺距是正确的。

③中径的测量:精度较高的三角螺纹,可用螺纹千分尺测量,如图 7.13 所示,所测得的千分尺读数就是该螺纹的中径实际尺寸。

④综合测量:用螺纹环规(见图 7.14)综合检查三角形外螺纹。首先应对螺纹的直径、螺距、牙型和粗糙度进行检查,然后再用螺纹环规测量外螺纹的尺寸精度。如果环规通端拧进去,而止端拧不进,说明螺纹精度合格。对精度要求不高的螺纹也可用标准螺母检查,以拧上工件时是否顺利和松动的感觉来确定。检查有退刀槽的螺纹时,环规应通过退刀槽与台阶平面靠平。

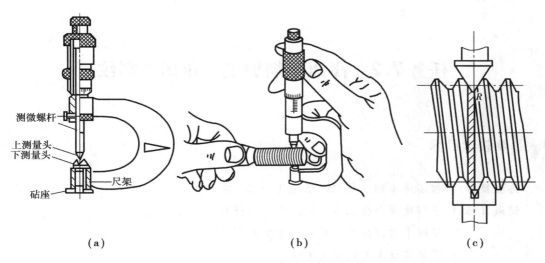

测微螺杆
上测量头
下测量头
尺架
砧座

（a） （b） （c）

图7.13 用螺纹千分尺测量螺纹中径

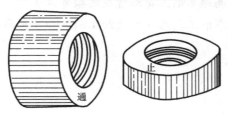

通 止

图7.14 螺纹环规

提示

①车螺纹前要检查主轴手柄位置,用手旋转主轴(正、反),看是否过重或空转量过大。

②由于初学者操作不熟练,宜采用较低的切削速度,并注意在练习时思想要集中。

③车螺纹时,开合螺母必须闸到位,如感到未闸好,应立即起闸,重新进行。

④车螺纹时应注意不能用手去摸正在旋转的工件,更不能用棉纱去擦正在旋转的工件。

⑤车完螺纹后应提起开合螺母,并把手柄拨到纵向进刀位置,以免再开车时撞车。

⑥车螺纹应保持刀刃锋利。如中途换刀或磨刀后,必须重新对刀,并重新调整中滑板刻度。

⑦粗车螺纹时,要留适当的精车余量。

⑧精车时,应首先用最少的赶刀量车光一个侧面,把余量留给另一侧面。

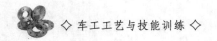

任务7.2 高速车削加工三角形外螺纹

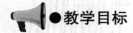

●教学目标

终极目标:掌握高速车削三角形外螺纹的加工方法。

促成目标:1.了解硬质合金三角形螺纹车刀的材料及几何形状。

2.了解车刀刀尖形状对螺纹牙型的影响。

3.掌握螺纹车刀的装夹方法。

4.熟练掌握高速车削三角形螺纹的操作方法。

5.掌握高速车削三角形外螺纹加工的各种注意事项。

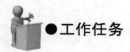

●工作任务

高速车削加工三角形外螺纹的零件图及要求如图7.15所示。

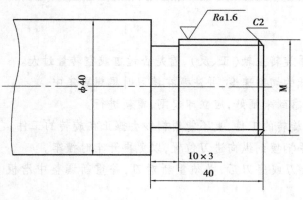

次 数	M
1	M33 × 1.5
2	M30 × 1.5
3	M27 × 2
4	M24

图7.15 高速车削三角形外螺纹的零件图及要求

● 相关知识

工厂中普遍采用硬质合金螺纹车刀进行高速车钢件螺纹,其切削速度比高速钢车刀高 15~20 倍,进刀次数可减少 2/3 以上,生产效率可大大提高。

7.2.1　车刀的选择与装夹

(1)车刀的选择

车铸件时通常选用镶有 YG 类硬质合金刀片的螺纹车刀,车钢件选用镶有 YT15 刀片的硬质合金螺纹车刀,车不锈钢及较硬的材料时选用镶 YW 类硬质合金刀片的螺纹车刀,其刀尖角应小于螺纹牙型角 30′~1°;后角一般为 3°~6°,车刀前面和后面要经过精细研磨。硬质合金螺纹车刀的几何角度如图 7.16 所示。

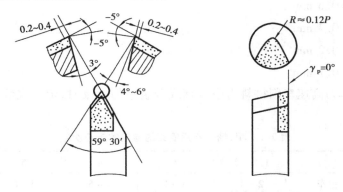

图 7.16　硬质合金螺纹车刀的几何角度

(2)车刀的装夹

除了符合螺纹车刀的装夹要求外,为了防止振动和"扎刀",刀尖应略高于工件中心,一般高 0.1~0.3 mm。

7.2.2　机床的调整和动作练习

(1)机床的调整

①调整床鞍和中、小滑板,使之无松动现象,小滑板应紧一些。

②开合螺母要灵活。

③机床离合器摩擦片要调整得松紧合适。

④机床无显著振动,有足够的刚性。

(2)动作练习

车削前作空刀练习,选择主轴转速为 200~500 r/min。要求进刀、退刀、提起开合螺母动作迅速、准确、协调。

7.2.3　高速车螺纹

(1)进刀方式

车削时只能用直进法。

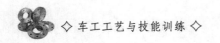

（2）切削用量的选择

切削速度一般取 50～100 m/min，切削深度开始大些（大部分余量在第一刀、第二刀车去），以后逐步减少，但最后一刀应不少于 0.1 mm。一般高速切削螺距为 1.5～3 mm，材料为中碳钢的螺纹时，只需 3～7 次进刀即可完成。

例如，螺距为 1.5 mm，2 mm，其切削深度分配如下：

$P = 1.5$ mm，总切削深度为 $0.65P = 0.975$ mm。

第一刀切深 $= 0.5$ mm

第二刀切深 $= 0.35$ mm

第三刀切深 $= 0.1$ mm

$P = 2$ mm，总切削深度为 $0.65P = 1.3$ mm。

第一刀切深 $= 0.6$ mm

第二刀切深 $= 0.4$ mm

第三刀切深 $= 0.2$ mm

第四刀切深 $= 0.1$ mm

用硬质合金车刀高速车削材料为中碳钢或合金钢的螺纹时，走刀次数可参考表 7.1 的数据。

表 7.1 粗、精车不用螺距的螺纹的走刀次数

螺距/mm		1.5～2	3	4	5	6
走刀次数	粗车	2～3	3～4	4～5	5～6	6～7
	精车	1	2	2	2	2

（3）加工注意事项

高速车削三角螺纹切削过程中一般不加注切削液。

 提示

①高速车螺纹前，要先作空车练习，车床主轴转速应逐步提高，要有一个适应的过程。

②高速车螺纹时，由于工件材料受车刀挤压使外径胀大，因此工件外径应比螺纹大径的基本尺寸小 0.2～0.4 mm。

③车削时，切削力较大，工件必须夹紧，小滑板应调整得紧一些，否则容易移位产生乱牙现象。

④发现车刀刀尖处的"积屑瘤"时，要及时清除。

⑤一旦发生车刀刀尖"扎入"工件，引起崩刃或螺纹侧面有伤痕时，应及时停车，清除嵌入工件的硬质合金碎粒，然后用高速钢螺纹车刀低速修整后，才能继续车削。

⑥用螺纹环规检查前，应去除牙顶毛刺（提起开合螺母手柄，降低转速，用锉刀小心清

理）。

⑦高速切削螺纹时切屑流出速度很快，而且多为整条锋利的带状切屑，不能用手去拉，应停车后，用专用的工具清除。

⑧因高速车螺纹时操纵比较紧张，加工时必须思想集中，胆大心细，眼准手快，特别是在进刀时，要注意中滑板不要多摇一圈，否则会造成刀尖崩刃、工件顶弯或工件飞出等事故。

任务7.3 车削加工三角形内螺纹

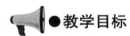

●教学目标

终极目标：掌握三角形内螺纹的车削加工方法。

促成目标：1. 了解三角形内螺纹车刀材料及几何形状。

2. 掌握三角形内螺纹底孔直径的计算。

3. 正确装夹三角形内螺纹车刀。

4. 熟练掌握车削三角形内螺纹的操作方法。

5. 掌握车削三角形内螺纹操作的注意事项。

●工作任务

车削加工普通三角形内螺纹的零件图及要求如图7.17所示。

加工步骤如下：

①夹住外圆，找正平面。

②粗、精车内孔（练习前应先计算底孔直径）。

③两端孔口倒角45°，宽2 mm。

④粗、精车M30×1.5内螺纹，达到图样要求。

●相关知识

三角形内螺纹工件的形状常见的有3种，即通孔、不通孔和台阶孔，如图7.18所示。其

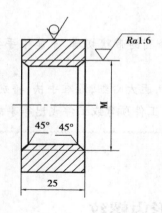

次　数	M
1	M30×1.5
2	M33×2

图 7.17　车削加工普通三角形内螺纹的零件图及要求

中通孔内螺纹容易加工。在加工内螺纹时,由于车削的方法和工件形状的不同,因此所选用的螺纹车刀也不相同。

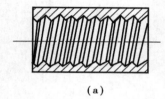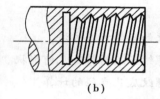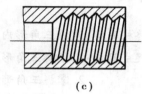

（a）　　　　　　　　　　　（b）　　　　　　　　　（c）

图 7.18　三角形内螺纹工件的常见形状

工厂中最常见的内螺纹车刀如图 7.19 所示。

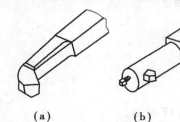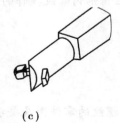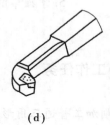

（a）　　　　　（b）　　　　　（c）　　　　　（d）

图 7.19　常见的内螺纹车刀

7.3.1　内螺纹车刀的选择和装夹

（1）内螺纹车刀的选择

内螺纹车刀是根据它的车削方法和工件材料及形状来选择的。它的尺寸大小受到螺纹孔径尺寸的限制,一般内螺纹车刀的刀头径向长度应比孔径小 3～5 mm,否则退刀时要碰伤牙顶,甚至不能车削。刀杆的大小在保证排屑的前提下,要粗壮些。

（2）车刀的刃磨和装夹

内螺纹车刀的刃磨方法和外螺纹车刀基本相同。但是刃磨刀尖时要注意它的平分线必须与刀杆垂直,否则车内螺纹时会出现刀杆碰伤内孔的现象,如图 7.20 所示。刀尖宽度应符合要求,一般为0.1×螺距。

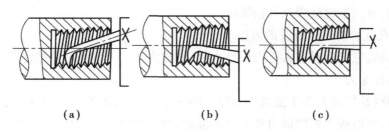

(a)　　　　　　　(b)　　　　　　　(c)

图7.20　刀尖刃磨不正确刀杆碰伤内孔

在装刀时,必须严格按样板找正刀尖,否则车削后会出现倒牙现象。刀装好后,应在孔内摇动床鞍至终点,检查是否碰撞,如图7.21所示。

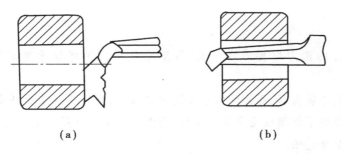

(a)　　　　　　　　　　(b)

图7.21　找正刀尖和检查干涉

7.3.2　三角形内螺纹孔径的确定

在车内螺纹时,首先要钻孔或扩孔,孔径尺寸一般可计算为

$$D_{孔} \approx d - 1.05P$$

7.3.3　车内螺纹的方法

(1)车通孔内螺纹的方法

①车内螺纹前,先把工件的内孔、平面及倒角车好。

②开车空刀练习进刀、退刀动作,车内螺纹时的进刀和退刀方向和车外螺纹时相反,进行如图7.22所示的练习。练习时,需在中滑板刻度圈上作好退刀和进刀的标记。

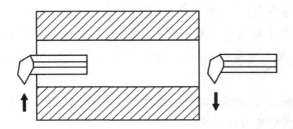

图7.22　进、退刀练习

③进刀切削方式和外螺纹相同,螺距小于1.5 mm或铸铁螺纹采用直进法;螺距大于2 mm采用左右切削法。为了改善刀杆受切削力的变形,它的大部分余量应先在尾座方向上

切削掉,再车另一面,最后车螺纹大径。车内螺纹时目测困难,一般根据观察排屑情况进行左右赶刀切削,并判断螺纹表面的粗糙度。

(2)车盲孔或台阶孔内螺纹的方法

①车退刀槽,它的直径应大于内螺纹大径,槽宽为2~3个螺距,并把台阶平面切平。

②选择盲孔车刀。

③根据螺纹长度加上1/2槽宽在刀杆上作好标记,作为退刀、开合螺母起闸之用。

④车削时,中滑板手柄的退刀和开合螺母的起闸动作要迅速、准确、协调,保证刀尖在槽中退刀。

⑤切削用量和切削液的选择与车外三角螺纹时相同。

 提示

①内螺纹车刀的两刃口要刃磨平直,否则会使车出的螺纹牙型侧面不直,影响螺纹精度。

②车刀的刀头不能太窄,否则螺纹已车到规定深度,而中径尚未达到要求的尺寸。

③由于车刀刃磨不正确或由于装刀歪斜,会使车出的内螺纹一面正好能用塞规拧进,另一面却拧不进或配合过松。

④车刀刀尖要对准工件中心,如车刀装得高,车削时引起振动,使工件表面产生鱼鳞斑现象;如车刀装得低,刀头下部会与工件发生摩擦,车刀切不进去。

⑤内螺纹车刀刀杆不能选择得太细,否则由于切削力的作用,引起震颤和变形,出现"扎刀""啃刀""让刀"和发出不正常的声音和振纹等现象。

⑥小滑板宜调整得紧一些,以防车削时车刀移位产生乱扣。

⑦加工盲孔内螺纹,可以在刀杆上作标记或用薄铁皮作标记,也可用床鞍刻度的刻线等来控制退刀,避免车刀碰撞工件而报废。

⑧赶刀量不宜过多,以防精车时没有余量。

⑨车内螺纹时,如发现车刀有碰撞现象,应及时退刀,以防车刀移位而损坏牙型。

⑩螺纹车刀要保持锋利,否则容易产生"让刀"。

⑪因"让刀"现象产生的螺纹锥形误差(检查时,只能在进口处拧进几牙),不能盲目地加大切削深度,这时必须采用趟刀的方法,使车刀在原来的切刀深度位置反复车削,直至全部拧进。

⑫用螺纹塞规检查,应过端全部拧进,感觉松紧适当;止短拧不进。检查不通孔螺纹,过端拧进的长度应达到图样要求的长度。

⑬车内螺纹过程中,当工件在旋转时,不可用手摸工件,更不可用棉纱去擦工件,以免造成事故。

任务 7.4　车削圆锥管螺纹

●教学目标

终极目标:掌握圆锥管螺纹的车削加工方法。

促成目标:1.掌握管螺纹的种类及应用场合。

2.了解圆锥管螺纹车刀材料及几何形状。

3.了解车刀刀尖形状对螺纹牙型的影响。

4.掌握圆锥管螺纹的尺寸计算方法。

5.掌握螺纹车刀的装夹方法。

6.熟练掌握低速车削圆锥管螺纹的操作方法。

7.会分析螺纹加工时产生废品的原因,能提出预防方法。

●工作任务

完成如图 7.23 所示管接头的圆锥管螺纹加工任务。

公称直径		1/2″	3/4″	1″
每时牙数		14	14	11
螺距 P		1.814	1.814	2.309
基准距离 L_1		8.2	9.5	10.4
有效螺纹长度 L_2		13.2	14.5	16.8
基面上螺纹直径	大径 d	20.955	26.441	33.249
	中径 d_2	19.793	25.279	31.770
	小径 d_1	18.631	24.117	30.291

实训内容	实训材料	实训次数	单件工时/min
车圆锥管螺纹	管料	各1	80

图 7.23　车削圆锥管螺纹接头的零件图及要求

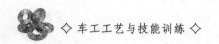

加工步骤如下：

①三爪卡盘夹持管料外圆,伸出长度35～40 mm,校正并夹紧。

②车端面。

③逆时针转动小滑板1°47′24″,车外圆锥面至要求,倒角C1。

④用手赶刀(径向退刀)车圆锥管螺纹至尺寸。

⑤清除毛刺。

⑥检验。

⑦调头夹持工件,用同样的方法车另一端圆锥管螺纹。

 ●相关知识

管螺纹是一种特殊的英制细牙螺纹,主要应用于流通气体和液体的管子、管接头、旋塞、阀门及其他附件上,使用范围仅次于普通三角螺纹,牙型角有55°和60°两种。为了方便计算管子中的流量,通常管螺纹以管子的孔径作为其公称直径。

7.4.1 管螺纹的种类

常见的管螺纹有55°非螺纹密封管螺纹、55°圆锥密封管螺纹、60°螺纹密封管螺纹3种,我国已根据国际通用的管螺纹制订了标准,见表7.2。

表7.2 管螺纹的种类、名称、代号和标注方法

名称及标准号	螺纹代号		标注示例		附 注
55°圆锥密封管螺纹（GB/T 7306—2000）	圆锥内螺纹	Rc	Rc1/8	Rc1/4	螺纹副本身具备密封,允许在螺纹副中添加合适的密封介质,如缠胶带或涂密封胶等
	圆锥外螺纹	R	R1/8	R1/4	适用于管子、管接头、旋塞、阀门以及其他管路附件的螺纹连接
	圆柱内螺纹	Rp	Rp1/8	Rp1/4	
55°非螺纹密封管螺纹（GB/T 7307—2001）	内/外圆柱螺纹	G	G1/8	G1/4	螺纹副本身不具备密封性的圆柱管螺纹　若要求密封,应在螺纹外设计密封结构,如塑胶圆锥面和平端面等
60°螺纹密封管螺纹（GB/T 12716—2002）	内/外圆锥螺纹	NPT	NPT1/8	NPT1/4	螺纹副本身具备密封,允许在螺纹副中添加合适的密封介质,如缠胶带或涂密封胶等　可组成两种密封配合形式：圆锥内/外螺纹组成"锥/锥"配合;圆柱内螺纹与圆锥外螺纹组成"柱/锥"配合
	圆柱内螺纹	NPSC	NPSC1/8		

7.4.2 圆锥管螺纹的技术要求

圆锥管螺纹的螺纹部分均有 $1:16$ 的锥度,圆锥半角为 $1°47'24''$;螺纹的大径、中径和小径应在基面内测量,基面离管端长度 L_2、有效长度 L_1,均应符合标准要求;保持有效长度 L_1 与螺纹收尾之间有 $3\sim4$ 圈螺纹,带平顶和不完的底部。圆锥管螺纹的结构形式如图 7.24 所示。

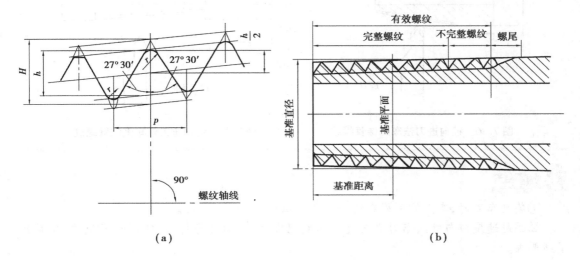

(a) (b)

图 7.24 圆锥管螺纹的结构形式

7.4.3 圆锥管螺纹的车削方法

圆锥管螺纹的基本车削方法与车削普通三角螺纹相同,所不同的是解决螺纹锥度问题,常用的方法有手赶法、靠模法和尾座偏移法等,这里仅介绍手赶法。

手赶法就是在车削螺纹时,径向手动退刀或进刀,使刀尖沿着与圆锥素线平行的方向运动,以保证螺纹的锥度和尺寸的方法。

由于锥度由手动来保证,加工精度不高,一般仅用于精度较低的单件小批量生产。

(1)径向退刀法(正车圆锥管螺纹的方法)

径向退刀法车削螺纹时,床鞍自右向左纵向移动的同时,手动摇动中滑板丝杠手柄作径向均匀退刀运动,如图 7.25 所示,车出圆锥管螺纹。

径向退刀法车削螺纹的关键是手动退刀的动作要平稳均匀,退刀速度要与车螺纹的速度协调一致。

(2)径向进刀法(反车圆锥管螺纹的方法)

1)车正锥管螺纹

将螺纹车刀反装,即前面向下,车床主轴反转,螺纹车刀由左向右移动的同时使中滑板径向均匀进刀,如图 7.26 所示,车出圆锥管螺纹。

2)车倒锥管螺纹

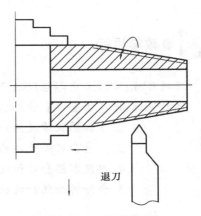

图 7.25 径向退刀法

车削时,车床主轴正转,床鞍带动螺纹车刀自右向左移动的同时,手动使中滑板径向均匀进刀,如图 7.27 所示,车出圆锥管螺纹。这种方法常用于车削长度较短的管接头。

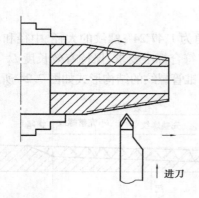

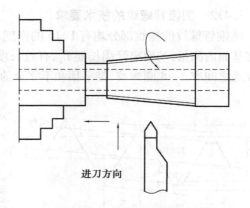

图 7.26　径向进刀法车正锥管螺纹　　　　图 7.27　径向进刀法车倒锥管螺纹

 提示

①装夹车刀时,车刀的两刃夹角平分线应垂直于工件轴心线。

②手赶速度应与螺纹车刀纵向进给速度配合好,否则容易打刀、使两侧不光整、质量达不到要求。

③用管螺纹接头检测所车削的管螺纹时,应以基面为准,保证有效长度,掌握好"松三紧四"的原则。

任务 7.5　套丝和攻丝加工螺纹

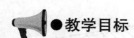 ●**教学目标**

终极目标:掌握三角形螺纹的套丝和攻丝加工螺纹的加工方法。

促成目标:1. 掌握套丝和攻丝前螺纹的各部分尺寸计算方法。

2. 掌握圆板牙及丝锥的材料、结构及几何形状。

3. 了解套丝和攻丝的技术要求。

4. 熟练掌握套丝和攻丝加工螺纹的操作方法。

5. 会分析套丝和攻丝出现问题的原因,掌握应注意的事项。

●工作任务

1.在车床上用板牙套如图7.28所示零件的三角形外螺纹。

加工步骤如下：

①三爪卡盘夹持外圆,校正并夹紧。

②车外圆、车端面、倒角。

③用板牙套丝。

④检验。

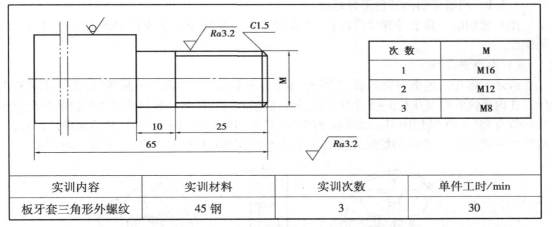

次 数	M
1	M16
2	M12
3	M8

实训内容	实训材料	实训次数	单件工时/min
板牙套三角形外螺纹	45 钢	3	30

图7.28 板牙套三角形外螺纹的零件图及要求

2.在车床上用丝锥攻制如图7.29所示零件的三角形内螺纹。

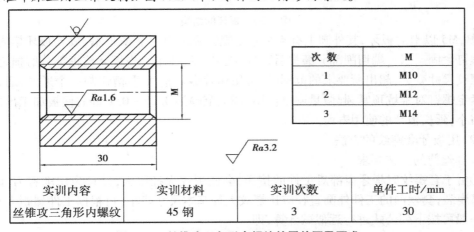

次 数	M
1	M10
2	M12
3	M14

实训内容	实训材料	实训次数	单件工时/min
丝锥攻三角形内螺纹	45 钢	3	30

图7.29 丝锥攻三角形内螺纹的零件图及要求

加工步骤如下：

①三爪卡盘夹持外圆,校正并夹紧。

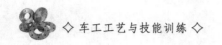

②车端面、钻底孔、倒角。

③用丝锥攻丝。

④检验。

 ●相关知识

在普通车床上,除了用螺纹车刀车削加工各种内、外螺纹外,对于精度要求不高,直径和螺距较小的螺纹,一般采用板牙和丝锥进行加工。

7.5.1 用板牙切削三角形外螺纹

用板牙切削三角形外螺纹俗称套丝(或板牙),一般用于小于 M16 或螺距小于 2 mm 的外螺纹。

(1)板牙的结构

板牙大多用高速钢材料制成,其结构如图 7.30 所示,它很像一个圆螺母(板牙也称圆板牙),在内螺纹的周围开有 3 ~ 5 个排屑孔,用以容纳和排出切屑。排屑孔与内螺纹的相交处形成前角为 15° ~ 20°的切削刃。螺纹板牙两端孔口是切削部分($2\kappa_r = 50°$),其后面经过铲磨,开成约 6° ~ 8°的后角,中间的螺纹为校正部分,板牙两面都有切削刃,因此正反都可以使用。

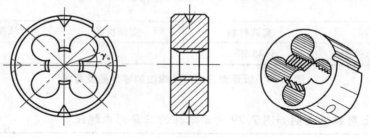

图 7.30 板牙的结构

M3,M5 以上的板牙,其外圆上有 4 个紧定螺钉锥坑和一个 V 形槽,放入板牙架内后,由紧定螺钉紧固。当一端切削部分磨损后,可以换另一端使用。当板牙校正部分磨损之后,套出的螺纹尺寸变大,超出所要求的范围时,可用锯片砂轮沿 V 形槽切割一个通槽,通过板牙架上紧定螺钉对锥坑顶紧,起微量调整作用,调整范围为 0.25 ~ 0.1 mm,使被加工出的螺纹尺寸缩小,延长板牙的使用寿命。

(2)用板牙套螺纹的方法

1)套丝前的工艺要求

①由于套螺纹时板牙齿部对工件的挤压,会使螺纹大径胀大,并且为切削省力,防止板牙齿部崩裂,套丝前的工件外圆直径应比螺纹大径基本尺寸略小(可根据工件螺距大小来决定),一般可按下列公式进行近似试计算,即

$$D_0 = d - (0.13 ~ 0.5)P$$

式中　d——圆柱直径,mm;

　　　D——螺纹大径,mm;

　　　P——螺距,mm。

②工件端面必须倒角,倒角应小于45°。倒角后的小端直径应小于螺纹小径,使板牙容易切入工件。

③套丝前必须找正尾座,使之与车床主轴轴线水平方向的偏移量不得大于0.05 mm。

④板牙装入板牙架,必须使板牙端面与主轴轴线垂直。

2)套丝方法

用套螺纹的工具套螺纹,如图7.31所示,其具体方法如下:

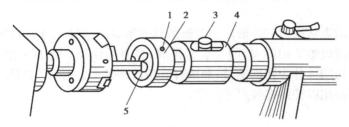

图7.31　用套螺纹的工具套螺纹

1—螺钉;2—滑动套筒;3—挡销;4—工具体;5—板牙

①先将套丝工具体装在尾座套筒内。

②板牙5装入套筒2内,用螺钉1对准板牙上的锥孔后拧紧。

③将车床尾座移到接近工件一定距离(约20 mm),并进行锁紧。

④转动尾座手轮,使板牙接近工件端面。

⑤开动机床主轴,加注切削液。

⑥再转动尾座手轮使板牙切入工件,当板牙已切入工件就不再转动手轮,仅由滑动套筒在工具体的导向键槽中随着板牙沿着工件轴线向前切削螺纹。

⑦待板牙切削到所需的长度位置时,开反车使主轴反转,退出板牙。

3)切削速度和切削液的选择

切削钢料时,$v_c = 3 \sim 4$ m/min。

切削铸铁时,$v_c = 2 \sim 3$ m/min。

切削黄铜时,$v_c = 6 \sim 9$ m/min。

冷却液:在钢件上套丝时,一般选用硫化切削油;低碳钢可选用工业植物油;铸铁一般不用切削液或可用煤油。

 提示

①套丝前要检查板牙的齿形是否有损坏。

②装夹板牙不能歪斜。

③套螺纹工件直径应偏小一些,否则容易产生"烂牙"。

④塑性材料套螺纹时,应充分浇注冷却润滑液。

⑤套丝工具在尾座套筒中要装紧,以防套丝时切削力过大,使其在尾座套筒中打转,从而损坏尾座的内锥孔表面。

7.5.2 用丝锥攻制三角形内螺纹

用丝锥切削加工内螺纹的方法称为攻螺纹或攻丝。一般直径较小和螺距较小的三角形螺纹可用丝锥直接攻制加工出来。

（1）丝锥的结构和形状

丝锥是用于加工内螺纹的成形多刃标准刀具，可加工车刀无法车削的小直径内螺纹，而且操作方便，生产效率高，工件的互换性能好，常用的丝锥有手用丝锥、机用丝锥和圆锥管螺纹丝锥等。

如图 7.32 所示为常用的三角形牙型丝锥的结构形状。丝锥上开有容屑槽，这些槽形成了丝锥的前面，构成丝锥的切削刃，同时也起排屑、容屑的作用。它的工作部分由切削部分与校准部分组成；切削部分为切削锥，铲磨成有后角的圆锥形，它承担主要的切削工作；校准部分有完整的齿形，用以控制螺纹尺寸参数。

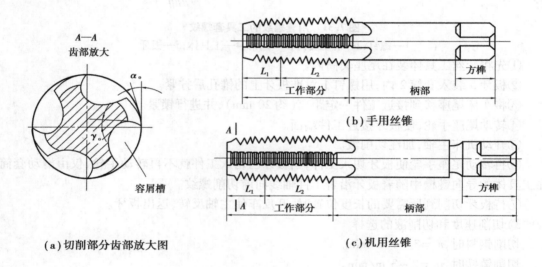

图 7.32 三角形牙型丝锥的结构形状

1）手用丝锥

手用丝锥分有两支一套和 3 支一套两种，俗称头攻、二攻和三攻。在攻制螺纹时必须按顺序使用，常用的手用丝锥一般用合金工具钢（如 9SiCr）和轴承钢（如 GCr 9）制造。

手用丝锥主要是钳工手工操作攻制内螺纹时使用，常用于单件、小批量生产或修配工作，其生产效率低，工人的劳动强度大。

2）机用丝锥

机用丝锥与手用丝锥形状基本相似，只是在柄部位置多了一环槽，用以防止丝锥从攻螺纹工具中脱落，机用丝锥都用高速钢制造，通常用单只攻制螺纹，一次成形效率高，而且机用丝锥的齿形一般经过螺纹磨床磨削及齿侧面铲磨，攻制出的内螺纹精度较高，表面粗糙度值较小。

（2）用丝锥攻螺纹的方法

1）攻丝前的工艺要求

①攻丝前孔径 $D_{孔}$ 的确定：在车床上攻制直径不大的内螺纹，通常在加工出内孔孔径以

后直接用丝锥攻出。攻螺纹前孔径大小的确定对内螺纹质量有很大影响,如果孔径过大,攻制的螺纹不能得到完整的牙型;如果孔径太小,使切削转矩增大,加工出的螺纹质量差,甚至易使丝锥折断。攻螺纹前的孔径一般应比内螺纹小径的基本尺寸大一些,因为在丝锥挤压力的作用下,把一部分材料挤到丝锥的牙底处,使孔径缩小。被加工材料韧性越好,孔径缩小越多。普通螺纹攻螺纹前的孔径可根据以下经验公式计算:

加工钢件和塑性较大的材料时

$$D_{孔} \approx D - P$$

加工铸件和塑性较小的材料

$$D_{孔} \approx D - 1.05P$$

式中　D——螺纹大径,mm;

　　　$D_{孔}$——攻螺纹前底孔直径,mm;

　　　P——螺纹螺距,mm。

②攻制不通孔螺纹底孔深度的确定:攻制不通孔螺纹时,由于丝锥前端的切削刃不能攻制出完整的牙型,因此,钻孔深度要大于规定的孔深。通常钻孔深度约等于螺纹的有效长度加上螺纹公称直径的0.7倍。

③孔口倒角:钻孔或扩孔至攻螺纹底孔直径后,须在孔口倒角,直径应大于螺纹的大径。

2)攻制螺纹的方法

在车床上攻制螺纹前,须先找正尾座轴线,使之与车床主轴轴线重合。攻制小于M16的内螺纹时,先钻底孔,倒角后直接用丝锥一次攻成;攻制螺距较大的螺纹时,钻孔后,先车内孔至底孔直径,然后粗车内螺纹,再用丝锥进行攻制。也可以采用分丝锥切削法,即先用头锥,再用二锥和三锥分次切削。用攻丝工具攻制螺纹如图7.33所示,其具体方法如下:

①将攻丝工具的锥柄装入尾座锥孔中。

②将丝锥装入攻丝工具的方孔中。

③根据螺纹的有效长度,在丝锥或攻丝工具上作出长度标记。

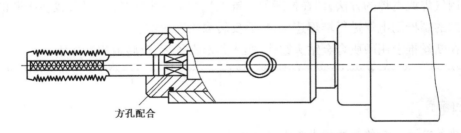

方孔配合

图7.33　用攻丝工具攻制螺纹

④转动尾座手轮,使丝锥接近工件端面,锁紧尾座。

⑤开动机床主轴,加注切削液。

⑥再转动尾座手轮使丝锥导向部分切入工件,当丝锥已切入工件就不再转动手轮,仅由滑动套筒在工具体的导向键槽中随着丝锥沿着工件轴线向前切削螺纹。

⑦待丝锥切削到所需要的长度位置时,开反车使主轴反转,退出丝锥。

3)切削速度和切削液的选择

攻钢料和塑性较大的材料时

$$v_c = 2 \sim 4 \text{ m/min}$$

攻铸铁和脆性较大的材料时

$$v_c = 4 \sim 6 \text{ m/min}$$

冷却液:在钢件上攻丝时,一般选用硫化切削油、机油、乳化油;低碳钢可选用工业植物油;铸铁一般不用切削液或可用煤油。

（3）丝锥折断的原因及防护措施

1)丝锥折断的原因

①攻丝前,螺纹的底孔直径太小,切前余量太大。

②丝锥轴线与工件轴线不重合,造成切削力不均匀,单边受力过大。

③切削速度过高。

④丝锥磨损或工件材料硬而黏性大,并且没有很好的润滑。

⑤在攻制盲孔螺纹时,未注意螺纹长度,将丝锥顶到孔底造成丝锥折断。

2)预防措施

①按允许的底孔直径的最大极限尺寸进行扩孔。

②调整尾座中心,使其与工件的旋转轴线重合。

③分多次进刀,并经常退出丝锥以清除切屑和加注切削液。

④选用摩擦杆攻丝工具,其摩擦力调整要适当。

3)断丝锥的取出方法

①如果孔外有断丝锥的露出部分,要用尖嘴钳夹住露出部分反拧出断丝锥,或用冲子反方向冲出断丝锥。

②当丝锥折断在孔内时,可用三根钢丝插入丝锥槽中,反方向转出断丝锥。

③用气焊或电焊的方法,即在折断的丝锥上气焊上一个接长的弯杆,或在折断的丝锥上放一废旧的螺栓用电焊进行堆焊连接,然后反转取出断丝锥。

④在断丝锥上用硬质合金钻头钻孔,楔入方形楔子后,反转取出断丝锥。

提示

①攻丝前要检查丝锥的齿形是否有损坏。

②装夹丝锥要牢固,不能歪斜。

③攻丝前,螺纹工件底孔直径应合适,否则容易产生牙型不完整或"烂牙"。

④塑性材料攻丝时,应充分浇注冷却润滑液。

⑤攻制盲孔螺纹时,必须在攻丝工具(或尾座套筒)上标记好长度尺寸,以防止丝锥折断。

⑥在用一套丝锥攻制螺纹时,一定要分清头攻、二攻和三攻,按顺序使用。

⑦最好采用有浮动装置的攻丝工具。

7.5.3 攻丝和套丝时的质量分析

攻丝和套丝时产生废品的原因和预防方法见表7.3。

表7.3 攻丝和套丝时产生废品的原因和预防方法

废品种类	产生原因	预防方法
牙型高度不够	①外螺纹的外圆车得太小 ②内螺纹的底孔直径太大	按计算的尺寸加工外圆或内孔
螺纹歪斜	①丝锥和板牙安装歪斜 ②丝锥和板牙初接触工件时受力不均匀	①找正尾座与主轴的同轴度,控制在0.05 mm以内 ②丝锥和板牙初接触工件时用力要平缓
螺纹表面粗糙度值大	①切削速度太高 ②切削液量缺少或选择不当 ③丝锥和板牙齿部崩裂 ④容屑槽内切屑堵塞	①降低切削速度 ②合理选择和充分浇注切削液 ③修磨或更换丝锥或板牙 ④经常清除容屑槽内的切屑
烂牙	①套螺纹前外径车得过大,攻螺纹前底孔钻得过小 ②丝锥和板牙崩刃,并有积屑瘤 ③丝锥和板牙安装歪斜 ④切削塑性材料时未加注切削液	①按计算的尺寸加工外圆或内孔 ②修磨或更换丝锥或板牙 ③重新安装丝锥或板牙并找正尾座位置 ④合理选择和充分浇注切削液
螺纹已废或断丝锥取不出来	以上几种原因	如果工件允许,可在其他位置重新钻孔或攻丝

任务7.6 车削加工矩形螺纹

●教学目标

终极目标:掌握矩形螺纹零件的车削加工方法。

促成目标:1. 了解矩形螺纹的齿形特点。

2. 了解矩形螺纹车刀的几何角度及刀具的刃磨要求。

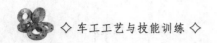

3.掌握车矩形螺纹时的进刀方法。

4.能熟练控制车削时的进刀量。

●工作任务

车削加工矩形螺纹的零件图及要求如图 7.34 所示。

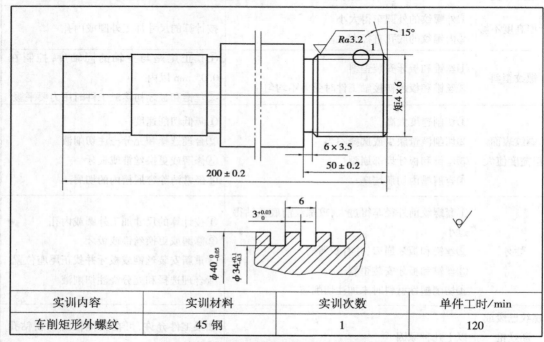

实训内容	实训材料	实训次数	单件工时/min
车削矩形外螺纹	45 钢	1	120

图 7.34　车削加工矩形螺纹的零件图及要求

加工步骤如下：

①钻中心孔,一夹一顶装夹工件。

②粗、精车各端面及外圆至尺寸。

③车槽6×3.5 深。

④两端倒角15°,端面小径≤φ34 mm。

⑤粗、精车矩 40×6 螺纹至要求,其中表面粗糙度值 $Ra3.2$ μm、槽宽 3.03 mm、牙顶宽 2.97 mm、牙深3.15 mm。

⑥检查、卸车。

●相关知识

7.6.1　矩形螺纹的基本概念

矩形螺纹是一种非标准螺纹,加工方便,传动精度低,多用于一些起重螺纹等工具上。在零件图上的螺纹标注中不用代号表示,须直接注明"矩"及螺纹"公称直径×螺距",如"矩36×6"。

7.6.2　矩形螺纹的尺寸计算及技术要求

矩形螺纹的牙型如图7.35所示,它的理论牙型为一正方形,螺纹的牙型宽、牙槽宽、牙型深度(不包括间隙)都等于螺距的一半。但由于内外螺纹配合时需有相对运动,在牙顶、牙底和牙侧间都须有一定的间隙,因此,实际牙型并不是正方形的。

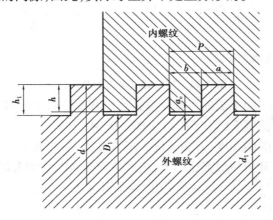

图7.35　矩形螺纹的牙型

矩形螺纹的各部分尺寸计算为

$$b = 0.5P + (0.02 \sim 0.04)$$
$$a = P - b$$
$$h_1 = 0.5P + (0.1 \sim 0.2)$$
$$d_1 = d - 2h_1$$

式中　P——螺距,mm;

　　　a——齿宽,mm;

　　　b——槽宽,mm;

　　　h_1——牙型高度,mm;

　　　d——螺纹公称直径,mm;

　　　d_1——外螺纹小径,mm。

例7.1　车削 M60×10 的螺纹,试计算该矩形螺纹各部分基本尺寸。

解　根据计算矩形螺纹基本尺寸的相关公式可得

槽宽:$b = 0.5P + (0.02 \sim 0.04) = 0.5 \times 10 \text{ mm} + 0.03 \text{ mm} = 5.03 \text{ mm}$

齿宽:$a = P - b = 10 \text{ mm} - 5.03 \text{ mm} = 4.97 \text{ mm}$

牙型高度：$h_1 = 0.5P + (0.01 \sim 0.02) = 0.5 \times 10 \text{ mm} + 0.15 \text{ mm} = 5.15 \text{ mm}$

外螺纹小径：$d_1 = d - 2h_1 = 60 \text{ mm} - 2 \times 5.15 \text{ mm} = 49.7 \text{ mm}$

7.6.3 矩形螺纹车刀的几何角度及刃磨要求

矩形螺纹车刀与车槽刀很相似，它的几何角度如图 7.36 所示。刃磨时应注意以下几点：

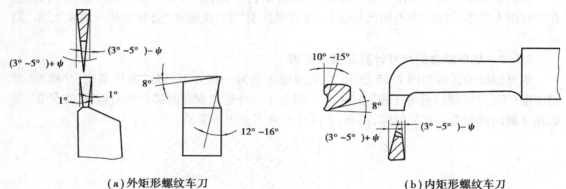

（a）外矩形螺纹车刀　　　　　　　（b）内矩形螺纹车刀

图 7.36　矩形螺纹车刀的几何角度

①精车矩形螺纹车刀的主切削刃宽度直接决定着螺纹的牙槽宽，必须刃磨得准确，其主切削刃的宽度应等于牙槽宽 $b = [0.5P + (0.02 \sim 0.04)] \text{ mm}$。

②为了使刀头有足够的强度，刀头长度 L 不宜过长，一般取 $L = [0.5P + (2 \sim 4)] \text{ mm}$。

③矩形螺纹的螺旋升角一般都比较大，刃磨两侧后角时必须考虑螺旋升角的影响，即

$$\alpha_1 = (3° \sim 5°) + \psi$$

$$\alpha_2 = (3° \sim 5°) - \psi$$

④为了减小螺纹牙侧的表面粗糙度值，在精车刀的两侧切削刃上应磨有 $c = 0.3 \sim 0.5 \text{ mm}$ 的修光刃。

例 7.2 车削加工矩 60×10 的丝杠，求螺纹精车刀各部分的尺寸。

解 刀头宽度为

$$b = 0.5P + (0.02 \sim 0.04) = 0.5 \times 10 \text{ mm} + 0.03 \text{ mm} = 5.03 \text{ mm}$$

刀头长度为

$$L = 0.5P + (2 \sim 4) = 0.5 \times 10 \text{ mm} + 3 \text{ mm} = 8 \text{ mm}$$

螺旋升角为

$$\tan \psi = \frac{P}{\pi d_2} = \frac{10}{\pi(60 - 5)} = 0.057\,9$$

$$\psi = 3.313\,7° = 3°18'49''$$

左侧后角为

$$\alpha_1 = (3° \sim 5°) + \psi = 7°19'$$

右侧后角为

$$\alpha_2 = (3° \sim 5°) - \psi = 0°41'$$

修光刃宽度为

$$c = 0.3 \sim 0.5 \text{ mm}$$

取 $c = 0.4$ mm。

7.6.4　矩形螺纹车削方法

①车好工件各外圆后,根据矩形螺纹螺距查车床进给箱上的铭牌表,变换进给箱手柄位置。

②采用正、反车的车削方法对刀,将中滑板刻度调整至零位,采用直进法进刀,粗车螺纹至牙底深度。

③用精车刀直进法对螺纹进行精车。

④螺距小于4 mm的矩形螺纹车削,不要分粗、精车,使用一把刀,均匀进刀,完成加工。

⑤螺距大于4 mm的矩形螺纹车削,要分粗、精车,先用粗车刀直进法粗车,两侧各留0.2～0.4 mm的精车余量,再用精车刀采用直进法精车螺纹至尺寸。

⑥车削较大螺距的矩形螺纹时,粗车一般用直进切削法;精车用左右切削法,如图7.37所示。粗车时,刀头宽度要比牙槽宽小0.51 mm,用直进法将小径车至尺寸。然后采用较大前角的两把正、反偏刀分别精车螺纹的左、右两侧面,在精车过程中,要严格控制牙槽宽度,以保证螺纹的配合间隙。

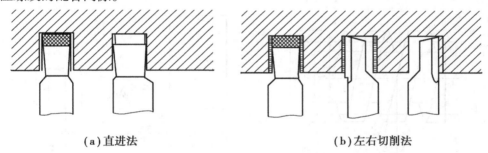

（a）直进法　　　　　　　　（b）左右切削法

图7.37　直进切削法及左右切削法

7.6.5　矩形螺纹工件的检测

①螺距、外径可用游标卡尺和外径千分尺检测。

②长度和深度可用游标卡尺检测。

③同轴度可用百分表和V形铁检测。

④表面质量用目测判断。

 提示

①车削矩形螺纹与车削三角螺纹相比,切削阻力要大得多,车削前小滑板要调整得紧一些,刀架不得松动,防止扎刀和乱牙。

②车刀刃磨时,要严格控制刀头宽度,刀刃要平直、锋利。左、右两侧后角要考虑螺旋升角的影响,要分别磨成不同的角度(这是与切槽刀最大的不同点)。

③车削时因刀具进给快,要集中精力,专心车削。

【拓展知识】

螺旋升角对车刀工作角度的影响

车螺纹时,因受螺旋运动的影响,切削平面和基面的位置发生了变化,使车刀工作时的前角、后角与刃磨时的前角(静止前角)和后角(静止后角)的数值是不相同的。对切削有很大的影响,直接关系到能否顺得切削和保证加工工件质量。车刀工作角度的变化程度,决定于工件螺旋升角的大小。车三角形螺纹时,三角形螺纹螺旋升角较小,影响也较小,刃磨三角形螺纹车刀时,对螺旋升角的影响考虑较少。但在车削矩形螺纹、梯形螺纹、蜗杆及多线螺纹时,影响较大,因此,在刃磨螺纹车刀时,必须考虑螺旋升角对车刀工作角度的影响。

(1)螺旋升角的计算

螺旋升角 ψ 是螺纹在螺旋面的某点处,螺旋线的切线与垂直于螺纹轴线的平面之间的夹角。在同一螺旋面上牙侧各点的导程是相等的,但由于各点的直径不同,因而各螺旋升角就各不相同,如图 7.38 所示。

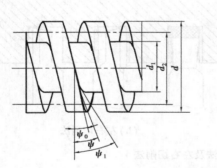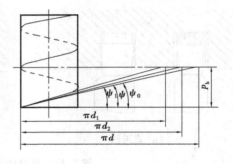

图 7.38 螺旋升角

$$\tan \psi_0 = \frac{P}{\pi d}$$

$$\tan \psi = \frac{P}{\pi d_2}$$

$$\tan \psi_1 = \frac{P}{\pi d_1}$$

式中　P——螺距,mm;

　　　ψ_0、ψ、ψ_1——螺纹的大径、中径、小径处的螺旋升角,(°);

　　　d、d_2、d_1——螺纹的大径、中径、小径,mm。

从上述图示和公式中可以看出,当螺纹的导程相同时,其直径越小,螺旋升角越大。螺旋的大径、中径、小径处的螺旋升角各不相同,在标准中所规定的螺旋升角是按中径计算的。

(2)螺旋升角对车刀两侧后角的影响

车刀两侧的工作后角一般取 3°～5°。当不存在螺旋升角时(如横向进给车沟槽时),车刀两侧的工作后角与刃磨后角(静止后角)是相等的。当车导程较大的螺纹时,由于螺旋升角的存在,车刀左右两侧的工作后角就存在静止后角加减螺旋升角的问题。如车右旋螺纹时,如图 7.39 所示,车刀左侧的刃磨后角 α_{oL} 应等于工作后角(3°~5°)加上螺旋升角 ψ;车刀右侧的刃磨后角(α_{oR})应等于工作后角(3°~5°)减去螺旋升角 ψ,即

$$\alpha_{oL} = (3° \sim 5°) + \psi$$

$$\alpha_{oR} = (3° \sim 5°) - \psi$$

车削左旋螺纹时,情况则相反。

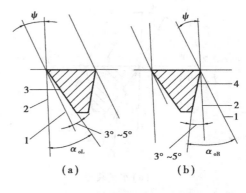

图7.39 车右旋螺纹时车刀的刃磨后角

例 7.3 车削螺旋升角 $\psi = 8°$ 的右旋螺纹,求车刀两侧刃磨后角的角度。

解 根据公式,车刀两的刃磨后角应为

$$\alpha_{oL} = (3° \sim 5°) + \psi = (3° \sim 5°) + 8° = 11° \sim 13°$$

$$\alpha_{oR} = (3° \sim 5°) - \psi = (3° \sim 5°) - 8° = -5° \sim 3°$$

(3)螺旋升角对车刀前角的影响

车削螺纹时,由于螺旋升角的影响,使得车刀工作基面发生了变化,从而影响了车刀的工作角度,车刀左右两侧的工作前角与刃磨前角(静止前角)是不相等的。如图 7.40(a)所示,如果车刀两侧切削刃的静止前角均为 0°,在车削右旋螺纹时,左侧切削刃的工作前角为 $\gamma_{oL} = \psi$,刀具切削较为顺利,工件表面光滑;右侧切削刃的工作前角为 $\gamma_{oR} = -\psi$,刀具切削较为不顺利,排屑困难,工件表面也难以车光滑。

为了改善上述情况,可采用以下措施:

①将车刀左右两侧切削刃组成的平面垂直于螺旋线装夹(法向装刀),如图 7.40(b)所示,这时车刀两侧切削刃的工作前角均为 0°,即 $\gamma_{oL} = \gamma_{oR} = 0°$。

②车刀仍然水平安装,但在前刀面上沿着左右两侧切削刃上磨出具有较大前角的断屑槽,如图 7.40(c)所示,其中右侧的前角角度要比左前的前角角度大一个 ψ。这样可使切削顺利,有利于排屑,并保证牙侧素线为直线。

③法向装刀时,在前刀面上刃磨出有较大的断屑槽,如图 7.40(d)所示,这时车刀两侧切削刃的工作前角 $\gamma_{oL} = \gamma_{oR}$,如此切削较为顺利,但要注意的是,牙侧素线在通过轴线的平面内不是直线,而是曲线。

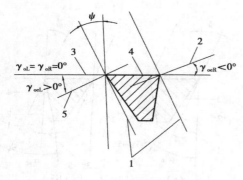

（a）水平装刀　　　　　　　　　　　　　（b）法向装刀

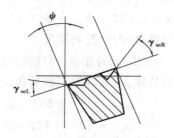

（c）水平装刀且磨有较大前角的断屑槽　　（d）法向装刀且磨有较大前角的断屑槽

图 7.40　车右旋螺纹时车刀的刃磨前角
1—螺旋线（工作时的切削平面）；2、5—工作时的基面；3—基面；4—前面

任务 7.7　车削加工梯形螺纹

●教学目标

终极目标：掌握梯形螺纹零件的车削加工方法。
促成目标：1.了解梯形螺纹的齿形。
　　　　　2.了解梯形螺纹的主要参数计算。
　　　　　3.掌握车梯形螺纹时的进刀方法。
　　　　　4.能熟练控制车削时的进刀量。

●工作任务

车削加工梯形螺纹的零件图及要求如图 7.41 所示。

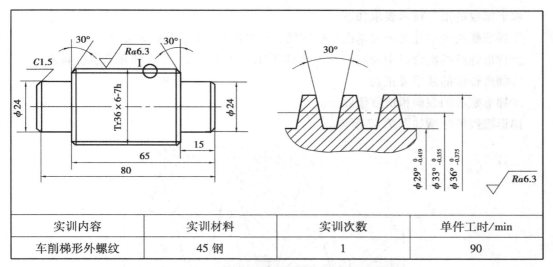

实训内容	实训材料	实训次数	单件工时/min
车削梯形外螺纹	45 钢	1	90

图 7.41 车削加工梯形螺纹的零件图及要求

加工步骤如下：

①工件伸出 100 mm 左右，找正夹紧。

②平端面，钻 A3 中心孔，一夹一顶装夹工件。

③粗、精车外圆至 $\phi 36.3_{-0.1}^{\ 0}$ mm 长大于 65 mm。

④粗、精车 $\phi 24$ mm 外圆至尺寸，粗、精车 $\phi 24$ mm 退刀槽至尺寸，控制好长度尺寸。

⑤两端倒角 $30°$。

⑥粗车 Tr36×6–7h 梯形螺纹，小径车至 $\phi 29_{-0.419}^{\ \ 0}$mm。两牙侧留余量 0.2 mm。

⑦精车梯形螺纹大径 $\phi 36_{-0.375}^{\ \ 0}$mm 至尺寸要求。

⑧精车两牙侧面，用三针测量，控制中径尺寸到 $\phi 33_{-0.355}^{\ \ 0}$mm。

⑨切断，控制总长 81 mm。

⑩工件调头，垫铜皮装夹，平端面，控制总长为 80 mm，倒角。

⑪检查、卸车。

 **●相关知识**

7.7.1 梯形螺纹的技术要求与尺寸计算

梯形螺纹是应用广泛的一种传动螺纹，它的轴向剖面形状是一个等腰梯形，传动精度高，并且加工方便。车床上大、中、小滑板的丝杠都是梯形螺纹。梯形螺纹分米制和英制梯形螺纹两种，米制梯形螺纹的牙型角为 $30°$，英制梯形螺纹的牙型角为 $29°$。我国常用米制梯形螺纹。

$30°$梯形螺纹（以下简称梯形螺纹）的代号用字母"Tr"及公称直径×螺距表示，单位均为 mm。左旋螺纹须在尺寸规格之后加注"LH"，右旋则不注出，如 Tr36×6 等。

梯形螺纹的加工技术要求如下：

①梯形螺纹的中径必须与基准轴径同轴，其大径尺寸应小于基本尺寸。

②梯形螺纹的配合以中径定心，必须保证中径尺寸公差，其牙底和牙顶留有间隙。

③梯形螺纹的牙型要正确。

④梯形螺纹的表面粗糙度值要小。

梯形螺纹的牙型如图 7.42 所示。

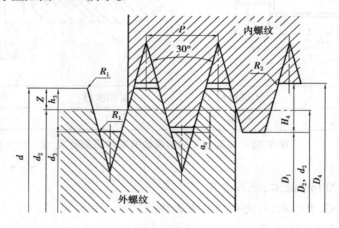

图 7.42 梯形螺纹的牙型

梯形螺纹各部分名称、代号及计算公式见表 7.4。

表 7.4 梯形螺纹各部分名称、代号及计算公式

名称		代号	计算公式			
牙型角		α	$\alpha = 30°$			
螺距		P	由螺纹标准确定			
牙顶间隙		a_c	P	$1.5 \sim 5$	$6 \sim 12$	$14 \sim 44$
			a_c	0.25	0.5	1
外螺纹	大径	d	公称直径			
	中径	d_2	$d_2 = d - 0.5P$			
	小径	d_3	$d_3 = d - 2h_3$			
	牙高	h_3	$h_3 = 0.5P + a_c$			
内螺纹	大径	D_4	$D_4 = d + 2a_c$			
	中径	D_2	$D_2 = d_2$			
	小径	D_1	$D_1 = d - P$			
	牙高	H_4	$H_4 = h_3$			
牙顶宽		f、f'	$f = f' = 0.366P$			
牙槽底宽		W、W'	$W = W' = 0.366P - 0.536a_c$			

7.7.2 梯形螺纹车刀

梯形螺纹的车削加工一般分低速车削和高速车削两种方法,低速车削选用高速钢车刀,高速车削选用硬质合金车刀,车削梯形螺纹常用的方法是低速车削。其车刀分粗车刀和精车刀两种。

(1)高速钢梯形螺纹粗车刀

高速钢梯形螺纹粗车刀如图7.43所示,车刀的刀尖角应略小于梯形螺纹的牙型角,一般取29°,为了便于左右切削并留有精车余量,刀头宽度应小于槽底宽 W,一般取2/3的槽底宽。纵向前角取10°~15°,主后角应取6°~8°,两侧后角在进给方向(3°~5°)+ψ、背进给方向(3°~5°)-ψ,刀尖处适当倒圆。

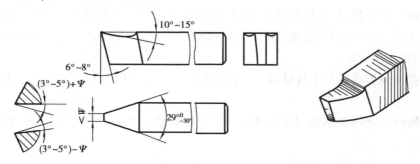

图7.43 高速钢梯形螺纹粗车刀

(2)高速钢梯形螺纹精车刀

高速钢梯形螺纹车刀如图7.44所示,车刀纵向前角 $\gamma_o = 0°$,两侧切削刃之间的夹角等于牙型角。为了保证两侧切削刃切削顺利,都磨有较大前角($\gamma_o = 10° \sim 20°$)的卷屑槽。但在使用时必须注意,车刀前端切削刃不能参加切削。高速钢梯形螺纹精车刀能车削出精度较高和表面粗糙度较小的螺纹,但生产效率较低。

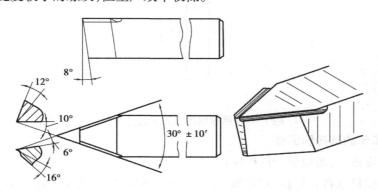

图7.44 高速钢梯形螺纹精车刀

(3)梯形螺纹的刃磨要求

①牙型角要正确,用样板校对刃磨两刀刃夹角,如图7.45所示。

②有纵向前角的两刃夹角应进行修正。

③刀尖宽度应留有精车余量。

④车刀刃口要光滑、平直、无虚刃,两侧副刀刃必须对称刀头不能歪斜。

⑤用油石研磨去各刀刃的毛刺,并达到粗糙度要求。

⑥要注意螺旋升角对两后角的影响,走刀方向要增加一个螺旋升角值。

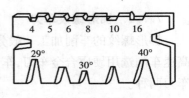

图7.45　牙型角样板

7.7.3　梯形螺纹工件和车刀的装夹

(1)梯形螺纹工件的装夹

车削梯形螺纹时切削阻力较大,一般采用两顶尖或一夹一顶装夹。粗车较大螺距时,可采用四爪卡盘一夹一顶,以保证装夹牢固,同时使工件的一个台阶靠住卡盘平面,固定工件的轴向位置,以防止因切削力过大,使工件产生轴向移位而产生乱牙、扎刀等事故。

(2)车刀的装夹

①车刀主切削刃必须与工件轴线等高(用弹性刀杆应高于轴线约0.2 mm),同时应与工件轴线平行。

②刀头的角平分线要垂直与工件的轴线。用样板找正装夹,以免产生螺纹半角误差,如图7.46所示。

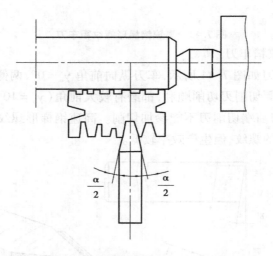

图7.46　用样板找正刀头的角平分线

7.7.4　车床的选择和调整

①挑选精度较高、磨损较少的机床。

②正确调整机床各处间隙,对床鞍、中小滑板的配合部分进行检查和调整,注意控制机床主轴的轴向窜动、径向圆跳动以及丝杠的轴向窜动。

③选用磨损较少的交换齿轮。

7.7.5　梯形螺纹的车削方法

（1）车削螺距小于 4 mm 和精度要求不高的工件

螺距小于 4 mm 和精度要求不高的工件,可用一把梯形螺纹车刀,并用少量的左右进给车削。

（2）车削螺距大于 4 mm 和精度要求较高的工件

螺距大于 4 mm 和精度要求较高的梯形螺纹,一般采用分刀车削的方法。

①粗车、半精车梯形螺纹时,螺纹大径留 0.3 mm 左右余量且倒角成 15°。

②选用刀头宽度稍小于槽低宽度的车槽刀,粗车螺纹（每边留 0.25 ~ 0.35 mm 的余量）。

③用梯形螺纹车刀采用左右车削法车削梯形螺纹两侧面,每边留 0.1 ~ 0.2 mm 的精车余量,并车准螺纹小径尺寸,如图 7.47(a)、(b)所示。

④精车大径至图样要求（一般小于螺纹基本尺寸）。

⑤选用精车梯形螺纹车刀,采用左右切削法完成螺纹加工,如图 7.47(c)、(d)所示。

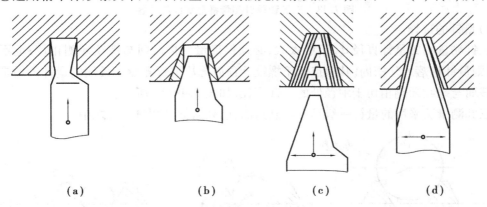

（a）　　　　　　　（b）　　　　　　　（c）　　　　　　　（d）

图 7.47　梯形螺纹的分刀车削方法

7.7.6　梯形螺纹的测量

梯形外螺纹的测量中,外径、螺距可用游标卡尺测量,中径采用三针和单针测量,还可用标准螺纹环规进行综合测量。

（1）综合测量法

对于精度要求不高的梯形外螺纹,一般用标准梯形螺纹量规（或称螺纹环规）进行综合检测。检测前,应先检查螺纹的大径、牙型角、牙型半角、螺距和表面粗糙度,然后用螺纹环规检测。如果螺纹环规的通端能顺利拧入工件螺纹,而止端不能拧入,则说明被检测的梯形螺纹合格。

（2）三针测量法

这种方法是测量外螺纹中经的一种比较精密的方法。它适用于测量一些精度要求较高、螺旋升角小于 4°的螺纹工件。测量时把 3 根直径相等的量针放在螺纹相对应的螺旋槽中,用千分尺量出两边量针顶点之间的距离 M,如图 7.48(a)所示,便可由 M 值换算出螺纹中径的实际值。

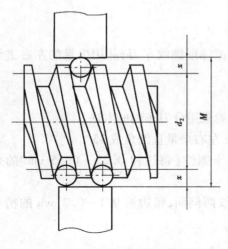

| (a)三针测量梯形螺纹中径 | (b)单针测量梯形螺纹中径 |

图7.48 三针和单针测量梯形螺纹的中径

1)量针的选择

三针测量用的量针直径 d_D 不能太大,必须保证量针横截面与螺纹牙侧相切;也不能太小,否则量针将落入牙槽内,其顶点低于螺纹牙顶而无法进行测量。最佳的量针直径是指量针横截面与螺纹牙侧相切于中径处的量针直径,如图7.49(b)所示。

三针测量法采用的量针一般是专门制造的,已列入标准测量工具之中。

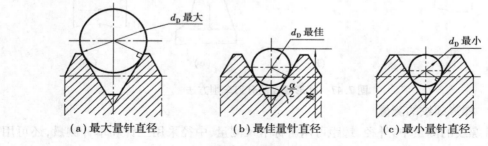

| (a)最大量针直径 | (b)最佳量针直径 | (c)最小量针直径 |

图7.49 量针直径的选择

2)M 值与量针直径的计算

三针测量的 M 值与最佳量针直径的简化计算公式见表7.5。

表7.5 三针测量的 M 值与最佳量针直径的简化计算公式

螺纹牙型角	M 计算公式	量针直径 d_D		
		最大值	最佳值	最小值
30°(梯形螺纹)	$M = d_2 + 4.864d_D - 1.866P$	$0.656P$	$0.518P$	$0.486P$
40°(蜗杆)	$M = d_1 + 3.924d_D - 4.316m_x$	$2.446m_x$	$1.675m_x$	$1.61m_x$
50°(英制螺纹)	$M = d_2 + 3.166d_D - 0.961P$	$0.894P - 0.029$	$0.564P$	$0.481P - 0.016$
60°(英制螺纹)	$M = d_2 + 3d_D - 0.866P$	$1.01P$	$0.577P$	$0.505P$

（3）单针测量法

当测量梯形螺纹的直径较大且螺距也较大的梯形螺纹中径时，可采用单针测量法。它比用三针测量更方便、简单，这种方法是只需用一根量针，将其放置在螺旋槽中，用千分尺量测出量针顶点与另一侧螺纹大径之间的距离 A 如图 7.48（b）所示，由此 A 值换算出螺纹中径的实际尺寸。

A 值的计算公式为

$$A = \frac{1}{2}(M + d_D)$$

例 7.4   车 Tr32×6 梯形螺纹，用三针测量螺纹中径，求量针直径和千分尺读数 M 值。

解   量针直径

$$d_D = 0.518P = 0.518 \times 6 \text{ mm} = 3.108 \text{ mm}$$

螺纹中径

$$d_2 = d - 0.5P = (32 - 0.5 \times 6) \text{ mm} = 29 \text{ mm}$$

千分尺读数值

$$M = d_2 + 4.864d_D - 1.866P$$
$$= 29 \text{ mm} + 4.864 \times 3.108 \text{ mm} - 1.866 \times 6 \text{ mm}$$
$$= 32.88 \text{ mm}$$

测量时应考虑公差，则三针测量值 $M = 32.88_{-0.118}^{0}$mm 为合格。

例 7.5   车 Tr42×6—7h 梯形螺纹，用单针测量螺纹中径，求量针直径和千分尺读数 A 值。

解   量针直径

$$d_D = 0.518P = 0.518 \times 6 \text{ mm} = 3.108 \text{ mm}$$

螺纹中径

$$d_2 = d - 0.5P = (42 - 0.5 \times 6) \text{ mm} = 39 \text{ mm}$$

三针测量值

$$M = d_2 + 4.864d_D - 1.866P$$
$$= 39 \text{ mm} + 4.864 \times 3.108 \text{ mm} - 1.866 \times 6 \text{ mm}$$
$$= 42.921 \text{ mm}$$

根据梯形螺纹公差带号，查得 $d_2 = 39_{-0.335}^{0}$mm，则三针测量值 $M = 42.921_{-0.335}^{0}$mm。

根据单针测量 A 值的计算公式得

$$A = \frac{1}{2}(M + d_D) = \frac{1}{2}(42.921_{-0.335}^{0} + 3.108) = 42_{0.243}^{+0.410}$$

提示

①梯形螺纹车刀两侧副切削刃应平直，否则工件牙型角不正；精车时刀刃应保持锋利，要求螺纹两侧表面粗糙度要低。

②调整小滑板的松紧，以防车削时车刀移位。

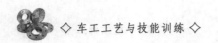
③鸡心夹头或对分夹头应夹紧工件,否则车梯形螺纹时工件容易产生移位损坏。

④车梯形螺纹中途复装工件时,应保持拨杆原位,以防乱牙。

⑤工件在精车前,最好重新修正研磨顶尖孔,以保证同轴度。

⑥不准在开车时用棉纱擦工件,以防出危险。

⑦车梯形螺纹时以防"扎刀",建议用弹性刀杆。

任务7.8 车削梯形内螺纹

 ●教学目标

终极目标:掌握梯形内螺纹的车削方法。

促成目标:1.掌握梯形内螺纹车刀的刃磨与装夹要求。

2.掌握梯形内螺纹的车削方法。

3.了解车削梯形内螺纹容易产生的问题和相关注意事项。

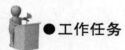 ●工作任务

车削如图7.50所示的梯形内螺纹。

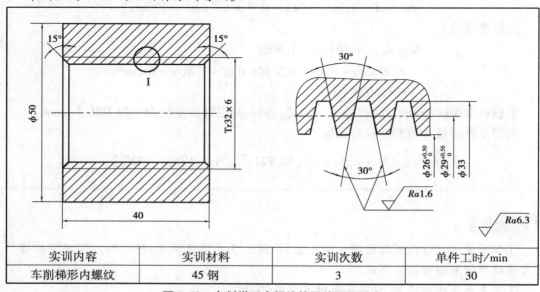

实训内容	实训材料	实训次数	单件工时/min
车削梯形内螺纹	45钢	3	30

图7.50 车削梯形内螺纹的零件图及要求

加工步骤如下：

①夹持 φ55 毛坯外圆,长留 55 mm。

②车外圆 φ50 mm,钻孔 φ24 mm,切长 40.5 mm。

③调头夹 φ50 mm 外圆,平端面,保总长。

④车内孔 $\phi 26^{+0.30}_{0}$ mm。

⑤车对刀基准台 $\phi 29^{+0.56}_{0}$ mm,倒角 15°。

⑥按要求粗、精车梯形内螺纹 Tr32 ×6。

⑦用螺纹塞规检验。

●任务分析

在梯形螺纹传动副中,内螺纹(一般称螺母)的长度相比丝杠的长度要短得多,并且有时用铸铁或铜合金材料制成,因此磨损和损坏的情况比较突出,有必要掌握其加工的技能。

●相关知识

7.8.1　梯形内螺纹车刀的刃磨角度和装夹要求

梯形内螺纹车刀的选择基本与三角形内螺纹车刀一样,使用整体式高速钢刀杆或刀式组合刀杆。

（1）梯形内螺纹车刀的刃磨

梯形内螺纹车刀与三角形内螺纹车刀的刃磨要求一样,要先进行粗磨,然后进行精磨、研磨,须用样板或角度尺校正刀尖角度30°,同时注意修正正前角造成的误差。刃磨时,刀刃要平直、光滑无裂口,两侧切削刃对称,切削部分与刀杆垂直。粗车刀前角为 10° ~ 15°,精车刀前角为 0 ~ 5°,如图 7.51 所示。刃磨时,要注意车刀的冷却,防止因温度过高,使车刀切削部分发生退火。

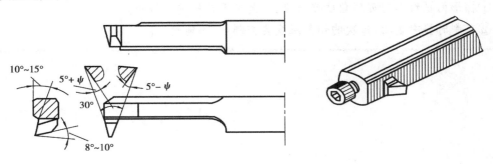

图 7.51　梯形内螺纹车刀的刃磨角度

（2）刀具与工件的装夹

由于梯形内螺纹车刀的截面积受螺纹孔径的限制，并且长度又长，刚性比较差，加之车削时面积又较大，因此加工内螺纹很难保证较高的精度，在内螺纹车刀安装时，要注意以下5个要求：

①刀杆尽可能粗大一些，安装伸出长度尽可能短一些，以增加刀杆刚性。

②刀尖应与工件轴线等高，或微微装高一点。

③两切削刃刀尖角的平分线应垂直轴线，须用样板进行检查。

④在车削过程和退刀过程中，千万注意不能让刀杆与孔壁发生碰撞和摩擦，以免让刀及位置和角度发生变化。

⑤工件要装夹牢固，必要时需由外圆台阶限位或用轴向支承定位。

7.8.2　梯形内螺纹的车削方法

梯形内螺纹的车削方法与三角形内螺纹的车削方法基本相同，应注意以下4点：

①先计算好梯形内螺纹的底孔直径，通过钻孔、车孔的方法加工出底孔。

②孔端要进行倒角，允许的情况下，在孔端处车出螺纹大径的孔台，如图7.52所示，以方便控制螺纹车削时的加工深度。

③粗车梯形内螺纹时采用斜进法（向背进给方向赶刀）车削，以便于车削的顺利进行。

④精车内螺纹两牙侧时，宜采用左右车削法，须低速、多次小切削深度进行光刀加工。

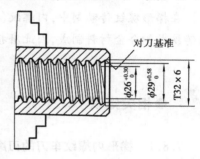

图7.52　在孔端车出对刀基准的孔台

7.8.3　梯形内螺纹的检测

梯形内螺纹的螺距与底孔直径可用游标卡尺测量或间接测量，中径用螺纹塞规进行"通""止"端的综合检测，表面粗糙度以目测为主。

提示

①梯形内螺纹车刀刃磨角度要正确，安装要用样板进行检查。

②车削时要有耐心，每次的切削深度要控制好，不能过大。

任务 7.9　蜗杆车削

●教学目标

终极目标:掌握蜗杆的车削加工方法。

促成目标:1. 了解蜗杆主要参数名称、符号及计算方法。

2. 了解蜗杆的测量方法。

3. 了解蜗杆车刀的几何形状和刃磨方法。

4. 掌握蜗杆的车削方法。

●工作任务

车削如图 7.53 所示的蜗杆。

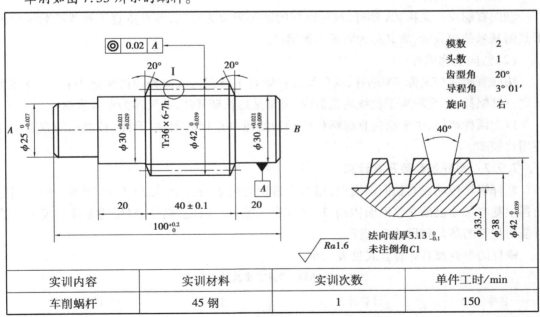

实训内容	实训材料	实训次数	单件工时/min
车削蜗杆	45 钢	1	150

图 7.53　车削蜗杆的零件图及要求

●任务分析

蜗杆和蜗轮组成的运动副能获得很大的传动比,并具有自锁功能,因此常用于减速传动机构中,以传递两轴在空间90°的交错运动,如车床溜板箱内的蜗杆副。蜗杆的齿形与梯形螺纹很相似,其轴向剖面为梯形,但蜗杆的齿形较深,切削面积大,车削时比一般梯形螺纹困难些。车蜗杆时,首先要选择合理的车刀几何参数,其次要采用合理的进刀方法,这样才能顺利完成蜗杆的车削加工。

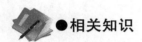

●相关知识

7.9.1 蜗杆的种类与加工技术要求

蜗杆一般分为米制蜗杆(齿形角 $\alpha = 20°$)和英制蜗杆(齿形角 $\alpha = 14.5°$)两种。我国大多采用米制蜗杆。

蜗杆根据齿廓形状的不同,常用的蜗杆分轴向直廓蜗杆和法向直廓蜗杆两种,如图7.54所示。

(1)轴向直廓蜗杆

轴向直廓蜗杆又称 ZA 蜗杆,这种蜗杆的轴向齿廓为直线,而在垂直于轴线的截面内齿形是阿基米德螺旋线,故又称为阿基米德蜗杆。

(2)法向直廓蜗杆

法向直廓蜗杆又称 ZN 蜗杆,这种蜗杆在垂直于齿面的法向截面内齿廓为直线,故称为法向直廓蜗杆,而在垂直于轴线的截面内,齿形是延长渐开线,故又称为渐开线蜗杆。

以上两种蜗杆,由于法向直廓蜗杆传动的蜗轮制造比较困难,因此,目前轴向直廓蜗杆应用比较多。

7.9.2 蜗杆各参数及其计算

蜗杆蜗轮传动在其轴向剖面内,相当于齿轮与齿条的传动,如图7.55所示。同时蜗杆的各项基本尺寸也是在该剖面内测量,并规定标准值。因此,蜗杆、蜗轮的参数和尺寸计算可模仿齿轮的参数和尺寸来计算。

蜗杆的参数及其计算公式见表7.6。

表7.6 蜗杆的参数及其计算公式

名称	计算公式	名称	计算公式
轴向模数 m_x	(基本参数)	导程角 γ	$\tan \gamma = \dfrac{p_1}{\pi d_1}$
齿形角 2α	$2\alpha = 40°$(齿形角 $\alpha = 20°$)		

名称	计算公式	名称		计算公式
齿距 p	$p = \pi m_x$	齿顶宽 s_a	轴向	$s_{ax} = 0.843 m_x$
导程 p_x	$p_2 = z_1 p = z_1 \pi m_x$		法向	$s_{an} = 0.843 m_x \cos \gamma$
全齿高 h	$h = 2.2 m_x$	齿根槽宽 e_i	轴向	$e_{fx} = 0.697 m_x$
齿顶高 h_a	$h_a = m_x$		法向	$e_{fn} = 0.697 m_x \cos \gamma$
齿根高 h_f	$h_f = 1.2 m_x$	齿厚 s	轴向	$s_x = \dfrac{\pi m_x}{2} = \dfrac{p}{2}$
分度圆直径 d_t	$d_t = q m_\gamma$（q 为蜗杆直径系数）			
齿顶圆直径 d_a	$d_a = d_1 + 2 m_x$		法向	$s_n = \dfrac{\pi m_x}{2} \cos \gamma = \dfrac{p}{2} \cos \gamma$
齿根圆直径 d_f	$d_f = d_t - 2.4 m_x$ 或 $d_f = d_a - 4.4 m_x$			

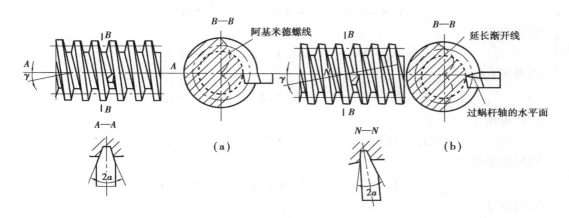

图 7.54　轴向直廓蜗杆和法向直廓蜗杆

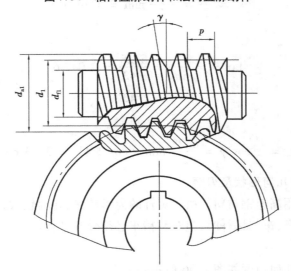

图 7.55　蜗杆蜗轮传动的结构形式

例 7.6 车削如图 7.53 所示的蜗杆轴,齿形角 $\alpha = 20°$,分度圆直径 $d_1 = 38$ mm,轴向模数 $m_x = 2$ mm,头数 $Z_1 = 1$。求蜗杆基本要素尺寸。

解 根据表 7.6 中的计算公式可得

轴向齿距

$$p_x = \pi m_x = 3.14 \times 2 \text{ mm} = 6.28 \text{ mm}$$

导程

$$p_x = Z_1 \pi m_x = 1 \times 3.14 \times 2 \text{ mm} = 6.28 \text{ mm}$$

齿顶高

$$h_a = m_x = 2 \text{ mm}$$

齿根高

$$h_f = 1.2 m_x = 1.2 \times 2 \text{ mm} = 2.4 \text{ mm}$$

全齿高

$$h = 2.2 m_x = 2.2 \times 2 \text{ mm} = 4.4 \text{ mm}$$

齿顶圆直径

$$d_a = d_1 + 2 m_x = 38 \text{ mm} + 2 \times 2 \text{ mm} = 42 \text{ mm}$$

齿根圆直径

$$d_f = d - 2.4 \text{ m} = 38 \text{ mm} - 2.4 \times 2 \text{ mm} = 33.2 \text{ mm}$$

轴向齿顶宽

$$s_x = 0.843 m_x = 0.843 \times 2 \text{ mm} = 1.686 \text{ mm}$$

轴向齿根槽宽

$$e_f = 0.697 m_x = 0.697 \times 2 \text{ mm} = 1.394 \text{ mm}$$

轴向齿厚

$$s_x = \frac{P_x}{2} = \frac{6.28}{2} \text{ mm} = 3.14 \text{ mm}$$

导程角

$$\tan \gamma = \frac{P_x}{\pi d_1} = \frac{6.28}{\pi 42} = 0.047\,6$$

$$\gamma = 2°43'$$

法向齿厚

$$s_n = \frac{P_x}{2} \cos \gamma = \frac{6.28}{2} \text{ mm} \times \cos 2°43' = 3.13 \text{ mm}$$

7.9.3 蜗杆车刀几何形状及刃磨

蜗杆车刀一般选用高速钢材料。由于蜗杆的齿形较深、导程较大,加工难度大于梯形螺纹。为了提高加工质量,车削蜗杆时,粗车和精车必须分开进行。

(1)蜗杆粗车刀

蜗杆粗车刀及其几何角度如图 7.56 所示。

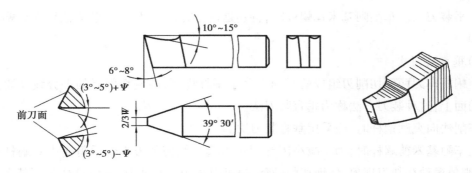

图7.56 蜗杆粗车刀及其几何角度

①车刀左、右两切削刃之间夹角应小于2倍齿形角。

②车刀刀头宽度应小于蜗杆齿根槽宽。

③切削钢材料时,应磨有径向前角10°~15°。

④径向后角为6°~8°。

⑤进给方向后角为(3°~5°)+γ,背进给方向后角为(3°~5°)−γ(γ为导程角)。

⑥刀尖适当倒圆。

(2)蜗杆精车刀

蜗杆精车刀及其几何角度如图7.57所示。

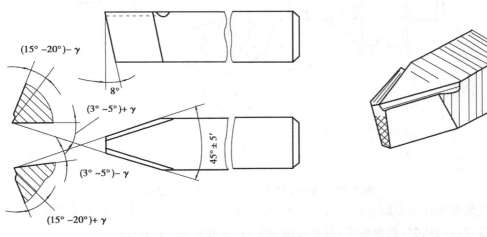

图7.57 蜗杆精车刀及其几何角度

①车刀左、右两切削刃之间夹角等于2倍齿形角。

②为保证车出蜗杆的齿形角正确,径向前角为0°。

③为保证左、右切削刃切削顺利,两刃都磨有较大的前角(γ_o=15°~20°)。

④精车刀只能精车两侧齿面,车刀前端刀刃不能用来车削槽底。

7.9.4 车蜗杆的方法

(1)蜗杆车刀的装夹

1)水平装刀法

使蜗杆车刀两侧切削刃组成的平面处于水平位置,并且与蜗杆轴线等高,这种装刀方法称为水平装刀法。车削阿基米德蜗杆时，特别是精车时，应采用水平装刀法以保证蜗杆齿形的正确。

2）垂直装刀法

使蜗杆车刀两侧切削刃组成的平面垂直于蜗杆齿面，两侧切削刃的平分线在通过蜗杆轴线的面上，这种装刀方法称为垂直装刀法。

车削法向直廓蜗杆时，应采用垂直装刀法。

粗车阿基米德蜗杆时，为了减小因导程角引起一侧切削刃工作后角变小对蜗杆车削的影响，避免振动和扎刀现象，保证切削顺利，也可以采用垂直装刀法，但是精车阿基米德蜗杆时，一定要采用水平装刀法。

车削模数较小的蜗杆，蜗杆车刀可用对刀样板找正装夹；车削模数较大的蜗杆时，蜗杆车刀通常用万能角度尺来找正装夹，如图 7.58 所示。

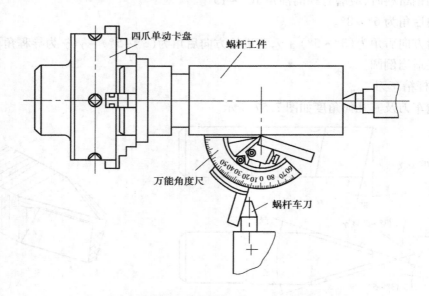

图 7.58　用万能角度尺找正蜗杆车刀的装夹

找正装夹蜗杆车刀的方法是将万能角度尺的一边靠住工件外圆，观察万能角度尺另一边与车刀刃口的间隙，如有偏差，可松开压紧螺钉，重新调整，使车刀装正。

3）安装可调节螺旋升角刀杆

使用如图 7.59 所示的可调节螺旋升角刀杆车削蜗杆时，可不考虑导程角对车刀工作前角和工作后角的影响，刀头刃磨简单方便，而且易于垂直装刀，车刀装好后，朝进给方向一侧转动刀杆头部一个导程角 γ 即可，并由于刀排开有弹性槽，车削蜗杆中不易产生扎刀现象。

（2）车削蜗杆的方法

蜗杆的车削方法与梯形螺纹的车削方法基本相同。由于蜗杆的导程（即轴向齿距）不是整数，车削蜗杆时不能使用提开合螺母法，只能使用倒顺车法车削。车削前，先根据蜗杆的导程在车床进给箱铭牌上找到相应手柄的位置参数，并对各手柄位置进行调整。

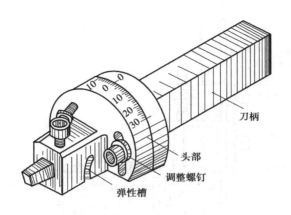

图 7.59　可调节螺旋升角刀杆

①粗车时,蜗杆的轴向模数 $m_x < 2.5$ mm 时,可采用左右切削法车削;蜗杆的轴向模数为 5 mm > m_x > 2.5 mm 时,一般采用切槽法粗车,然后再用左右切削法半精车;如果蜗杆的轴向模数 m_x > 5 mm 时,则采用切阶梯槽(即分层切削)法粗车,再用左右切削法半精车。单边留 0.2 ~ 0.4 mm 的精车余量。

②精车时,用两侧带有卷屑槽的蜗杆精车力,分左右单边切削成形,最后用刀尖角略小于 2 倍齿形角的精车刀精车蜗杆齿根圆直径,把齿形修整清晰。

(3)切削用量的选择

①粗车质量和时间决定精车效果。因此,粗车模数越大的蜗杆时应更注意时间、速度和质量。应在尽量短的时间里将粗车工序完成;速度(包括背吃刀量、主轴转速)适当,进刀、退刀不耽误时间;粗车的蜗杆形状和尺寸应接近精车形状、尺寸。粗车时,主轴转速应选 20 r/min,两侧面单边应留 0.2 ~ 0.4 mm 精车余量。

②精车蜗杆时,主轴转速应选 10 r/min 左右,背吃刀量要小(0.05 ~ 0.1 mm)。同时,要保证蜗杆精度和较小的表面粗糙度,应做到前面大、切削深度小、低速、刀刃平直和切削液充足。

(4)蜗杆的测量方法

蜗杆主要的测量参数有齿顶圆直径 d_a、分度圆直径 d_1、轴向齿距 P_x、和齿厚 s。齿顶圆直径 d_a 可用千分尺测量;轴向齿距 P_x 主要由车床传动链保证,也可用钢直尺或游标卡尺粗略测量;分度圆直径 d_1 可用三针或单针测量,方法与测量梯形螺纹基本相同。

蜗杆的齿厚用齿厚游标卡尺测量,如图 7.60 所示。

齿厚游标卡尺由相互垂直的齿高、齿厚游标卡尺组成,测量时,将齿高游标卡尺的读数调整为蜗杆的齿顶高尺寸(必要时应按工件实际齿顶圆直径 d_a 进行修正),使齿厚游标卡尺的两卡脚法向切入蜗杆齿廓(卡尺与蜗杆轴线相交成一个导程角 γ),齿高游标卡尺的卡脚则顶住齿廓顶部。微量摆动游标卡尺,测出的最小读数即为蜗杆分度圆处的法向齿厚 S_n。

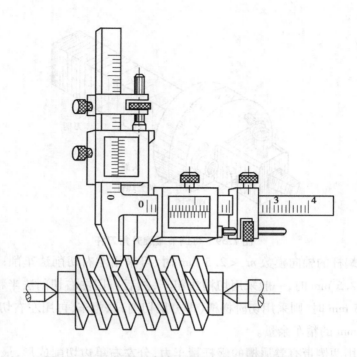

图 7.60　用齿厚游标卡尺测量蜗杆齿厚的示意图

蜗杆零件图样上常给出的是轴向齿厚 S_x，法向齿厚 S_n 与轴向齿厚 S_x 的换算公式为

$$S_n = S_x \cos \gamma$$

用齿厚游标卡尺测量蜗杆齿厚的方法如图 7.61 所示。

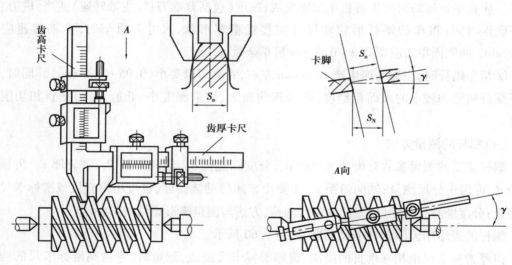

图 7.61　用齿厚游标卡尺测量蜗杆齿厚的方法

7.9.5　任务实施

（1）准备工作

①毛坯：材料为 45 钢,尺寸为 $\phi45$ mm $\times 105$ mm 的圆棒料。

②设备：CA6140 车床。

③工艺装备：外圆车刀、蜗杆粗车刀、蜗杆精车刀、中心钻、千分尺、齿厚游标卡尺、万能角度尺、角度样板、钻夹头、顶尖等。

（2）操作步骤

1）粗车阶段

①夹持毛坯，伸出 50 mm 长，找正夹紧。

②车平端面，粗车毛坯左端外圆至 ϕ28 mm，长 40 mm；粗车毛坯左端 ϕ28 mm 外圆至 ϕ22 mm，长 15 mm，钻中心孔 B2.5（见图 6.64（a））。

③调头夹持 ϕ28 mm 外圆，刻痕法确定棒料总长，再夹持毛坯 ϕ45 mm，伸出约 50 mm 外圆，找正夹紧。车端面，取总长 100 ± 0.20 mm。

④夹持 ϕ45 mm 外圆，钻中心孔；再一夹一顶装夹，粗车毛坯右端外圆至 ϕ28 mm，控制长度 20 mm，粗车蜗杆齿顶圆直径至 ϕ48.5 mm，两端倒角与端面成 20°（见图 6-64（b））。

⑤粗车蜗杆，两侧面留余量 0.3 ~ 0.5 mm，方法与步骤如下：

a. 装夹车刀：粗车时采用垂直装刀法。

b. 车蜗杆时车床的调整：注意挂轮的搭配，根据米制蜗杆要求，查看挂轮箱齿轮按 $A = 64$，$B = 100$，$C = 97$ 搭配。手柄位置的调整按铭牌表放置，其他调整同前面车螺纹。

c. 主轴转速选 20 r/min，两侧面均应留 0.2 mm 精车余量。

d. 选择进刀方法：根据以上知识点，采用左右切削法完成。

e. 选择检测方法：采用齿厚游标卡尺测量蜗杆分度圆处的法向齿厚 S_n。

2）精加工阶段（用两顶尖装夹工件）。

主轴转速选 10 r/min，背吃刀量取 0.1 mm。

①精车蜗杆齿顶圆直径 $\phi 48_{-0.05}^{\ 0}$ mm。

②精车蜗杆至图样要求。

a. 车刀的装夹：精车时采用水平装刀法。

b. 选择左右切削进刀法完成车削任务。可采用"点动"法，即启动车床瞬间就停机，利用主轴转动惯性进行切削。在主轴转速很低、快停下时又启动车床，这样反复启动、停止，可以避免波纹产生。

c. 选择检测方法：采用齿厚游标卡尺测量蜗杆分度圆处的法向齿厚 $S_n = 6.25_{-0.10}^{\ 0}$ mm。

③精车两端各台阶直径至图样要求，并各处倒角 $C1$。

3）检查

检查蜗杆牙型、螺纹尺寸精度及表面粗糙度等是否符合技术要求。

提示

①车削蜗杆时,车第一刀后应先检查蜗杆的轴向齿距是否正确。

②由于蜗杆的导程角较大,蜗杆车刀的两侧后角应适当增减。

③鸡心夹头应靠紧卡爪并牢固夹住工件,防止车蜗杆时发生移位,损坏工件,并在车削过程中经常检查前后顶尖松紧情况。

④车削蜗杆时,应尽量提高工件的装夹刚度;减小机床床鞍与导轨之间的间隙,以减小窜动量。

⑤车蜗杆时,采用低速车削,并充分加注切削液。为了提高蜗杆齿面的表面质量,可采用几次"点动"(刚启动车床就立即停止车床)利用主轴惯性进行缓慢切削。

⑥粗车削蜗杆时,每次切削深度要适当,并经常检测(法向)齿厚,以控制精车余量。

项目 8

车削特殊结构零件

●教学目标

终极目标:掌握特殊结构零件的车削加工方法。

促成目标:1.掌握偏心工件的车削加工方法。

2.掌握三拐曲轴零件的车削加工方法。

3.掌握双孔连杆零件的车削加工方法。

4.掌握细长轴零件的车削加工方法。

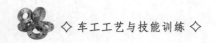

任务 8.1　车削加工偏心工件

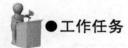●教学目标

终极目标:掌握偏心工件的车削加工方法。

促成目标:1.了解车偏心工件的各种方法。

2.掌握在三爪卡盘上车偏心工件的方法。

3.掌握偏心距的检测方法。

●工作任务

偏心轴零件图及要求如图8.1所示。

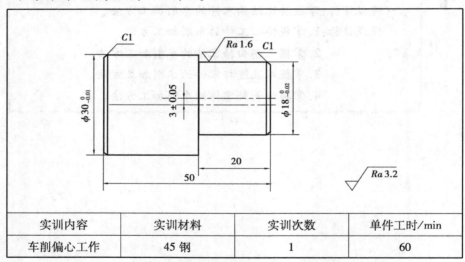

实训内容	实训材料	实训次数	单件工时/min
车削偏心工作	45 钢	1	60

图 8.1　偏心轴零件图及要求

加工步骤如下:

①在三爪卡盘上夹住工件外圆,伸出长度 60 mm 左右。

②粗、精车外圆尺寸至 $\phi30$ mm,长至 55 mm。

③外圆倒角 $1 \times 45°$。

④切断,长 50.5 mm。

⑤工件调头装夹,车端面,保证总长 50 mm。

⑥工件在三爪卡盘上垫垫片装夹,校正,夹紧(垫片厚度约为 4.5 mm)。

⑦粗、精车偏心轴颈尺寸至 ϕ18 mm,长至 20 mm。

⑧外圆倒角 1×45°。

⑨检查。

 ●任务分析

在机械传动中,要使回转运动转变为直线运动,或由直线运动转变为回转运动,一般采用曲柄滑块(连杆)机构来实现。在实际生产中,常见的偏心轴、曲柄等就是其具体应用的实例。偏心轴、偏心套一般都在车床上加工。其加工原理基本相同,都是要采取适当的安装方法,将需要加工偏心圆部分的轴线校正到与车床主轴轴线重合的位置后,再进行车削。为了保证偏心零件的工作精度。在车削偏心工件时,要特别注意控制轴线间的平行度和偏心距离的精度。

 ●相关知识

8.1.1　偏心工件的一般知识

外圆与外圆轴线或内孔与外圆轴线平行但不重合(彼此偏离一定距离)的工件,称为偏心工件。外圆与外圆偏心的工件称偏心轴,内孔与外圆偏心的工件称偏心套,两平行轴线间的距离称为偏心距。偏心工件就是零件的外圆与外圆或外圆与内孔的轴线平行而不相重合,偏一个距离的工件。这两条平行轴线之间的距离称为偏心距。外圆与外圆偏心的零件称为偏心轴或偏心盘;外圆与内孔偏心的零件称为偏心套,如图 8.2 所示。

在机械传动中,回转运动变为往复直线运动或往复直线运动变为回转运动,一般都是利用偏心零件来完成的。例如,车床床头箱用偏心工件带动的润滑泵,汽车发动机中的曲轴等。

偏心轴、偏心套一般都是在车床上加工。它们的加工原理基本相同,主要是在装夹方面采取措施,即把需要加工的偏心部分的轴线找正到与车床主轴旋转轴线相重合。一般车偏心工件的方法有 5 种,即在三爪卡盘上车偏心工件、在四爪卡盘上车偏心工件、在两顶尖间车偏心工件、在偏心卡盘上车偏心工件、在专用夹具上车偏心工件。本任务中只重点介绍前两种车偏心工件的方法。

为确保偏心零件使用中的工作精度,加工时其关键技术要求是控制好轴线间的平行度和偏心距精度。

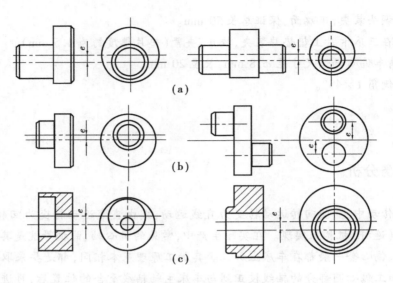

图 8.2　偏心轴和偏心套

8.1.2　在三爪卡盘上车偏心工件

（1）偏心工件的装夹方法

长度较短的偏心工件,可在三爪卡盘上进行车削。先把偏心工件中的非偏心部分的外圆车好,随后在卡盘任意一个卡爪与工件接触面之间,垫上一块预先选好厚度的垫片,经校正母线与偏心距,并把工件夹紧后,即可车削,如图 8.3 所示。

垫片厚度可用近似公式计算,垫片厚度 $x = 1.5e$（偏心距）。若使计算更精确一些,则需在近似公式中带入偏心距修正值 k 来计算和调整垫片厚度,则垫片厚度的近似公式为

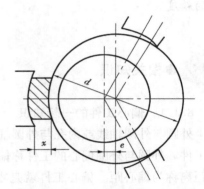

图 8.3　在三爪卡盘上加垫片装夹偏心件

$$x = 1.5e + k$$

$$k \approx 1.5\Delta e$$

$$\Delta e = e - e_{测}$$

式中　e——工件偏心距;

　　　k——偏心距修正值,正负按实测结果确定;

　　　Δe——试切后实测偏心距误差;

　　　$e_{测}$——试切后,实测偏心距。

（2）偏心工件的测量、检查

工件调整校正侧母线和偏心距时,主要是用带有磁力表座的百分表在车床上进行（见图 8.4）,直至符合要求后方可进行车削。待工件车好后为确定偏心距是否符合要求,还需进行最后检查。其方法是把工件放入 V 形铁中,用百分表在偏心圆处测量,缓慢转动工件,观察

其跳动量是否在要求范围内。

例 8.1 在三爪自定心卡盘上用加垫片的方法车削偏心距为 3 mm 的偏心工件,试计算垫片厚度。如果垫上垫片后,实测偏心距比工件要求的大 0.07 mm,求垫片的正确厚度应为多少?

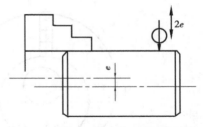

解 先暂不考虑修正值,初步计算垫片厚度为

$$x = 1.5\,e = 1.5 \times 3 \text{ mm} = 4.5 \text{ mm}$$

图 8.4 用百分表校正侧母线和偏心距

由于实测偏心距比工件要求的大 $\Delta e = 0.07$ mm,则垫片厚度的正确值应减区修正值,即

$$x = 1.5\,e - k$$
$$= 1.5 \times 3 \text{ mm} - 1.5 \times 0.07 \text{ mm}$$
$$= 4.395 \text{ mm}$$

 提示

①选择垫片的材料应有一定硬度,以防止装夹时发生变形。垫片与卡爪脚接触面应制成圆弧面,其圆弧大小等于或小于卡爪脚圆弧,如果制成平面的,则在垫片与卡爪脚之间将会产生间隙,造成误差。

②工件轴线不能歪斜,为了保证偏心轴两轴线的平行度,装夹时应用百分表校正工件外圆,使外圆侧母线与车床主轴轴线平行。

③安装后为了校验偏心距,可用百分表在圆周上测量,缓慢转动工件,观察其跳动量是否是偏心距的 2 倍。

④按上述方法检查后,如偏差超出允差范围,应调整垫片厚度后方可正式车削。

⑤由于偏心工件是断续车削,为防止硬质合金刀头碎裂,车刀应有一定的刃倾角,切削深度深一些,进给量小一些。

⑥由于工件偏心,在开车前车刀不能靠近工件,以防工件碰击刀尖。

⑦在三爪卡盘上车削偏心工件,一般仅适用于精度要求不很高,偏心距在 10 mm 以下的短偏心工件。

8.1.3 在四爪卡盘上车偏心工件

如图 8.5 所示,在四爪卡盘上装夹偏心工件,一般适用于加工要求不高,偏心距较小,形状复杂且长度较短,数量较少的偏心工件,其操作步骤如下:

(1)划线

①把工件毛坯车成圆轴,使它的直径等于 D,长度等于 L。在轴的两端面和外圆上涂色,然后把它放在 V 形槽铁上进行划线,用高度尺(或划针盘)先在端面上和外圆上划一组与工件中心线等高的水平线,如图 8.6(a)所示。

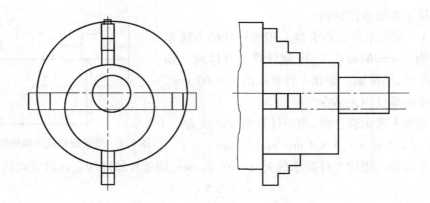

图 8.5　在四爪卡盘上装夹偏心工件

②把工件转动 90°，用角尺对齐已划好的端面线，再在端面上和外圆上划另一组水平线，如图 8.6(b)所示。

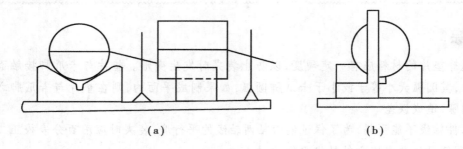

（a）　　　　　　　　　　　　　　　（b）

图 8.6　在工件毛坯上划基准线

③用两脚划规以偏心距 e 为半径，在工件的端面上取偏心距 e 值，作出偏心点。以偏心点为圆心，偏心圆半径为半径划出偏心圆，并用样冲在所划的线上打好样冲眼。这些样冲眼应打在线上（见图 8.7(a)），不能歪斜，否则会产生偏心距误差。

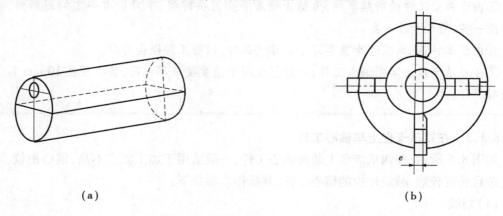

（a）　　　　　　　　　　　　　　　（b）

图 8.7　在工件毛坯上划偏心圆及装夹

（2）装夹

把划好线的工件装在四爪卡盘上。在装夹时，先调节卡盘的两爪，使其呈不对称位置，另两爪成对称位置，工件偏心圆线在卡盘中央（见图 8.7（b））。

（3）找正

在床面上放好小平板和划针盘，针尖对准偏心圆线，校正偏心圆。然后把针尖对准外圆水平线，如图 8.8（a）所示，自左至右检查水平线是否水平。把工件转动 90°，用同样的方法检查另一条水平线，然后紧固卡脚和复查工件装夹情况。

（4）紧固及车削

工件校准后，把四爪再拧紧一遍，即可进行切削。在初切削时，进给量要小，切削深度要浅，等工件车圆后切削用量可以适当增加，否则就会损坏车刀或使工件移位，如图 8.8（b）所示。

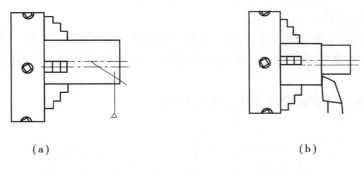

（a） （b）

图 8.8 工件毛坯在车床上的找正、紧固及车削

 提示

①划线用涂色剂应有较好的附着性（一般可用酒精、蓝色和绿色颜料加虫胶片混合浸泡而成），应均匀地在工件上涂上薄薄一层，不宜涂厚，以免影响划线清晰度。

②划线时，手轻扶工件，不让其转（或移）动，右手握住游标高度尺座，在平台上沿着划线的方向缓慢、均匀地移动，防止因游标高度尺底座与平台间摩擦阻力过大而使尺身或游标高度尺在划线时颤抖。为此应使平台和底座下面光洁、无毛刺，可在平台上涂上薄薄一层机油。

③样冲尖应仔细刃磨，要求圆且尖。

④敲样冲时，应使样冲与所标示的线条垂直，尤其是冲偏心轴孔时更要注意，否则会产生偏心误差。

8.1.4 在两顶尖间装夹工件

当车削较长偏心工件时，一般可采用在两顶尖间装夹工件，如图 8.9 所示。其操作方法如下：

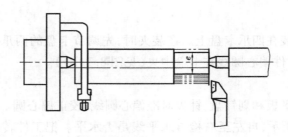

图 8.9　在两顶尖间装夹工件

①加工前,根据偏心距的要求,先在工件两端上分别钻出两对中心孔,其中一对与直径 D 同轴,另一对与偏心轴颈同轴。

②用两顶尖顶住与直径 D 同轴的中心孔,车削加工外圆 D。

③用两顶尖顶住与偏心轴颈同轴的那一对中心孔,找正加工一端偏心轴颈,车好一端,掉头车另一端偏心轴颈。

④若偏心距过小,有可能无法在同一端面钻出两个完整的中心孔时,可增加毛坯长度,待加工完外圆 D 部分后,再平端面,切去中心孔部分,重新钻端面偏心中心孔,再加工偏心轴颈部分。

在两顶尖间装夹工件的加工方法如图 8.10 所示。

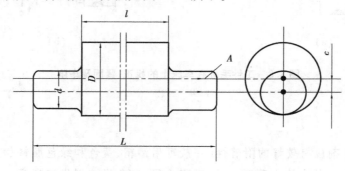

图 8.10　在两顶尖间装夹工件的加工方法

8.1.5　在双重卡盘上装夹偏心工件

当偏心工件加工数量较大时,为减少找正偏心时间,可在双重卡盘上装夹偏心工件。此时,因两卡盘重叠使用,刚性较差,切削用量只能选择低值,其操作方法如下:

①将三爪卡盘装入四爪卡盘上,夹紧并进行找正。找正方法是:在三爪卡盘上装夹一光轴,然后用百分表测头与光轴表面接触,通过缓慢旋转主轴,观察百分表的指针摆动情况,通过调整四爪卡盘的卡爪位置,让三爪卡盘回转中心与主轴同轴。

②偏移三爪卡盘一个偏心距,让百分表测头与光轴表面接触,调整四爪卡盘的卡爪位置,使三爪卡盘与光轴一起偏移一个偏心距 e。

③从三爪卡盘上卸下光轴,装夹上要车削的偏心工件,即可进行车削,校正好第一个工件后,以后的车削就不必再调整偏心了,这样车削偏心工件方法简单、快捷。

在双重卡盘上装夹偏心工件的加工方法如图 8.11 所示。

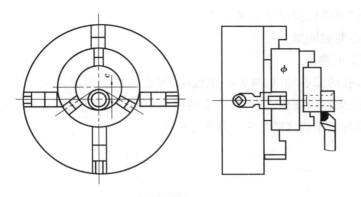

图 8.11　在双重卡盘上装夹偏心工件的加工方法

8.1.6　用花盘装夹偏心工件

当需要加工精度较高的偏心内孔时,可将工件用花盘装夹,如图 8.12 所示,将已车削好外圆和两个端面的工件放在两块成 90° 位置分布的定位块上,然后用 3 块均布的压板装夹在花盘上,通过首件校正及车削后,以后只需松开压板螺钉,就可更换工件进行车削。

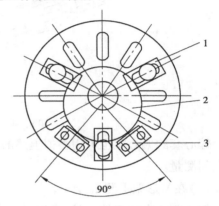

8.1.7　用专用夹具装夹偏心工件

当车削精度较高、批量较大的偏心工件时,为能缩短校正时间,提高生产工艺效率,又能保证加工质量,可用专用夹具如专用偏心套、专用偏心

图 8.12　用花盘装夹偏心工件

轴、V 形槽铁及能调节偏心距的专用偏心夹具等来装夹工件,如图 8.13 所示为用专用偏心套来装夹工件。其操作步骤如下:

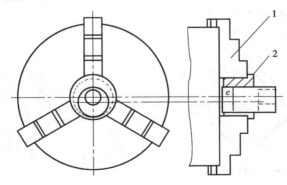

图 8.13　用专用偏心套来装夹工件

①专门制作一个偏心套,其外圆制成台阶形,主外圆用于三爪卡盘夹持,台阶用于靠贴三爪卡盘卡爪的端面,偏心套预先车好偏心孔,其偏心距等于工件的偏心距。

②在偏心套的较薄处铣开一条通窄槽,工件装夹在偏心套孔中,用三爪卡盘的软爪来夹

持偏心套外圆,依靠弹性变形来夹紧工件。

8.1.8 偏心距的测量

(1)在两顶尖间测量

两端有中心孔的偏心轴,如果偏心距较小,可在两顶尖间测量偏心距,如图8.14所示。测量时,把工件装夹在两顶尖之间,百分表的测头与偏心轴接触,手动转动偏心轴,百分表上指示出的最大值与最小值之差的一半就等于偏心距。

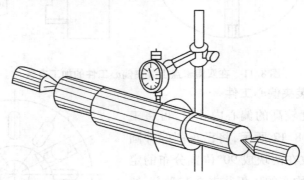

图8.14 在两顶尖间测量偏心距

偏心套的偏心距也可用类似上述的方法来测量,但必须将偏心套套在心轴上,再在两顶尖之间测量。

(2)在V形架上测量

偏心距较大的工件,因为受到百分表测量范围的限制,或无中心孔的偏心工件,就不能用上述方法测量。这时可用间接测量偏心距的方法,如图8.15所示。测量时,把V形架放在平板上,并把工件安放在V形架中,转动偏心轴,用百分表测量出偏心轴的最高点,找出最高点后,把工件固定。再将百分表水平移动,测出偏心轴外圆到基准轴外圆之间的最小距离a,然后用下式计算出偏心距e为

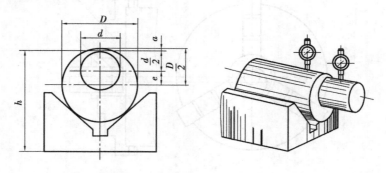

图8.15 在V形架上间接测量偏心距

$$e = \frac{D}{2} - \frac{d}{2} - a$$

式中　D——基准轴直径,mm;

　　　d——偏心轴直径,mm;

　　　a——基准轴外圆到偏心轴外圆之间的最小距离,mm。

任务 8.2　车削三拐曲轴

●教学目标

终极目标:掌握三拐曲轴的车削加工方法。

促成目标:1. 能正确识读零件图,确定其安装、定位、测量基准。

　　　　　2. 能选择正确的工件安装、找正方法。

　　　　　3. 掌握正确的曲轴车削加工方法。

　　　　　4. 能进行尺寸精度、形位精度的检验。

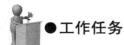●工作任务

三拐曲轴零件图及要求如图 8.16 所示。

加工步骤如下:

①用三爪自定心卡盘上夹住并找正工件外圆,平端面,钻中心孔,车外圆成 $\phi48$ mm 至卡盘处。

②工件调头,找正工件外圆,平端面,截总长至要求尺寸,钻中心孔,车外圆成 $\phi48$ mm 至接刀处。

③划线。

a. 在工件中心划十字线,并引至外圆上供找正用。

b. 划两端共四处中心孔线及找正的圆周线。

c. 在中心孔及有关的圆周线上冲样冲眼。

④用四爪单动卡盘夹持外圆,找正端面上偏心圆周线,并检查工件轴线是否水平,将工件旋转 90°,检查另一条水平线,无误码后钻出偏心部分的中心孔。

⑤工件旋转180°,重复上述步骤④,钻出另一个偏心情部分的中心孔。

⑥工件调头,重复步骤④、⑤,分别钻出另一端面的中心孔。

⑦用两顶尖装夹,顶两端偏心部位中心孔,车偏心轴颈,倒角成形。

⑧顶另外两个偏心部位中心孔,车偏心轴颈,倒角成形。

⑨顶两端偏中心孔,车中间轴颈,倒角成形,粗车 φ46mm 外圆至 φ46.5mm。

⑩用三爪自定心卡盘上夹住工件左端,架中心架支承工件右端,用百分表找正外圆,跳动量小于 0.015 mm,车右端各孔及螺纹成形,孔口倒角成形。

⑪用两顶尖装夹,精车其余各部分尺寸至要求。

⑫检查。

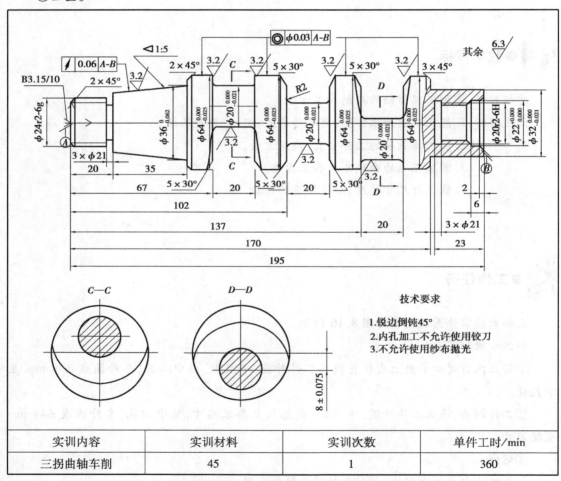

图 8.16 三拐曲轴零件图及要求

技术要求

1.锐边倒钝45°
2.内孔加工不允许使用铰刀
3.不允许使用纱布抛光

实训内容	实训材料	实训次数	单件工时/min
三拐曲轴车削	45	1	360

●任务分析

曲轴是一种偏心工件,广泛应用于压力机、压缩机和内燃机等机械中。根据曲轴轴颈的多少,曲轴可分为单拐、两拐、三拐、四拐、六拐等多种结构形式。曲轴的加工与偏心轴、偏心套加工原理基本相似,需要采取适当的安装方法,将需要加工偏心圆部分的轴线校正到与车床主轴线重合的位置后,再行车削。而且曲柄颈一主轴颈尺寸精度、形状精度要求较高,因此,曲轴加工难度较大,工艺过程比较复杂。

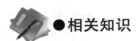

●相关知识

8.2.1 车削工艺的选择

车削曲轴,首先要考虑的是如何实现偏心轴颈的轴线偏移,即工件如何装夹,一般可考虑用以下两种方法:

①加长毛坯长度尺寸,工件两端设置工艺台(见图8.17所示),在工艺台上钻出主轴轴颈中心孔和曲柄中心孔,用于两顶尖安装车削曲柄和轴颈。待曲柄加工完毕后,再把工艺台及偏心中心孔车去。

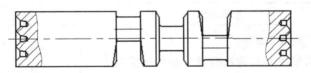

图8.17 设置工艺台

②对于轴径尺寸较小或偏心距较的曲轴,无法钻出中心孔,可考虑使用偏心夹板,如图8.18所示。

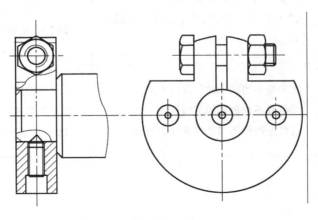

图8.18 曲轴偏心夹板

8.2.2 曲轴车削工艺措施

车削给定任务的三拐曲轴,它有两个曲柄颈,一个与主轴同轴的轴颈,相互之间成180°,并要求各轴颈轴线与主轴轴线平行,各曲柄颈间的角度误差和偏心误差在允许的范围内。因此,可采用工艺措施如下:

①先光整外圆,在长度方向上留工艺台,平端面,便于以后的划线及找正。

②为确保曲柄颈间的角度误差和偏心误差,要在工件的端面和外圆上进行精确的划线,端面上的划线主要是确定曲柄中心孔位置,外圆上的划线,主要用于工件轴线的水平找正。

③钻中心孔前,一定要进行反复的找正,准确无误后,方能钻各中心孔。并对中心孔进行研修,以保证其精度。

④车曲轴轴颈时,要进行粗、精加工,以避免由于工件刚性差、偏心曲拐粗加工余量大、断续切削产生冲击、振动以及切削力大等原因而造成工件变形。

⑤车削曲轴时,为了增加曲轴刚性,防止曲轴变形,应在曲轴轴颈对面的空挡处用支承钉进行支承。

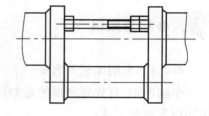

图 8.19　支承螺钉

8.2.3 曲轴加工的质量分析

曲轴加工难度大,容易出现废品,应对曲轴加工进行质量分析,以避免废品的产生(见表8.1)。

表 8.1　曲轴加工的质量分析

废品现象	主要原因	纠正方法和措施
偏心距尺寸不正确	①划线不准确 ②钻中心孔前没有进行很好的反复找正 ③中心孔损坏	①认真划线 ②钻中心孔前进行很好的反复找正 ③修磨中心孔
工件轴线发生弯曲变形	①顶尖及支承螺钉顶得过紧 ②工艺路线不当,粗、精加工未进行区分	①顶尖及支承螺钉松紧适当 ②将粗、精加工进行分开
工件尺寸精度不准确	①测量不当或未进行及时检测 ②量具不准确或未进行调零 ③机床操作不当或机床间隙过大	①及时检测 ②量具调零并进行随时检查 ③调整机床间隙

续表

废品现象	主要原因	纠正方法和措施
工件形状和位置精度超差	①中心孔损坏 ②顶尖损坏 ③机床精度不良、间隙过大	①修磨中心孔 ②维修更换顶尖 ③调整机床间隙
工件粗糙度值过大或产生振纹	①工件刚性不够,产生振动 ②刀具几何角度不正确,切削阻力过大 ③切削用量选择不当 ④机床刚性不够,工件安装方法不对或调整不当	①采用适当的顶尖和支承钉支承 ②刃磨刀具,选用正确的车刀几何角度 ③选择适当的切削用量 ④调整机床间隙,选用合适的工件装夹方法

提示

①划线要精确,找正要仔细,钻中心孔要准确。

②工件装夹要牢固,不能有松动,但又不能支承得过紧。既要防止过紧变形,又要防止过松工件脱落。

③车削时粗、精加工要进行区分。

④刀具几何角度要正确,要保持锋利。

任务8.3　双孔连杆零件车削

●教学目标

终极目标:掌握花盘装夹及车削工件的方法

促成目标:1.熟悉花盘的结构及车床上的一些装夹附件。

2.学习了解花盘上装夹工件的一般方法。

3.能对花盘上装夹的工件进行校正和找正。

4.能对花盘上装夹的工件进行车削加工。

● 工作任务

双孔连杆零件图及要求如图 8.20 所示。

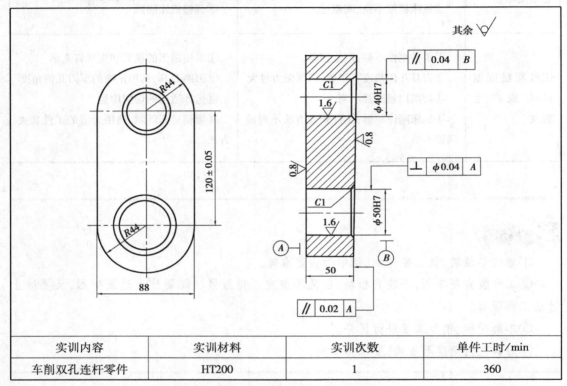

实训内容	实训材料	实训次数	单件工时/min
车削双孔连杆零件	HT200	1	360

图 8.20 双孔连杆零件图及要求

加工步骤如下：

1. 准备工作

①毛坯：已经铣、精铣或铣、磨两平面的铸件(毛坯高度可根据实际情况考虑)，材料为 $Ra0.8~\mu m$。

②设备：CA6140 型车床。

③工艺装备：花盘及其相配合套的夹具、90°车刀、45°车刀、内孔车刀、千分尺、游标卡尺、百分表及磁性表座、内径百分表、V 形架、划针、平板等。

2. 操作步骤

①清洁花盘盘面和工件表面(工件应无毛刺,锐边应倒棱),确定工件其中一面为定位基准面 P,打印标记;在另一平面上划线,以便车孔时找正。

②装夹工件前利用百分表检查花盘平面的端面圆跳动及平面度,要求均在 0.02 mm

以内。

③装夹工件时,将工件的 P 面与花盘平面靠平以定位。先轻压压板,然后装好花盘上的两个调整螺钉。

④根据花盘内孔和工件基准孔的位置,用划线盘找正 $\phi50H7$ 孔轴线与主轴旋转中心同轴。找正方法是:水平移动划线盘,划一条水平线,然后把花盘旋转 $180°$,在用划针划一条水平线;如果两条线不重合,可把划针调整到两条线中间高度,再用上述方法逐步调整至中心。然后将花盘回转 $90°$,并用上述相同方法找正垂直中心线。此时,十字中心线的中心即与主轴旋转中心同。十字中心线找正后,将压板压紧。以 V 形架紧靠工件下端圆弧面,并固定。

⑤安装平衡铁,用调整平衡铁的大小和位置的方法,调整花盘到平衡状态;检查花盘与车床有无碰撞。

⑥粗车、半精车 $\phi47$ mm 孔至 $\phi49.6^{+0.05}_{0}$ mm。主轴转速要选择低速。

⑦精车内孔至 $\phi50H7$ 孔口倒角 C1 两处。

⑧卸下工件,装定位套,找正中心距 (120 ± 0.05) mm;装夹工件并找正 $\phi35$ mm 孔位置,夹紧工件。

⑨粗车、半精车 $\phi35$ mm 孔至 $\phi39.6^{+0.05}_{0}$ mm。

⑩精车内空至 $\phi40H7$,孔口倒角 C1 两处。

⑪检查,即两孔的轴线定位基准面的垂直度不大于 0.04 mm;两孔的尺寸精度、位置精度及表面粗糙度符合技术要求。

●任务分析

双孔连杆为铸造或锻造毛坯,外形周边不做加工,需要加工的表面为前后两个平面、上下两个内孔。两平面间除有尺寸要求外,要求平行;两个内孔除有孔径尺寸要求外,还有较高的中心距要求,且其轴线应与两平面垂直。两平面可先经铣削后,再平面磨削精加工保证尺寸精度和平面度要求。本任务用花盘装夹工件,车削两孔,保证:孔径尺寸精度 IT7;两孔中心距 (120 ± 0.05) mm;两孔轴线对基准平面的垂直度公差为 0.04 mm。

●相关知识

8.3.1　花盘结构及其附件

(1)花盘

花盘是材质为铸铁的大圆盘(见图 8.21(a)),盘面上有很多长短不同且呈辐射状分布的通槽(或 T 形槽),用于安装各种螺钉,以紧固工件。花盘可直接安装在车床主轴上,其盘

(a)花盘　　(b)角铁　　(c)V形铁　　(d)方头螺钉　　(e)压板　　(f)平垫铁　　(g)平衡铁

图 8.21　花盘及附件

面必须与主轴轴线垂直,盘面平整,表面组粗糙度为 $Ra1.6~\mu m$。

（2）角铁

角铁如图 8.21(b)所示,是用铸铁或铸钢制成的车床附件,常用的两个平面相互垂直,要求较高的角铁平面需经过磨削和精刮,以保证角度正确,接触性良好。

（3）V 形铁

V 形铁如图 8.21(c)所示,是用铸铁制成的车床附件。它的工件面是一条 V 形槽,一般做成 90°或 120°。在 V 形铁上可根据需要加工几个螺孔或圆柱孔,以便用螺钉把 V 形铁固定在花盘上或把工件固定在 V 形铁上。

（4）方形螺栓

方形螺栓如图 8.21(d)所示,其头部做成方形,是为了防止螺栓安装在花盘上时本身转动,螺栓的长度可根据装夹的需要做成不同的长度。

（5）压板

压板如图 8.21(e)所示,可根据需要做成单头、双头和高低长短不同的各种规格。它的上面铣有腰形长孔,用来安插螺栓,螺栓可在长腰孔中移动,以调整夹紧力的位置。

（6）平垫铁

平垫铁如图 8.21(f)所示,装在花盘、角铁上,可作为工件的基准平面或导向平面。

（7）平衡铁

平衡铁如图 8.21(g)所示,用钢料或铸铁做成。在花盘上安装的工件大部分是重心偏移一侧的。在工件高速旋转时,容易引起振动影响工件的加工精度和损坏主轴轴承,因此,需在花盘偏重的对面装上适当的平衡铁。

安装好后的花盘,在装夹工件前应对花盘盘面对车床主轴轴线的端面圆跳动,盘面与主轴中心是否垂直进行检查,否则,会使加工后的工件产生相互位置偏差。

8.3.2　工件在花盘上的装夹和校正

（1）车削第一个孔时工件的装夹步骤（见图 8.22）

①选择两平面中的一个平面作为基准面,将工件贴平在花盘盘面上,使第一个孔的中心接近花盘(主轴)中心。

②将 V 形架轻轻支靠在工件下端圆弧形表面上,并在花盘上初步固定。

③按工件上预先划好的线找正一个孔,使其中心在车床主轴轴线上。找正后用压板压紧工件。

④调整 V 形架,使其 V 形槽抵住工件圆弧形表面,并锁紧 V 形架。

⑤用螺钉穿过工件上第二个孔的毛坯,压紧工件的另一端。

⑥按需要加合适的平衡铁,将主轴箱手柄置于空挡位置,以手转动花盘,观察花盘。如果花盘能在任意位置停止,就表示花盘处于平衡状态,符合平衡要求。

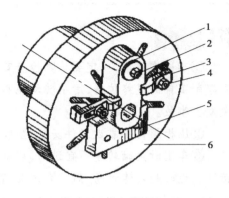

图 8.22　花盘上工件的安装

⑦以手转动花盘,如果旋转自如且无碰撞现象,即可进行车孔。

(2)车削第二个孔时工件的装夹步骤

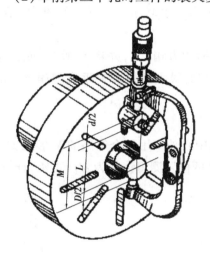

图 8.23　用定位圆柱体找正中心距

工件装夹的关键是保证两孔的中心距公差。

①在车床主轴锥孔中装入一根预制的专用心轴,并找正其圆跳动。

②在花盘上装一个定位套,定位套外径与已车好的第一个孔呈较小的间隙配合。然后用千分尺测量出定位套与心轴之间的尺寸 M(应多测几次,取其平均值)(见图 8.23)。

③计算中心距为

$$L = M - \frac{1}{2}(D + d)$$

式中　L——两孔中心距,mm;

　　　　M——千分尺测得尺寸,mm;

　　　　D——专用心轴外径,mm;

　　　　d——定位套外径,mm。

④当计算中心距 L 与图样要求中心距不符合时,微松定位套压紧螺母,用铜锤轻轻敲击定位套,调整两孔的实际中心距,测量 M,计算 L,并比较中心距,反复调整到符合图样要求为止,锁紧螺母。

⑤取下专用心轴,将工件已加工好的第一个孔套在定位套上,找正第二个孔中心的位置,夹紧工件(见图 8.23)。

⑥按需要加合适的平衡铁,调整花盘使其处于平衡状态。

⑦车削第二个孔。

提示

①车削内孔前,一定要认真检查花盘上所有的压板、螺钉的紧固情况,然后将床鞍移动到车削工件的最终位置,用手转动花盘,检查工件和附近是否与小滑板前端及刀架相碰,以免发生事故。

②压板螺钉应靠近工件安装,垫块的高度应与工件厚度一致。

③车削时主轴转速不宜过高,切削用量不宜选择过大,以免引起车床振动,影响车孔的精度。尤其是转速过高,离心力过大,容易引起事故。

8.3.3 工件的尺寸及精度检测

(1)中心距的检测

在工件两孔中插入测量心轴(或塞规),用千分尺量出尺寸 M,按上述公式计算中心距。

(2)两平面对基准孔轴线垂直度的检测

将心轴连同工件一起装夹在 V 形架(或带有 V 形槽的方箱)上,并将 V 形架(或方箱)置于平板上,用百分表在工件平面上检测。百分表读数的最大差值即为垂直度误差,如图8.21 所示。

(3)两孔轴线平行度误差的检测

将测量心轴分别插入 $\phi40H7$ 和 $\phi50H7$ 的孔中,其中心轴 1 用两个等高的 V 形架支承,如图 8.22 所示,用百分表在心轴 2 上相距为 L_2 的 A、B 两位置测得读数为 M_1 和 M_2,计算平行度误差 f 为

$$f = \frac{L_1}{\mid M_1 - M_2 \mid}$$

式中　f——平行度误差,mm;

　　　L_1——被测轴线长度(连杆厚度),mm。

然后将工件连同测量心轴一起转过 90°。按上述方法再测量与计算一次,取两次 f 值中的大值,即为平行度误差。

8.3.4 双孔连杆零件车削加工的具体步骤

(1)准备工作

①毛坯:已经铣、精铣或铣、磨两平面的铸件,材料表面粗糙度为 $Ra0.8~\mu m$。

②设备:CA6140 车床。

③工艺装备:花盘及其相配套的夹具、90°车刀、45°车刀、内孔车刀、千分尺、游标卡尺、百分表及磁性表座、内径百分表、V 形架、划针、平板等。

（2）操作步骤

①清洁花盘盘面和工件表面（工件应无毛刺，锐边应倒棱），确定工件其中一面为定位基准面 P，打印标记；在另一平面上划线，以便车孔时找正。

②装夹工件前利用百分表检查花盘平面的端面圆跳动及平面度，要求均在 0.02 mm 以内。

③装夹工件时，将工件的 P 面与花盘平面靠平以定位，装夹方法如图 8.19 所示。先轻压压板，然后装好花盘上的两个调整螺钉。

④根据花盘内孔和工件基准孔的位置，用划线盘找正 $\phi 50H7$ 孔轴线与主轴旋转中心同轴。找正方法是：水平移动划线盘，划一条水平线，然后把花盘旋转 180°，再用划针划一条水平线。如果两条线不重合，可把划针调整到两条线中间高度，再用上述方法逐步调整至中心，然后将花盘回转 90°，并用上述相同的方法找正垂直中心线。此时，十字中心线的中心即与主轴旋转中心同轴。十字中心线找正后，将压板压紧。然后以 V 形架紧靠工件下端圆弧面，并固定。

⑤安装平衡铁，用调整平衡铁的大小和位置的方法，调整花盘到平衡状态；检查花盘与车床有无碰撞。

⑥粗车、半精车 $\phi 45$ mm 孔至 $\phi 49.6^{+0.05}_{0}$ mm。主轴转速要选择低速。

⑦精车内孔至 $\phi 50H7$ 孔口倒角 $C1$ 两处（见图 8.24（a））。

⑧卸下工件，装定位套，找正中心距 120 ± 0.05 mm；装夹工件并找正 $\phi 35$ mm 孔位置，夹紧工件。

⑨粗车、半精车 $\phi 35$ mm 孔至 $\phi 39.6^{0.05}_{0}$ mm。

⑩精车内孔至 $\phi 40H7$，孔口倒角 $C1$ 两处（见图 8.24（b））。

⑪检查，即两孔的轴线定位基准面的垂直度不大于 0.04 mm；两孔的尺寸精度、位置精度及表面粗糙度符合技术要求。

（3）注意事项

①车削内孔前，一定要认真检查花盘上所有的压板、螺钉的紧固情况，然后将床鞍移动到车削工件的最终位置，用手转动花盘，检查工件、附件是否与小滑板前端及刀架相碰，以免发生事故。

②压板螺钉应靠近工件安装，垫块的高度应与工件厚度一致。

③车削时主轴转速不宜过高，切削用量不宜选择过大，以免引起车床振动，影响车孔的精度。尤其是转速过高，离心力过大，容易引起事故。

8.3.5　用花盘、弯板及压板、螺栓安装工件

形状不规则的工件，无法使用三爪或四爪卡盘装夹的工件，可用花盘装夹。花盘是安装在车床主轴上的一个大圆盘，盘面上的许多长槽用以穿放螺栓，工件可用螺栓直接安装在花盘上，如图 8.24 所示，也可把辅助支承角铁（弯板）用螺钉牢固夹持在花盘上，工件则安装在弯板上。如图 8.25 所示为加工一轴承座端面和内孔时，在花盘上装夹的情况。为了防止转

动时因重心偏向一边而产生振动,在工件的另一边要加平衡铁。工件在花盘上的位置需经仔细找正。

垫铁
压板
螺栓
螺栓槽
工件
平衡铁

图 8.24　在花盘上安装零件

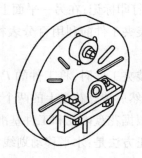

图 8.25　在花盘上用弯板安装零件

任务 8.4　车削细长轴

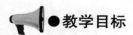

●教学目标

终极目标:掌握细长轴的车削加工方法。

促成目标:1. 掌握车削细长轴时,工件的装夹方法。

　　　　　2. 了解工件温度升高对工件的影响及避免的措施。

　　　　　3. 车削细长轴常见的工件缺陷、产生的原因及消除方法。

●工作任务

车削细长轴的零件图及要求如图 8.26 所示。

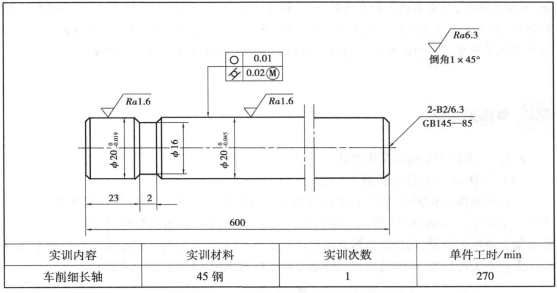

图 8.26 车削细长轴的零件图及要求

实训内容	实训材料	实训次数	单件工时/min
车削细长轴	45 钢	1	270

加工步骤如下:

①下料 $\phi26 \times 604$ mm。

②热处理 正火 170～210HB。

③校直,全长弯度不大于 1.5 mm。

④车端面,钻中心孔。

⑤掉头车端面,钻中心孔,保证总长(600 ± 0.5) mm。

⑥粗车外圆,全长车至 $\phi22_{\ 0}^{+0.5}$ mm。

⑦热处理 高温回火。

⑧校直,两顶尖支持,保证圆跳动量不大于 0.5 mm。

⑨修磨两端中心孔,保证表面粗糙度小于 $Ra0.8$ μm 以下。

⑩一夹一顶装夹,车工件一端外圆见光,长 10～15 mm。

⑪调头夹持已车部位,后顶尖支持,精车 $\phi20_{-0.019}^{\ 0}$ mm 至要求,保证表面粗糙度小于 $Ra1.6$ μm。

⑫切沟槽、倒角。

⑬工件调头,垫铜皮,四爪卡盘夹持 $\phi20_{-0.019}^{\ 0}$ mm 外圆,校正跳动不大于 0.01 mm,弹性活动顶尖扶持,反向进给,车削 $\phi20_{-0.045}^{\ 0}$ mm 至图样要求,保证表面粗糙度小于 $Ra1.6$ μm。

⑭检验。

● **任务分析**

当工件长度跟直径之比大于 25 倍($L/d > 25$)时,就称为细长轴,细长轴往往有直线度误差、跳动度要求,还要求较小的表面粗糙度 Ra 值。但车削时,由于其刚度差,车削过程中受切削力、工件重力以及旋转时的离心力的影响,易产生弯曲变形、热变形、形状误差及表面粗糙度值大等现象。车削时可使用辅助支承和一些工艺措施来增加工件的刚度。

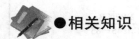 ●相关知识

8.4.1 车削细长轴的常见方法

(1)使用中心架车削细长轴

一般在车削细长轴时,用中心架来增加工件的刚性,当工件可进行分段切削时,中心架支承在工件中间,如图 8.27 所示。在工件装上中心架之前,必须在毛坯中部车出一段支承中心架支承爪的沟槽,其表面粗糙及圆柱误差要小,并在支承爪与工件接触处经常加注润滑油。为提高工件精度,车削前应将工件轴线调整到与机床主轴回转中心同轴。

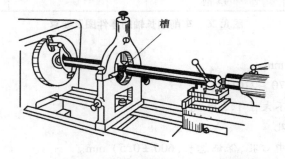

图 8.27　车削细长轴使用中心架支承

当车削支承中心架的沟槽比较困难或一些中段不需加工的细长轴时,可用过渡套筒,如图 8.28 所示,使支承爪与过渡套筒的外表面接触,过渡套筒的两端各装有 4 个螺钉,用这些螺钉夹住毛坯表面,并调整套筒外圆的轴线与主轴旋转轴线相重合。

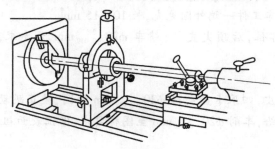

图 8.28　车削细长轴使用过渡套筒支承

(2)使用跟刀架车削细长轴

对不适宜调头车削的细长轴,不能用中心架支承,可使用跟刀架支承进行车削,以增加工件的刚性,如图 8.29 所示。跟刀架固定在床鞍上,一般有两个支承爪,它可跟随车刀移动,抵消径向切削力,提高车削细长轴的形状精度和减小表面粗糙度,如图 8.30(a)所示为

两爪跟刀架,因为车刀给工件的切削抗力 F'_r,使工件贴在跟刀架的两个支承爪上,但由于工件本身的向下重力,以及偶然的弯曲,车削时工件会瞬时离开支承爪、接触支承爪时产生振动。因此,比较理想的中心架需要用三爪中心架,如图 8.30(b)所示。此时,由 3 个爪和车刀抵住工件,使之上下、左右都不能移动,车削时稳定,不易产生振动。

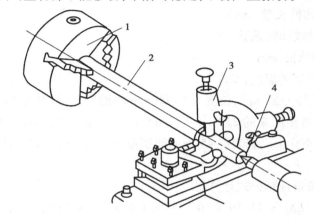

图 8.29 使用跟刀架车削细长轴

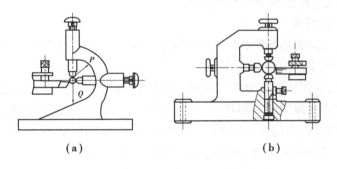

（a） （b）

图 8.30 两爪跟刀架和三爪跟刀架

使用跟刀架车削细长轴,首先要校直工件,工件须经过正火或调质处理,在热处理时,工件要吊置安放,以减少工件的弯曲,在一般情况下,工件的弯曲度应小于 1.5 mm;精车前,工件的弯曲度应小于 0.2 mm。装夹工件时,在卡盘的卡爪与工件间要填入钢丝,以避免工件夹持接触面过大而引起装夹干涉。校正尾座位置时,要使工件开始车削的一端外径比另一端外径大 0.02~0.04 mm,以减小由于跟刀架爪脚或车刀磨损所造成的锥形误差。

使用跟刀架车削细长轴时,一定要注意使支承爪对工件的支承松紧要适当,若太松,起不到提高刚度的作用;若太紧,影响工件的形状精度,车出的工件是"竹节形"。车削过程中,要经常检查支承爪的松紧程度,并及时进行必要的调整。

8.4.2 减少与补偿工件的热变形伸长

车削细长轴时,工件温度的升高和变化,对工件的加工会带来很大的影响,甚至影响工件的质量。

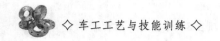

（1）计算工件的热变形伸长

车削细长轴时，由于车刀与工件的剧烈摩擦，会使工件的温度升高而产生热变形伸长，工件的热变形伸长量可由下列公式计算，即

$$\Delta L = a_L L \Delta t$$

式中　ΔL——工件的伸长量，mm；

　　　a_L——材料的线膨胀系数，1/℃；

　　　L——工件的总长，mm；

　　　Δt——工件升高的温度，℃。

例 8.2　车削直径为 30 mm，长度为 1 400 mm 的细长轴，材料为 45 钢，车削时受切削热的影响，使工件的温度由原来的 22 ℃ 上升到 62 ℃，求这根细长轴的热变形伸长量。

解　已知 $L = 1 400$ mm，查表得 45 钢的线膨胀系数 $a_L = 11.59 \times 10^{-6}$/℃，$\Delta t = 62$ ℃ − 22 ℃ = 40 ℃。

根据热变形伸长量计算公式计算得

$$\Delta L = a_L L \Delta t = 11.59 \times 10^{-6}/℃ \times 1 400 \text{ mm} \times 40 ℃ = 0.649 \text{ mm}$$

这根细长轴的热变形伸长量为 0.649 mm。

（2）减少与补偿工件热变形伸长的措施

1）加注充分的切削液

切削液能带走大量的切削热，减少工件的温度升高，起到减少热变形伸长的作用。

2）使用弹性活顶尖

车削细长轴时，尽管加注充分的切削液，工件的温度仍然会升高，仍然存在热变形伸长量。如果采用通常的死顶尖或一般的活顶尖，会限制工件的伸长，造成工件的弯曲，从而影响正常的车削。此时，应采用弹性活顶尖，如图 8.31 所示，当工件伸长时，顶尖会自动后退，起到补偿工件热变形伸长的作用，不会导致工件伸长时工件产生弯曲变形。

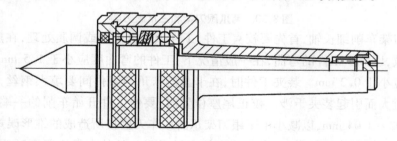

图 8.31　弹性活顶尖

3）采用反向走刀车削法

车削工件外圆时，车刀的走刀方向一般有两种：一种是由床尾向床头方向走刀的正向车削，这是通常的车削加工方法；另一种是从床头向床尾方向走刀，即反向走刀法车削。使用正向走刀车削法车细长轴，如果主轴和尾座两端固定装夹工件，工件在轴向无伸缩余地，由于切削热产生的线膨胀伸长量和背向分力迫使工件产生弯曲或产生弯曲内应力，一旦工件

卸下,在内应力的作用下,会使工件变形,从而无法保证工件的直线度和圆跳动度要求。采用反向走刀车削法时,轴向分力与正向走刀正好反向,使工件由受压转变成受拉伸,这时只需使用较小的顶紧力或使用弹性顶尖,就可以减小车削时工件的振动和弯曲变形。这对克服细长轴加工时容易出现的缺陷是有好处的。因此,在一般情况下,车削细长轴时,应尽可能选用反向走刀车削法,如图 8.32 所示。

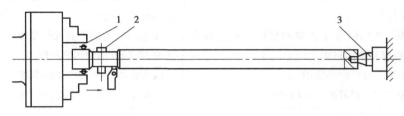

图 8.32　反向走刀车削法

1—ϕ5 mm 钢丝;2—跟刀架;3—伸缩顶尖

反向走刀车削法的方法如下:

①在毛坯的外圆上套上一个开口的 ϕ45 mm 的钢丝圈,伸入卡盘用卡爪夹紧,使工件外圆与卡爪间成线接触,起万向调节作用,从而避免因接触面过大产生的装夹干涉。

②将工件的顶尖中心孔钻成圆柱孔,减小顶尖与锥孔的接触面使之成线接触,这样工件在旋转时可消除"憋劲"现象,减小工件的弯曲。

③尾座顶尖改用弹性活顶尖,可允许工件在轴向作微量的伸缩移动,可补偿切削热引起的膨胀伸长量,从而减少工件弯曲和切削时的振动。

④合理选择车刀的几何角度。车削细长轴时的车刀,主偏角 κ_r 为 75°～90°;前角 γ_o 为 15°～25°,刀刃要保持锋利,使切削背向力减小,刀具材料厂通常选用 YG8、YW1 硬质合金,并磨有圆弧形断屑槽,使排屑顺利。如图 8.33 所示为 75°、90°反偏刀的几何角度图。

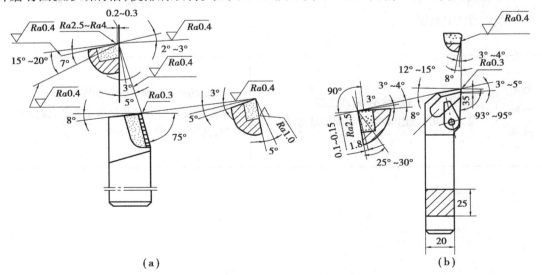

图 8.33　75°、90°反偏刀的几何角度图

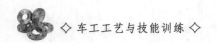

8.4.3　车削细长轴常见的工件缺陷、产生的原因及消除方法

车削细长轴常见的工件缺陷、产生的原因及消除方法见表8.2。

工件缺陷	产生原因	消除方法
弯曲	①坯料自重各本身弯曲 ②工件装夹不良,尾座顶尖与工件中心孔顶得过紧 ③刀具几何角度参数和切削用量选择不当,造成切削力过大 ④切削时产生热变形 ⑤刀尖与跟刀架支承块间距离过大	①毛坯应经校直和热处理 ②工件装夹时,应使顶紧力松紧适当,并注意随时进行调整 ③选择合适的刀具几何角度参数,保持刀具锋利,选择较小的切削深度 ④应供给充分的冷却润滑液 ⑤调整两者间的距离,应不超过2 mm
腰鼓形	①未合理使用跟刀架,跟刀架支承爪与工件表面接触不一致,中间部分让刀 ②车刀主偏角不够大,切削横向分力过大	①合理使用跟刀架,跟刀架支承爪与工件表面接触调整一致 ②精车时,选用主偏角90°的车刀,必要时,采用反向走刀法车削
竹节形	①在调整和修磨跟刀架支承块后,接刀不良,使第二次与第一次进给的径向尺寸不一致,引起工件上出现的周期性直径变化 ②跟刀架外侧支承块调整过紧	①当车削中出现轻度竹节时,可调节上侧支承块的压紧力,也可调节中滑块手柄,改变切削深度 ②应调整压紧力,使支承块与工件保持良好的接触
锥度	①尾座顶尖与主轴中心线相对床身轨不平行 ②刀具磨损	①调整尾座顶尖与主轴中心线的位置 ②选用耐磨性好的刀具材料,如选用YW刀片
表面粗糙度值	①车削时工件刚性不够,产生振动 ②刀具几何角度参数和切削用量选择不当	①采取措施,增加工艺系统刚性 ②选择合适的刀具几何角度参数,保持刀具锋利,选择较小的切削深度

项目 9

零件的工艺分析

●**教学目标**

终极目标:能编制简单零件的车削加工工艺。

促成目标:1.掌握工艺过程及相关基准的概念。

2.初步了解工艺路线的确定方法。

3.会编制简单零件的加工工艺。

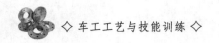
任务 9.1　工艺过程及基准

**●教学目标**

终极目标:掌握工艺过程及基准的相关知识。
促成目标:1.懂得生产过程、工艺过程、工艺规程的区别与联系。
　　　　　2.懂得工艺过程的组成。
　　　　　3.掌握基准、基准的分类和定位基准的选择原则。

**●工作任务**

学习了解零件制造的整个生产过程、工艺过程、工艺规程的相关知识,掌握工艺过程的组成,学习基准、基准的分类和定位基准的选择原则。

**●任务分析**

一个零件可用几种不同的加工方法生产制造出来,但在一定的条件下,只有一种方法是较为合理的。如果工艺规程制订的不合理,就不能保证产品的加工质量,同时会降低劳动生产率,造成经济上的损失。因此,在制订工艺规程时,必须从实际出发,根据零件的生产批量、现有的设备条件,并尽可能考虑先进工艺、先进技术,制订出能保证零件图上的全部技术要求,合理可靠的机械加工工艺过程。

●相关知识

9.1.1　生产过程、工艺过程及工艺规程

（1）机械加工的方法

任何机器和部件都是由许多零件按设计要求制造和装配而成,机械制造的工艺过程即是一台机器的形成的过程:

$$\boxed{金属材料} \xrightarrow{\text{铸造、锻造或焊接}} \boxed{毛坯} \xrightarrow{\text{机械加工或热处理}} \boxed{零件} \xrightarrow{\text{装配}} \boxed{机器}$$

机械加工的方法很多,一般机器制造厂常用的机械加工方法有车削、铣削、磨削、刨削、插削、拉削、钻削、镗削及齿轮加工等。

(2)生产过程、工艺过程及工艺规程

生产过程是指从原材料(或半成品)制成产品的全部过程。对机器生产而言,它包括原材料的运输和保存,生产的准备,毛坯的制造,零件的加工和热处理,产品的装配及调试,油漆和包装等内容。生产过程的内容十分广泛,现代企业用系统工程学的原理和方法组织生产和指导生产,将生产过程看成是一个具有输入和输出的生产系统,能使企业的管理科学化,使企业更具应变力和竞争力。

在生产过程中,直接改变原材料(或毛坯)形状、尺寸和性能,使之变为成品的过程,称为工艺过程。它是生产过程的主要部分。例如,毛坯的铸造、锻造和焊接,改变材料性能的热处理,零件的机械加工等,都属于工艺过程。工艺过程又是由一个或若干个顺序排列的工序组成的。

在生产过程中,为了进行科学管理,常将合理的工艺过程中的各项内容编写成文件来指导生产。这类规定工件工艺过程和操作等的工艺文件称为工艺规程。工艺规程制订得是否合理,直接影响工件的加工质量、生产效率和经济效益。一个工件可以由几种不同的加工方法制造出来,但在一定的条件下,只有某一种方法是比较合理可行的,因此,在制订工艺时,必须从实际出发,根据设备条件、生产类型等具体情况,尽可能用先进的加工方法,按规定制订出合理的工艺过程,保证工件图样上全部技术要求。

工艺规程不是固定不变的,而是随着科学技术的发展、新材料的不断出现、加工手段的不断变化、工艺装备的不断更新换代而发展、修订和完善。工艺规程包括工艺过程卡片、工艺卡片、工序卡片及检验卡片等。

9.1.2 机械加工工艺过程的组成

机械加工工艺过程是由按一定顺序安排的工序组成的,而工序又可分成安装、工位、工步和进给。毛坯依次通过各道工序,逐渐加工成所需要的零件。

(1)工序

工序是工艺过程的基本组成单位。所谓工序,是对各种原材料、半成品进行加工、装配或处理,使之成为产品的方法的各个过程中,在一个工作地点,对一个或一组工件所连续完成的那部分工艺过程。

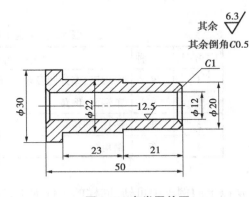

图9.1 套类零件图

构成一个工序的主要特点是不改变加工对象、设备和操作者,而且工序的内容是连续完成的。加工工件的数量不同,工序划分则不同。

例如,加工如图9.1所示套类零件,其工艺过程可分为两道工序,也可分成4道工序。

1)分两道工序(见图9.2)

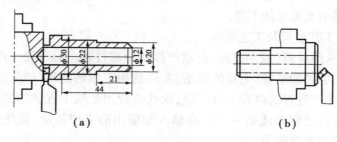

(a)   (b)

图9.2 两道工序加工套类零件

工序序号	工 种	工序内容	工序特点
1	车	车端面、车外圆及台阶、倒角、钻孔、切断	工序集中,工件装夹次数少,但刀具变换多,对工人技能要求高工序
2	车	车端面、倒角	

2)分4道工序(见图9.3)

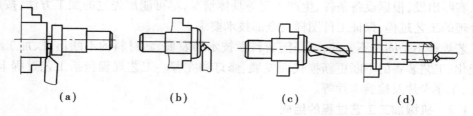

(a)   (b)   (c)   (d)

图9.3 4道工序加工套类零件

工序序号	工 种	工序内容	工序特点
1	车	车端面、车外圆及台阶、倒角、切断	工序分散,工件装夹次数多,但刀具变换少,工件容易保证尺寸,对工人技能要求低
2	车	车端面、倒角	
3	车	钻孔、倒角	
4	车	倒角	

从以上的例子中可知,同样的工件加工,加工必须连续进行的才能算一道工序。如果中间有中断,就应算作两道工序。工序划分得多,采用专用机床加工生产可提高生产效率。

(2)安装和工位

1)安装

在同一道工序中,工件可能要经过几次安装。工件在一次装夹中所完成的那部分工序,称为安装。

2）工位

为了减少安装误差，常选用一些可转位（或可位移）的夹具装夹工件，工件相对机床（或刀具）在每一个位置上完成的那一部分工艺过程，称为一个工位。一次安装中可以有一个或几个工位。

车削加工如图9.4所示齿轮泵体，工件装夹在夹具中，需分别车削 A、B 两孔，车削 A 孔时为第一个工位，需车削 B 孔时，工件在夹具中移动一个中心距并夹紧，这就是第二个工位。

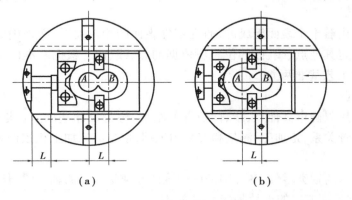

（a）　　　　　　　　　　　　（b）

图9.4　车削加工齿轮泵体

（3）工步与进给

1）工步

在加工表面和刀具不变的情况下，完成的那部分工艺过程，称为工步。

2）进给

在一个工步中，若切削余量较大，不可能一次将余量切除，需分几次切削，而每一次切削就称为一次进给。

9.1.3　生产类型

生产类型通常分为以下3类：

①单件生产：单个地生产某个零件，很少重复地生产。

②成批生产：成批地制造相同的零件的生产。

③大量生产：当产品的制造数量很大，大多数工作地点经常是重复进行一种零件的某一工序的生产。

拟订零件的工艺过程时，由于零件的生产类型不同，所采用的加工方法、机床设备、工夹量具、毛坯及对工人的技术要求等，都有很大的不同。

9.1.4　加工余量

为了加工出合格的零件，必须从毛坯上切去的那层金属的厚度，称为加工余量。加工余量又可分为工序余量和总余量。某工序中需要切除的那层金属厚度，称为该工序的加工余量。从毛坯到成品总共需要切除的余量，称为总余量，它等于相应表面各工序余量之和。

在工件上留加工余量的目的是为了切除上一道工序所留下来的加工误差和表面缺陷，如铸件表面冷硬层、气孔、夹沙层、锻件表面的氧化皮、脱碳层、表面裂纹，切削加工后的内应力层和表面粗糙度等。从而提高工件的精度和表面粗糙度。

加工余量的大小对加工质量和生产效率均有较大影响。加工余量过大,不仅增加了机械加工的劳动量,降低了生产率,而且增加了材料、工具和电力消耗,提高了加工成本。若加工余量过小,则既不能消除上道工序的各种缺陷和误差,又不能补偿本工序加工时的装夹误差,造成废品。其选取原则是在保证质量的前提下,使余量尽可能小。一般说来,越是精加工,工序余量越小。

9.1.5 基准

机械零件是由若干个表面组成的,研究零件表面的相对关系,必须确定一个基准,基准是零件上用来确定其他点、线、面的位置所依据的点、线、面。根据基准的不同功能,基准可分为设计基准和工艺基准两类。

(1)设计基准

在零件图上用以确定其他点、线、面位置的基准,称为设计基准。它是用以标注尺寸和描述表面相互位置关系,是加工、测量和安装的依据,也是消除加工积累误差、保证加工质量的依据。

如图9.5所示的轴类零件,各外圆表面的设计基准是零件的轴心线,长度尺寸是以端面 *B* 为依据的,因此长度方向的设计基准是端面 *B*。

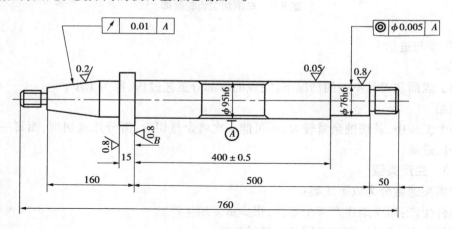

图9.5 轴类零件图

(2)工艺基准

零件在加工和装配过程中所使用的基准,称为工艺基准。工艺基准按用途不同又分为装配基准、测量基准及定位基准。

1)定位基准

加工时工件定位所用的基准,称为定位基准。作为定位基准的表面(或线、点),在第一道工序中只能选择未加工的毛坯表面,这种定位表面称为粗基准;在以后的各个工序中就可采用已加工表面作为定位基准,这种定位表面称为精基准。

如图9.5所示的轴类零件,是用两顶尖装夹来进行车削和磨削的,其定位基准是两轴端的中心孔。

2）测量基准

用以检验已加工表面的尺寸及位置的基准，称为测量基准。

3）装配基准

装配时用以确定零件在部件或产品中的位置的基准，称为装配基准。

（3）基准的选择

任何一个零件都有长、宽、高3个方向（或轴向、径向两个方向）的尺寸，每个尺寸都有基准，因此每个方向至少要有一个基准。同一方向上有多个基准时，其中必定有一个基准是主要的，称为主要基准；其余的基准则为辅助基准。主要基准与辅助基准之间应有尺寸联系。

主要基准应为设计基准，同时也为工艺基准；辅助基准可为设计基准或工艺基准。从设计基准出发标注尺寸，能反映设计要求，保证零件在机器中的工作性能；从工艺基准出发标注尺寸，能把尺寸标注与零件加工制造联系起来，保证工艺要求，方便加工和测量。因此，标注尺寸时，应尽可能将设计基准与工艺基准统一起来。既是径向设计基准，又是径向工艺基准，即工艺基准与设计基准是重合的，则称为"基准重合原则"。这样既能满足设计要求，又能满足工艺要求。一般情况下，工艺基准与设计基准是可以做到统一的，当两者不能统一起来时，要按设计要求标注尺寸，在满足设计要求的前提下，力求满足工艺要求。

可作为设计基准或工艺基准的面、线、点主要有对称平面、主要加工面、接合面、底平面，端面、轴肩平面，回转面母线、轴线、对称中心线，球心等。应根据零件的设计要求和工艺要求，结合零件实际情况，恰当选择尺寸基准。

任务9.2　工艺路线的拟订

●教学目标

终极目标：能识读工艺过程的内容，搞清其内涵。

促成目标：1. 了解拟订工艺路线的一般原则。

2. 能进行简单零件的加工工艺路线拟订。

3. 能识读工艺过程的内容，搞清其内涵。

●工作任务

1. 掌握拟订工艺路线的一般原则。

2. 能针对简单零件拟订工艺路线。

3. 能识读工艺过程的内容，搞清其中的内涵。

●任务分析

一个零件可以由几种不同的加工方法制造出来,但在一定的条件下,只有某一种方法是比较合理可行的,因此,必须根据零件的要求,结合生产的实际,制订合理的加工路线,才能保证在高的时间效率和较高的经济效益下,加工出合格的产品。

●相关知识

9.2.1　拟订工艺路线的一般原则

机械加工工艺规程的制订,大体可分为两个步骤。一是拟订零件加工的工艺路线;二是确定每一道工序的工序尺寸、所用设备和工艺装备以及切削规范、工时定额等。这两个步骤是互相联系的,应进行综合分析。

工艺路线的拟订是制订工艺过程的总体布局,主要任务是选择各个表面的加工方法,确定各个表面的加工顺序,以及整个工艺过程中工序数目的多少等。

拟订工艺路线的一般原则如下:

（1）先加工基准面

零件在加工过程中,要根据零件的结构和技术要求,正确选择零件加工时的定位基准,并将作为定位基准的表面应首先加工出来,以便尽快为后续工序的加工提供精基准,这对零件的装夹方法和确定工序的安排都有决定性影响。这种先确定定位基准和先加工基准面的方法,称为"基准先行"。例如,加工箱体、支架和连杆等零件应先面后孔,即先加工平面后加工孔。这样就可以以平面定位加工孔,保证平面和孔的位置精度,而且对平面上的孔的加工带来方便。

（2）划分加工阶段

加工质量要求高的表面,应划分加工阶段,一般可分为粗加工、半精加工、精加工和光整加工几个阶段。各个阶段在保证加工质量和提高生产效率的着重点不同,如粗加工是为了快速去除多余的毛坯材料,强调的是效率,对零件质量影响不大;而精加工着重的是工件的质量,即尺寸精度、形位精度和表面粗糙度。划分加工阶段是为了保证加工质量,提高生产效率,有利于合理使用设备,便于安排热处理工序,以及便于及时发现毛坯缺陷等。划分加工阶段这一原则对保证一个表面的尺寸、形状、位置精度和表面粗糙度是非常重要的。

（3）加工方法的选择

一个零件的表面可以有几种不同的加工方法,例如,外圆柱面可以用车、磨、研磨等方法加工;内圆柱面可以用钻、扩、车、铰、铣镗、拉、磨、研磨等方法加工。不同的加工方法具有不同的技术经济效果,故每一个表面的加工方法既要保证质量要求,又要尽力而为地满足生产效率和经济性方面的要求。

在普通车床上加工外圆、内孔时,各种表面加工方法能达到的经济精度、表面粗糙度值见表9.1。

表 9.1 外圆和内孔加工方法能达到的经济精度、表面粗糙度值

序 号	加工方案	公差等级	表面粗糙度 $Ra/\mu m$	适用范围
	外圆			
1	粗车	IT11 以下	50 ~ 12.5	适用于淬火钢以外的各种金属
2	粗车→半精车	IT10 ~ IT8	6.3 ~ 3.2	
3	粗车→半精车→精车	IT8 ~ IT7	1.6 ~ 0.8	
4	粗车→半精车→精车→滚压(抛光)	IT8 ~ IT7	0.2 ~ 0.025	
5	粗车→半精车→磨削	IT8 ~ IT7	0.8 ~ 0.4	主要用于淬火钢,也可用于未淬火钢,但不适用于有色金属
6	粗车→半精车→粗磨→精磨	IT7 ~ IT6	0.4 ~ 0.1	
7	粗车→半精车→粗磨→精磨	IT5	0.4 ~ 0.1	
8	粗车→半精车→粗磨→精磨→超精加工	IT7 ~ IT6	0.025 ~ Rz0.05	主要用于精度要求较高的有色金属
9	粗车→半精车→粗磨→精磨→超精磨或镜面磨	IT5 以上	0.025 ~ Rz0.05	极高精度的外圆加工
10	粗车→半精车→粗磨→精磨→研磨	IT5 以上	0.1 ~ Rz0.05	
	内 孔			
1	钻	IT12 ~ IT11	12.5	加工未淬火钢或铸铁的实心毛坯,孔径小于 20 mm
2	钻→铰	IT9	3.2 ~ 1.6	
3	钻→铰→精铰	IT8 ~ IT7	1.6 ~ 0.8	
4	钻→扩	IT11 ~ IT10	12.5 ~ 6.3	适用材料同上,但孔径大于 20 mm
5	钻→扩→铰	IT9 ~ IT8	3.2 ~ 1.6	
6	钻→扩→铰→精铰	IT7	1.6 ~ 0.8	
7	钻→扩→机铰→手铰	IT7 ~ IT6	0.4 ~ 0.1	
8	钻→扩→拉	IT9 ~ IT7	1.6 ~ 0.1	大批量生产
9	粗镗(或扩孔)	IT12 ~ IT11	12.5 ~ 6.3	除淬火钢外的各种材料,要求毛坯具有铸孔或锻孔
10	粗镗→半精镗	IT9 ~ IT8	3.2 ~ 1.6	
11	粗镗→半精镗→精镗	IT8 ~ IT7	1.6 ~ 0.8	
12	粗镗→半精镗→精镗→浮动铰刀精镗	IT7 ~ IT6	0.8 ~ 0.4	
13	粗镗→半精镗→磨孔	IT8 ~ IT7	0.8 ~ 0.2	主要用于淬火钢
14	粗镗→半精镗→粗磨孔→精磨孔	IT7 ~ IT6	0.2 ~ 0.1	
15	粗镗→半精镗→精镗→金刚镗	IT7 ~ IT6	0.4 ~ 0.05	主要用于有色金属

续表

序　号	加工方案	公差等级	表面粗糙度 Ra/μm	适用范围
16	钻→扩→铰→精铰→珩磨	IT7～IT6	0.2～0.025	精度要求很高的孔
17	钻→扩→拉→珩磨	IT7～IT6	0.2～0.025	
18	粗镗→半精镗→精镗→珩磨	IT7～IT6	0.2～0.025	

（4）工序集中与工序分散

在拟订零件的工艺路线时,除了选择零件各表面的加工方法,合理划分加工阶段外,还应确定工序的数目和每道工序的工作内容,是让工序数目少一些,每道工序中加工内容多一些;还是让工序数目多一些,每一道工序中加工内容简单一些、加工单一些,这就有了工序集中与工序分散的选择。

1）工序集中

工序集中是在工件的一次装夹中,尽可能完成多个表面的加工和多个加工内容。工序集中到极限程度时,一个工件的所有表面均在一道工序内加工完成。

工序集中的特点:

①减少了工件的装夹次数和装夹的辅助时间。

②比较容易保证工件表面间的相互位置精度,保证工件尺寸精度和表面粗糙度的难度增加。

③减小加工机床的数量和工件工序间周转次数,减少了对机床、夹具、车间场地及面积、操作工人及生产辅助人员的数量,简化了生产计划和生产管理。

④要求机床性能和机床精度较高,要求机床刀具变换能力和换刀重复精度要高。

⑤加工中测量次数增多,对量具的精度和数量要求较高;计算尺寸和测量尺寸的时间花费较长。

⑥对操作工人的技能水平要求较高。

2）工序分散

工序分散是将工件的加工内容分散到较多的工序中进行,工件需多次装夹。工序分散到极限程度时,一道工序只包含一个工步,只加工工件的一个表面。

工序集中的特点:

①工件的装夹次数较多和装夹的辅助时间较长。

②工件的尺寸精度和表面粗糙度容易保证,但工件表面间的相互位置精度容易出现偏差。

③加工机床的数量和工件工序间周转次数增多,对机床、夹具、车间场地及面积、操作工人及生产辅助人员的数量要求较多,生产计划和生产管理要求细化。

④对机床性能和机床精度要求可降低,对机床夹具要求重复定位精度高,需增加一些辅

助定位装置。

⑤加工中测量次数极少,对量具的精度和数量要求不高;计算尺寸和测量尺寸的时间花费很少。

⑥对操作工人的技能水平要求降低,要求操作动作的熟练程度增加。

工序集中与工序分散是拟订工艺路线的两个不同原则,各有其利弊,具体选用哪个恰当,应根据生产类型、零件的结构特征、现有生产条件、企业能力等诸多因素进行综合分析比较,择优选用。

例如,单件小批量生产,由于使用通用机床、通用夹具和量具,一般采用工序集中的方法;对于重型工件,为了减少吊运、装卸的劳动量,大批、大量生产的产品,可以采用高效专用设备,应选用工艺集中,如加工内燃机机体时,往往采用一台组合机床来完成几个表面的几十个孔的钻、扩、铰和攻丝等工作。选用数控机床加工零件时,一般也选择工序集中。

对于一些大批量、结构又不适应采用工序集中的零件,如连杆、活塞、曲轴、齿轮等零件,加工需要用一些高效的专用夹具及专用机床,技能人才紧缺的情况下,宜采用工序分散。

(5)加工顺序的安排

正确的加工顺序应遵循前工序为后续工序准备基准的原则安排,也就是说,开始时先用粗基准加工精基准,再用精基准来加工其他表面,具体如下:

①先粗车后精车(先粗后精)。

②先加工主要表面,后加工次要表面(先主后次)。

③优先考虑基面的加工(基面优先)。

④先加工外表面,后加工内表面(先面后孔)。

⑤主要表面的光整加工(如研磨、珩磨、精磨等),应放在工艺路线最后阶段进行(光整最后)。

上述为工序安排的一般情况。有些具体情况可按以下原则处理:

①为了保证加工精度,粗、精加工最好分开进行。因为粗加工时,切削量大,工件所受切削力、夹紧力大,发热量多,以及加工表面有较显著的加工硬化现象,工件内部存在着较大的内应力,如果粗、精加工连续进行,则精加工后的零件精度会因为应力的重新分布而很快丧失。对于某些加工精度要求高的零件,在粗加工之后和精加工之前,还应安排低温退火或时效处理工序来消除内应力。

②合理地选用设备。粗加工主要是切掉大部分加工余量,并不要求有较高的加工精度,因此,粗加工应在功率较大、精度不太高的机床上进行;精加工工序则要求用较高精度的机床加工。粗、精加工分别在不同的机床上加工,既能充分发挥设备能力,又能延长精密机床的使用寿命。

③在机械加工工艺路线中,常安排有热处理工序。热处理工序位置的安排如下:为改善金属的切削加工性能,如退火、正火、调质等,一般安排在机械加工前进行。为消除内应力,如时效处理、调质处理等,一般安排在粗加工之后,精加工之前进行。为了提高零件的机械

性能,如渗碳、淬火、回火等,一般安排在机械加工之后进行。如热处理后有较大的变形,还须安排最终加工工序。

9.2.2 典型零件工艺路线简介

(1)轴类零件工艺路线简介

轴类零件是车床加工的主要零件,它主要由各外圆表面、台阶及端面组成。轴颈是轴类零件的重要表面,用于装配轴承的支承轴颈和用于装配传动件的配合轴颈有较高的尺寸精度和位置精度要求,轴类零件的轴线一般为设计基准,两端中心孔为定位基准。典型轴类零件图如图9.6所示。

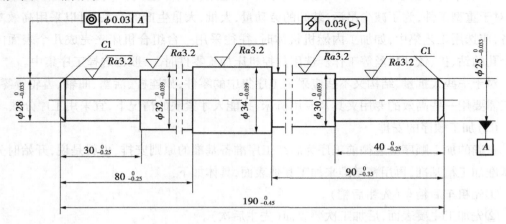

图9.6 典型轴类零件图

一般轴类零件工艺路线如下:

下料→锻造→退火(正火)→粗加工→调质→半精加工→表面淬火→低温失效→精磨

(2)套类零件工艺路线简介

套类零件主要由外圆、内孔、内外台阶、沟槽及端面组成。往往外圆与内孔间有同轴度要求,内孔是起支承作用或导向作用的主要表面,外圆常与箱体或机架上的孔过盈或过渡配合。内外台阶或端面常起轴向定位作用,往往要求与轴线垂直。典型套类零件图如图9.7所示。

一般套类零件工艺路线如下:

下料→锻造→退火(正火)→粗加工→调质→铰孔(或精车孔)→套在心轴上精车外圆→低温失效→精磨

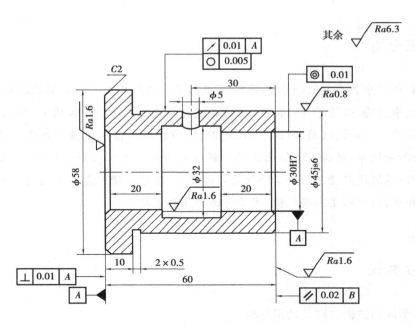

图9.7　典型套类零件图

任务9.3　典型零件车削工艺分析

●教学目标

终极目标：对零件的加工工艺有明确的思路。

促成目标：1. 了解零件的结构特点及功用。

　　　　　2. 能分析零件的技术要求。

　　　　　3. 能对零件的加工工艺进行分析。

　　　　　4. 掌握形成零件的整个加工工艺过程。

●工作任务

典型轴类零件的加工工艺分析。

●任务分析

　　轴是各种机器中最常用的一种典型工件,虽然不同的轴类工件结构形状各异,但由于它们主要用于支承齿轮、带轮等传动工件,并传递运动和转矩,因此,其结构上一般总少不了圆柱面、圆锥面、台阶、端面、轴肩、螺纹、螺纹退刀槽、砂轮越程槽及键槽等表面。外圆用于安装轴承、齿轮和带轮等;轴肩用于轴上工件和轴本身的轴向定位;螺纹用于安装各种锁紧螺母和调整螺母;螺纹退刀槽用于加工螺纹退刀时用;砂轮越程槽则是为了同时正确地磨削出工件的外圆和端面;键槽用来安装键,用于传递转矩和运动。

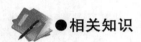

●相关知识

9.4.1　零件的结构特点及功用分析

　　如图9.8所示零件为一传动轴,主要用于支承齿轮、带轮等传动零件,并传递运动和转矩,其具体功用分析如下:

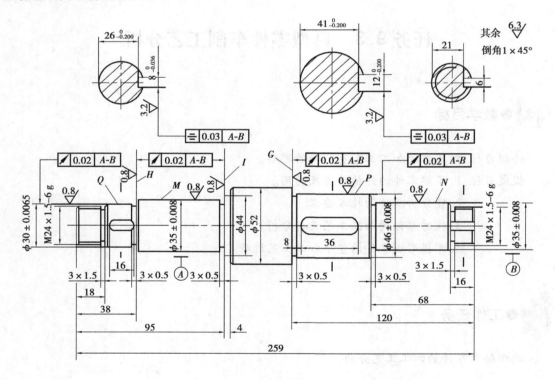

图9.8　传动轴零件图

两上 $\phi35 \pm 0.008$ 圆柱面 M、N——用于安装轴承。

$\phi46 \pm 0.008$、$\phi30 \pm 0.006\,5$ 圆柱面 P、Q,上有键槽——用于安装齿轮或带轮。

轴肩:用于轴上零件及轴本身的轴向定位。

螺纹:用于安装锁紧螺母及调整螺母。

螺尾退刀槽:用于加工螺纹时退刀用,属于工艺槽。

砂轮越程槽:用于在使用磨床时,能正确地磨出外圆和端面。

键槽:用于安装键,连接轴与齿轮,以传递转矩和运动。

图 9.9　传动轴实物外形

传动轴实物外形如图 9.9 所示。

9.4.2　零件的技术要求分析

(1)尺寸精度

轴颈是该轴类零件的主要表面,它直接影响轴的回转精度和工作状态,其中,用于安装轴承的 M、N 处和用于安装齿轮的 P、Q 处,尺寸精度较高,达到了 IT6 级;其他位置要求一般。

(2)几何形状精度

轴颈的几何形状精度一般限制在直径公差范围内,该零件没有提出更高的要求。

(3)位置精度

通常用装配传动件的配合轴颈相对于安装轴承的支承轴颈之间的径向圆跳动来表示,根据使用要求,规定高精度轴为 $0.001 \sim 0.005$ mm,一般精度轴为 $0.01 \sim 0.03$ mm。该加工零件的装配传动件的配合轴颈相对于安装轴承的支承轴颈之间的径向圆跳动为 0.02 mm,并有轴肩的跳动度要求,可以确定为一般精度轴。

9.4.3　工艺分析

(1)主要表面的加工方法

从零件图样的分析可知,该轴大部分为回转表面,故前期加工主要以车削为主,而且表面 M、N、P、Q 的尺寸精度要求较高,表面粗糙度 Ra 值较小,因此,车削以后还需进行磨削,故这个零件加工的主要顺序如下:粗车→调质→半精车→磨削。

(2)定位基准选择

由于该轴的几个主要配合表面和阶台面,对基准轴线 A-B 均有径向圆跳动和端面圆跳动的要求,因此应在轴的两端加工 B 型中心孔作为定位基准面,并且在粗车前加工好,在半精车前进行修磨,磨削前进行研磨。

(3)毛坯类型选择

轴类零件的毛坯通常选用圆钢或锻件,对于直径相差甚小,传递转矩不大的一般台阶轴,其毛坯多采用圆钢,而对于传递较大转矩的重要轴,无论其轴径相差多少,形状简单与否,均应选用锻件作为毛坯,以满足其力学性能要求。该零件为一般用途,并且各轴颈相差不大,批量又小(只有 5 件),故选用圆钢为坯料,直接锯床下料即可。

(4)拟订加工工艺路线

拟订该轴加工工艺路线,在考虑主要表面加工时,还要考虑次要表面的加工和热处理要求。先平端面,确保总长,然后打中心孔定基准面,再进行粗车,粗车后安排调质;粗车、半精车时,要为下一步工序预留一定的加工余量,要求不高的外圆表面(如 $\phi52$ mm)外圆表面、退刀槽、砂轮越程槽、倒角及螺纹在半精车时就可加工到规定尺寸;调质以后,一定要修研中心孔,以消除热处理变形和中心孔的氧化层;在磨削前,一般还应修研一次中心孔,以提高定位精度。该传动轴机械加工工艺过程见表9.4。

表9.4 传动轴加工工艺过程

工艺	工种	工艺内容	工艺简图	加工设备
1	锯	下料 选择棒料直径 $\phi55$, 长度 265 mm		锯床
2	车	平一端端面 掉头 平另一端面,保证总 长 259 mm		车床
3	车	钻两端中心孔		车床
4	车	一顶一夹装夹 粗车工件左端 3 个 台阶,留余量 2 mm 掉头,一顶一夹装夹 粗车工件左端 4 个 台阶,留余量 2 mm		车床
5	热	调质处理 220 ~ 240 HB		

工艺	工种	工艺内容	工艺简图	加工设备
6	钳	研磨工件两端中心孔		车床
7	车	两顶尖装夹,半精车 3 个台阶,3 个倒角, 切 3 个槽 工件调头 两顶尖装夹,半精车 4 个台阶,6 个倒角, 切 3 个槽		
8	车	两顶尖装夹,车一端 螺纹 M24 × 1.5-6 g 工件调头,车另一端 螺纹 M24 × 1.5-6 g		
9	钳	划键槽线及止推垫 片加工线		

续表

工艺	工种	工艺内容	工艺简图	加工设备
10	铣	铣键槽两个及止推垫片槽		铣床
11	钳	修研两端中心孔		车床
12	磨	磨外圆 Q、M,并用砂轮端面靠磨台肩 H、I 工件调头,磨外圆 N、P,并用砂轮端面靠磨台肩 G		磨床
13	检	检验		

项目 10

综合练习——车削螺杆轴配合套

●教学目标

终极目标:具有对车削加工方法的综合运用的能力。

促成目标:1.能够正确阅读分析图样,准备工量刃具。

2.能够制订工艺路线。

3.能够对车削加工工艺进行分析。

4.能够对前面所学知识进行综合的灵活运用。

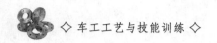

任务 10.1　识读图纸,准备工量刃具

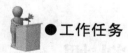

●工作任务

1. 认真阅读图纸,看标题栏,分析结构,了解尺寸精度、粗糙度、形位公差要求。
2. 在分析的基础上,准备各种工具、量具、刃具、机床及辅料。

●任务分析

企业的生产任务是以图纸和工艺单的形式下达的,图纸是一种工程语言,看不懂或看不清楚图纸,工作就无从谈起,识图能力是一个机械工人的基本技能。

●相关知识

10.1.1　阅读分析图样

加工所给的图样,如图 10.1—图 10.5 所示,现分析如下:

① 该 4 件配合组件,其中,件 1 为偏心套、件 2 为锥套、件 3 为偏心螺杆轴、件 4 为螺母。

② 组件中存在以下几种配合关系:

件 1 与件 3 间的偏心轴孔配合,偏心距 2 ±0.01 mm。

件 1 与件 3 间的偏心凸台与偏心平面沟槽配合,偏心距 2 ±0.01 mm。

件 2 与件 3 间的薄壁套与轴的配合,薄壁套不能变形。

件 2 与件 3 间 1∶5的锥度配合,并且有接触面积 75% 的要求。

件 3 与件 4 间 Tr20 ×8(P_4) 双线梯形螺纹配合。

③ 件 1、件 2、件 4 与件 3 之间的配合有跳动度要求 0.03 mm 和配合距离的要求。

④ 轴与孔的配合中,轴的尺寸精度一般为 IT6 级精度,孔的尺寸精度为 IT7 级精度。

⑤ 各组件间,有配合表面的表面粗糙度值为 1.6 μm,其余表面为 3.2 μm,表面粗糙度值要求较高。

⑥ 材料为 45 号钢。

⑦ 加工件数各 1 件。

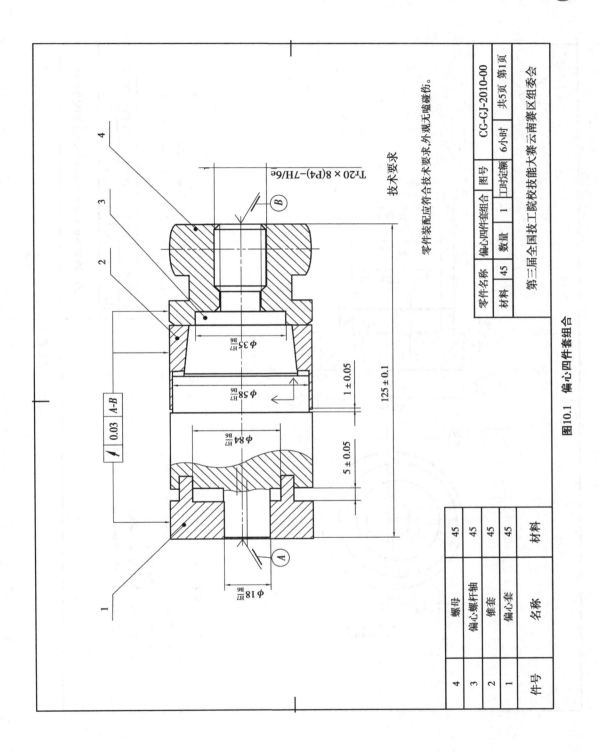

图10.1　偏心四件套组合

技术要求

零件装配应符合技术要求,外观无嗑碰伤。

零件名称		偏心四件套组合	图号	CG-GJ-2010-00	第1页
材料	45	数量	1	工时定额 6小时	共5页
第三届全国技工院校技能大赛云南赛区组委会					

件号	名称	材料
4	螺母	45
3	偏心螺杆轴	45
2	锥套	45
1	偏心套	45

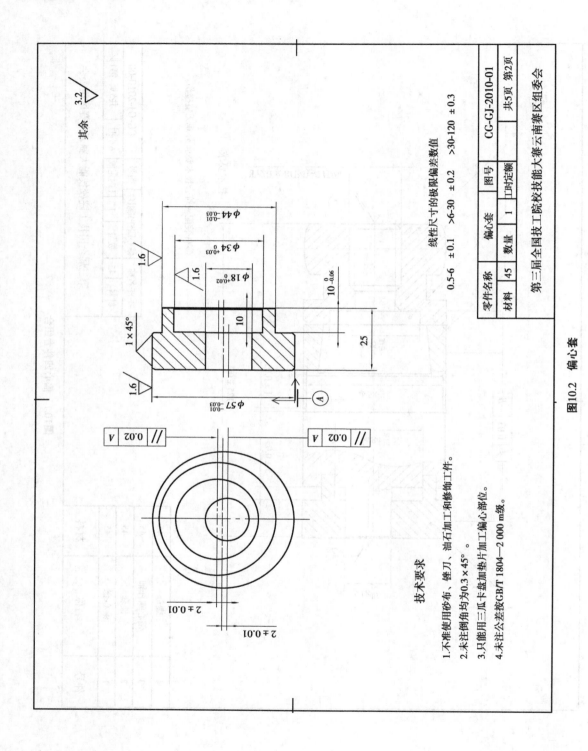

技术要求

1. 不准使用砂布、锉刀、油石加工和修饰工件。
2. 未注倒角均为0.3×45°。
3. 只能用三爪卡盘加垫片加工偏心部位。
4. 未注公差按GB/T 1804—2 000 m级。

				线性尺寸的极限偏差数值		
				0.5-6	>6-30	>30-120
				±0.1	±0.2	±0.3

零件名称	偏心套		图号	CG-GJ-2010-01
材料	45	数量	1	工时定额
第三届全国技工院校技能大赛云南赛区组委会				共5页 第2页

图10.2 偏心套

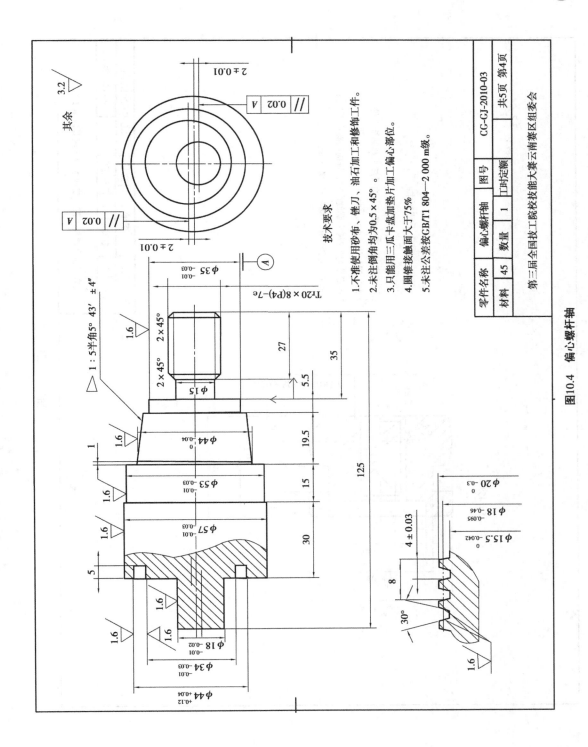

图10.4 偏心螺杆轴

技术要求

1.不准使用砂布、锉刀、油石加工和修饰工件。
2.未注倒角均为0.5×45°。
3.只能用三爪卡盘加工偏心部位。
4.圆锥接触面大于75%。
5.未注公差按GB/T1 804—2 000 m级。

零件名称	偏心螺杆轴		图号	CG-GJ-2010-03	共5页 第4页
			工时定额		
材料	45	数量	1		

第三届全国技工院校技能大赛云南赛区组委会

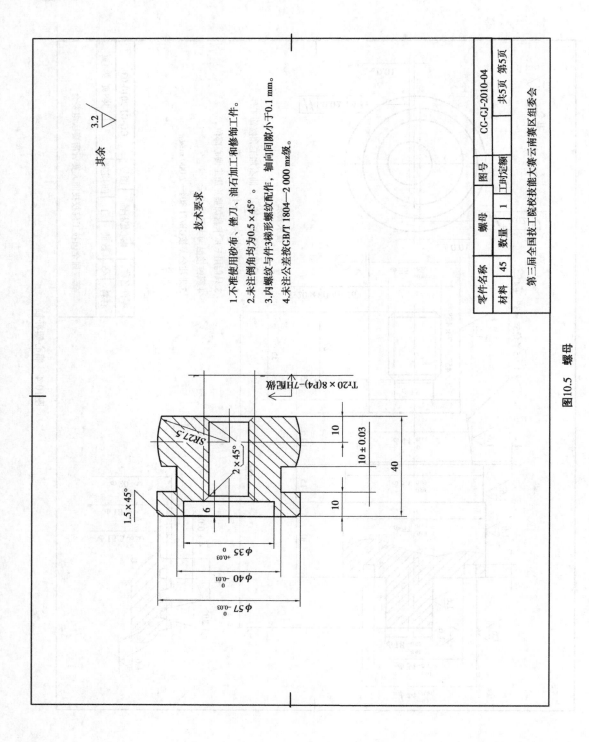

技术要求

1. 不准使用砂布、锉刀、油石加工和修饰工件。
2. 未注倒角均为0.5×45°。
3. 内螺纹与件3梯形螺纹配作，轴向间隙小于0.1 mm。
4. 未注公差按GB/T 1804—2 000 m2级。

其余 $\sqrt{\dfrac{3.2}{}}$

零件名称	螺母	图号	CG-GJ-2010-04	
材料	45	工时定额		共5页 第5页
		数量	1	第三届全国技工院校技能大赛云南赛区组委会

图10.5 螺母

SR27.5

2×45°

1.5×45°

Tr20×8(P4)–7H梯形

10

10±0.03

40

10

6

$\phi 35^{+0.03}_{0}$

$\phi 40^{0}_{-0.01}$

$\phi 57^{0}_{-0.03}$

⑧件 4 上有沟槽和成型面。

⑨未注公差尺寸按 GB/T 1804—2 000 m 级加工和检验。

⑩检测时按工件中部尺寸检测为准,忽略机床本身精度造成的形状误差。

⑪配合检验时,以两顶尖定位检验组合件的圆跳动。两顶尖孔为加工的基准、检验的基准。

⑫工件不得有严重不符合图纸要求或严重缺陷。

⑬在加工过程中,不准使用砂布、锉刀抛光修饰。

⑭加工时间要求为 6 h,时间比较紧迫。

10.1.2　各种工具、量具、刃具、机床及辅料准备清单

各种工具、量具、刃具、机床及辅料准备清单和材料准备见表 10.1—表 10.3。

表 10.1　工具、量具、刃具准备清单

序　号	名　　称	规　格	精度	数　量
1	90°外圆车刀	自定		2
2	45°外圆车刀	自定		1
3	通孔车刀	工件直径×长度　ϕ35 mm×40 mm; ϕ26 mm×50 mm		2
4	盲孔(台阶孔)车刀	工件直径×长度　ϕ32 mm×35 mm		1
5	切槽刀	槽宽×槽深　3 mm×5 mm		1
6	切断刀	最大切深 30 mm;刀宽 5 mm		1
7	30°梯形外螺纹车刀	加工 Tr20×8(P_4)-7e 梯形螺纹;右旋		2
8	30°梯形内螺纹车刀	加工 Tr30×8(P_4)-7H 梯形螺纹;右旋;螺纹长度 25 mm;通孔		2
9	圆头车刀	$R5$(双手控制法车圆弧)		1
10	麻花钻头及钻套	ϕ15 mm;ϕ30 mm;$L=100$ mm; 钻套自定		1 套
11	钻夹头	1～13		1
12	中心钻	A3(GB/T 145—2000)		
13	尾顶尖	莫氏 5 号		1
14	螺纹车刀样板	30°		1
15	车偏心用垫片	$e=3$ mm		
16	游标卡尺	0～200 mm	0.02	1

续表

序　号	名　称	规　格	精　度	数　量
17	深度游标卡尺	0～200 mm	0.02	1
18	外径千分尺	25～50 mm;50～75 mm;75－100 mm	0.01	各1
19	测量用三针	直径为φ2.1 mm；　长度35 mm		1套
20	公法线千分尺	25～50 mm	0.01	1
21	内径量表	18～35 mm;35～60 mm	0.01	各1
22	百分表及表座	1～10	0.01	各1
23	万能角度尺	0°～320°	2′	1
24	木槌	自定		1
25	铜棒	自定		1
26		活扳手、改锥等常用工具		
27	圆弧样板（R规）	SR27.5		1
28	鸡心夹头	自定		1
29				

表 10.2　机床及辅料准备清单

序　号	名　称	规　格	数　量
1	车床	CD6140A 型	1台
2	卡盘扳手（带加力套管）	车床配套	1副
3	刀架扳手	车床配套	1副
4	切削液		若干
5	红丹粉		若干
6	机油		若干

表 10.3　材料准备

序　号	名　称	规　格	数　量	备　注
1	毛坯材料	45 钢,60 mm×250 mm	1 件/考生	

任务 10.2　评分标准

●工作任务

1.认真阅读图纸,分析尺寸精度、粗糙度、形位公差要求,认清哪些尺寸是重要尺寸,必须确保,哪些可以放松一些。

2.在分析的基础上,确定哪些尺寸要认真测量、严格控制,哪些尺寸可以不需测量,靠刻度来进行控制。

●任务分析

企业的生产实际与教学是有区别的,企业生产中零件的每一个尺寸和要求都必须保证,而教学中,由于时间要求的关系和操作技能水平的限制,对零件的尺寸和要求可以有所侧重。

●相关知识

车工实际操作竞赛评分表见表 10.4。

表 10.4　车工实际操作评分表

姓　名				考　号				开工时间	
单位								结束时间	

序号	名称	检测项目	配分 IT	Ra	评分标准	测量结果	扣分	得分	检测人
1		$\phi57^{-0.01}_{-0.03}$ $Ra1.6$	1.5	1					
2		$\phi53^{-0.01}_{-0.03}$ $Ra1.6$	1.5	1					
3		$\phi35^{-0.01}_{-0.03}$ $Ra1.6$	1.5	1	尺寸每超差0.01扣1分 达不到$Ra1.6$无分				
4		$\phi18^{-0.01}_{-0.02}$ $Ra1.6$	1.5	1					
5		$\phi45^{+0.12}_{+0.04}$ $Ra1.6$	1.5	1					
6		$\phi34^{-0.01}_{-0.03}$ $Ra1.6$	1.4	1					
7	偏心螺杆轴	2 ± 0.01　两处	2×2		尺寸每超差0.01扣1分				
8		平行度0.02　两处	2×2		超差无分				
9		锥度1:5(半角5°43′±4′)　$Ra1.6$	2	1	圆锥半角每超差2′扣1分 达不到$Ra1.6$无分				
10		$\phi44^{0}_{-0.04}$	1		超差无分				
11		$Tr20\times8(P4)-7e$ $Ra1.6$	5	4	中径超差无分;大径、小径、牙型角每超差一处扣1分 牙侧一侧达不到$Ra1.6$扣1分				
12		$P=4\pm0.02$	1.5		超差无分				
13		其他(共11处)	2		每处0.2分;超差无分				

续表

序号	名称	检测项目	配分		评分标准	测量结果	扣分	得分	检测人
			IT	Ra					
14	螺母	$\phi 57_{-0.03}^{0}$ $Ra1.6$	1.4	1	尺寸每超差 0.01 扣 1 分 达不到 $Ra1.6$ 无分				
15		$\phi 35_{0}^{+0.03}$ $Ra1.6$	1.5	1					
16		$\phi 40_{-0.1}^{0}$ $Ra3.2$	1	0.5					
17		SR27.5　$Ra3.2$	1	0.5					
18		Tr20×8(P4)-7H $Ra1.6$	5	4	中径超差无分；大径、小径、牙型角每超差一处扣 1 分 牙侧一侧达不到 $Ra1.6$ 扣 1 分				
19		P = 4 ± 0.02	1.5		超差无分				
20		10 ± 0.03	1.5		超差无分				
21		其他(共 8 处)三个倒角、两个未注倒角、三个长度尺寸	2		每处 0.2 分；超差无分				
22	锥套	$\phi 57_{-0.03}^{-0.01}$ $Ra1.6$	1.4	1	尺寸每超差 0.01 扣 1 分 达不到 $Ra1.6$ 无分				
23		$\phi 53_{0}^{+0.03}$　$Ra1.6$	1.5	1					
24		34 ± 0.03	1		超差无分				
25		锥度 1:5(半角 5°43′ ± 4′)　$Ra1.6$	2	1	圆锥半角每超差 2′ 扣 2 分 达不到 $Ra1.6$ 无分				
26		其他(共 3 处)	1		每处 0.3 分；超差无分				

续表

序号	名称	检测项目	配分		评分标准	测量结果	扣分	得分	检测人
			IT	Ra					
27		$\phi57^{-0.01}_{-0.03}$ $Ra1.6$	1.4	1					
28		$\phi44^{-0.01}_{-0.03}$ $Ra1.6$	1.4	1	尺寸每超差 0.01 扣 1 分				
29	偏心套	$\phi34^{+0.03}_{0}$ $Ra1.6$	1.5	1	达不到 $Ra1.6$ 无分				
30		$\phi18^{+0.02}_{0}$ $Ra1.6$	1.5	1					
31		2 ± 0.01 两处	2×2		尺寸每超差 0.01 扣 1 分				
32		$10^{0}_{-0.06}$	1		超差无分				
33		平行度 0.02 两处	2×2		超差无分				
34		其他(共 5 处)	1.5		每处 0.3 分 超差无分				
35		跳动 0.03 三处	1.5×3		超差无分				
36	装配	5 ± 0.05	1.5		超差无分				
37		1 ± 0.05	1.5		超差无分				
38		125 ± 0.1	1.5		超差无分				
合计			100						
安全文明生产		如有着装不规范,工、卡、量具摆放不整齐,机床及环境卫生保养不符合要求,违反安全文明生产操作规程等情况酌情从总分中扣 1~5 分							

否定项:1. 严重违反安全文明生产规定,发生重大事故

2. 工件严重不符图样要求,或不能装配

3. 各组件 $\phi57^{-0.01}_{-0.03}$ 为必须保证尺寸,如做成 $\phi55^{-0.01}_{-0.03}$,则扣除该件所有分数

核分人		总分		评审组长

任务 10.3　车削工艺

●工作任务

1. 认真阅读分析图纸,确定加工的先后顺序和加工内容,制订加工工序过程卡。
2. 根据加工工序,确定各种工具、量具、刃具、机床及辅料使用的顺序和摆放位置。

●任务分析

　　在认真阅读分析图纸,确定了加工的先后顺序和加工内容,制订加工工序过程卡后,要将整个过程了然于心,牢记在脑,在头脑中反复推敲演练要领,再付诸实际的动手操作。

●相关知识

偏心四件套组合加工工艺过程见表 10.5。

表 10.5　偏心四件套组合加工工艺过程

零件名称	材　料	45#	机　床	CA6140
偏心四件套组合	件 1:偏心套 件 2:锥套 件 3:偏心螺杆轴 件 4:螺母	毛坯: 毛坯 1:ϕ60 mm×130 mm 毛坯 2:ϕ60 mm×120 mm		
刃具	90°外圆车刀,45°车刀,5 mm 切断刀,3 mm 切槽刀,端面槽刀, ϕ16 通孔车刀,ϕ34 盲孔车刀,30°外螺纹车刀,30°内螺纹车刀, R5 圆头车刀,A3 中心钻,ϕ15、ϕ30 钻头各一套			
量具	0~150 游标卡尺,0~25、25~50、50~75 外径千分尺各一把, 0~200 深度游标,ϕ2.1 测量用三针,0~25 公法线千分尺,塞尺, 18~35、35~60 内径量表各一把,磁座百分表,齿厚游标尺			
辅助工具	钻夹头,尾顶尖,3 mm 偏心垫片,SR27、5 圆弧样板,鸡心夹头,自制死顶尖			

续表

工序	工种	工步	加工内容	工序说明
一	车		粗加工毛坯 1、毛坯 2 三爪自定心卡盘夹持工件	毛坯 1、毛坯 2 分别加工
		1	平端面	光平即可
		2	打中心孔	略深
		3	一夹一顶夹持工件	
		4	粗车毛坯圆柱体至 $\phi58 \pm 0.1$ mm	
		5	调头装夹	
		6	平端面,毛坯 1 保总长 125.2 mm,车 $\phi50 \times 15$;$\phi53 \times 13$ 两个工艺台,打中心孔	
		7	毛坯 2 尽量留长	
二	车		加工件 1—偏心套 选择毛坯 2,三爪卡盘装夹,刻线,加偏心垫,找正保证伸出长度 40 mm,	
		1		
		2	钻中心孔(定心用)	
		3	钻孔 $\phi15 \times 30$	
		4	车端面	
		5	精车 $\phi18_0^{+0.02} \times 26$ 偏心孔至尺寸	
		6	倒角	
		7	零件旋转 $180°$ 装夹,加偏心垫,找正	
		8	精车 $\phi44_{-0.03}^{-0.01} \times 10_{-0.06}^{0}$ 偏心外圆台至尺寸	
		9	精车 $\phi34_0^{+0.03} \times 10$ 偏心孔台至尺寸	
			倒角	
		10	工件切断,保证总长 25.5 零件调头装夹 平端面保证总长 25	

续表

工序	工种	工步	加工内容	工序说明
三	车		加工件 2:锥套 三爪自定心卡盘夹持,保证伸出长度 40 mm	
		1	工件切断,保总长 34.5	
		2	三爪自定心卡盘夹持工件外圆	使用刚切下的工件
		3	钻中心孔(定心用)	
		4	钻孔 $\phi 30$ 通孔	
		5	粗车 $\phi 51 \times 15.5$ 内孔	
		6	开冷却液冷却工件	
		7	精车 $\phi 53_{0}^{+0.03} \times 15.5$ 内孔	与件 1 配车,保证 75% 的接触面积和到端 面 1
		8	小滑板顺时针转动 $5°43'$	
		9	粗精车 1:5 锥度内孔至尺寸	
		10	零件调头装夹 车端面,保证总长 34 ± 0.03 倒角	
四	车		加工件 3:偏心螺杆轴 选择毛坯 1———夹一顶夹持,伸出 106 mm	90°外圆粗车刀
		1	粗加工各外圆台阶 ①$\phi 22 \times 34$	
			②$\phi 37 \times 5.5$	90°外圆精车刀
			③$\phi 46 \times 19.5$	切断刀
		2	④$\phi 55 \times 15$	45°车刀
		3	半精加工梯形螺纹大径 $\phi 21 \pm 0.05 \times 35$	梯形螺纹粗车刀
		4	车退刀槽 $8 \times \phi 15$ 至尺寸	梯形螺纹精车刀
		5	螺纹两端倒角 $2 \times 45°$	90°外圆精车刀
		6	粗车 Tr20 $\times 8$(P4)-7e	
		7	精车 Tr20 $\times 8$(P4)-7e 至尺寸	
			精加工各外圆台阶至尺寸 ①螺纹大径 $\phi 20_{-0.30}^{0}$	
			②外圆 $\phi 35_{-0.03}^{-0.01} \times 5.5$	
			③圆锥大端直径 $\phi 44_{-0.04}^{0} \times 19.5$	小滑板逆时针转动 $5°43'$
			④$\phi 53_{-0.03}^{-0.01} \times 15$	
			⑥$\phi 55_{-0.03}^{-0.01} \times 30$,注意外圆不加工,尺寸值 为 $\phi 58 \pm 0.1$ mm	
		8	精车 1:5 外圆锥至尺寸	
		9	各轮廓倒角 $0.5 \times 45°$	端面沟槽车刀
		10	零件调头装夹,刻线,加偏心垫,找正 粗精车 $\phi 18_{-0.02}^{-0.01} \times 20$ 偏心外圆	
		11	倒角	
		12	零件旋转 $180°$ 装夹,加偏心垫,找正	
		13	车 5×5 端面沟槽倒角	

续表

工序	工种	工步	加工内容	工序说明
五	车	1 2 3 4 5 6 7 8 9 10 11	加工件4:螺母 三爪自定心卡盘夹毛坯2剩余部分外圆 伸出长度25 mm 平端面 钻中心孔(定心用) 钻孔 $\phi15$ 通孔 倒角 精车内梯形螺纹底孔直径 $\phi15.8$ 精车台阶孔 $\phi35_0^{+0.03} \times 6$ 车内梯形螺纹 Tr20×8(P4)-7H 至尺寸 车 $\phi45_{-0.1}^{\ 0} \times 10 \pm 0.03$ 外沟槽 工件调头装夹,找正 平端面,保证总长40 内孔倒角 车 SR27.5 圆弧面	配车 用 R 刀双手控制法车削
六	车	1 2 3	4件组装后精加工 两顶尖装夹工件 精车偏心套、偏心螺杆轴、锥套、螺母4个零件的 $\phi57_{-0.03}^{-0.01}$ 外圆部位至尺寸,保证跳动度0.03 精车两端面保证部长 125±0.1 检查偏心套、偏心螺杆轴、锥套、螺母各零件,进行倒角	使用鸡心夹
七	检查		检查各零件尺寸、配合、形位公差及粗糙度,合格后送检,交卷	